Stefan F. Wagner

Untersuchungen zur Kinetik des Sauerstoffaustauschs an modifizierten Perowskitgrenzflächen

Schriften des Instituts für Werkstoffe der Elektrotechnik,
Universität Karlsruhe (TH)
Band 14

Untersuchungen zur Kinetik des Sauerstoffaustauschs an modifizierten Perowskitgrenzflächen

von
Stefan F. Wagner

universitätsverlag karlsruhe

Dissertation, Universität Karlsruhe (TH)
Fakultät für Elektrotechnik und Informationstechnik, 2008

Impressum

Universitätsverlag Karlsruhe
c/o Universitätsbibliothek
Straße am Forum 2
D-76131 Karlsruhe
www.uvka.de

Universitätsverlag Karlsruhe 2009
Print on Demand

ISSN: 1868-1603
ISBN: 978-3-86644-362-4

Untersuchungen zur Kinetik des Sauerstoffaustauschs an modifizierten Perowskitgrenzflächen

Zur Erlangung des akademischen Grades eines
DOKTOR-INGENIEURS (DR.-ING.)
von der Fakultät
für Elektrotechnik und Informationstechnik
der Universität Karlsruhe (TH)
genehmigte

DISSERTATION

von

Dipl.-Phys. Stefan Friedrich Wagner
aus Karlsruhe

Tag der mündlichen Prüfung: 08.02.2008
Hauptreferentin: Prof. Dr.-Ing. Ellen Ivers-Tiffée
Korreferent: Prof. Dr.-Ing. Günter Borchardt

Meinen Eltern

Danksagung

Die vorliegende Dissertation entstand am Institut für Werkstoffe der Elektrotechnik (IWE) der Universität Karlsruhe (TH). An allererster Stelle gilt mein großer Dank Frau Professorin Dr.-Ing. Ellen Ivers-Tiffée für ihr Vertrauen, für die Betreuung und Förderung dieser Arbeit sowie die ausgezeichneten Arbeitsbedingungen an ihrem Institut. Zu großem Dank bin ich ebenso Herrn Professor Dr.-Ing. Günter Borchardt, Institut für Metallurgie (IMET) der Technischen Universität Clausthal, für sein Interesse und die Übernahme des Korreferats verpflichtet.

Meinem Gruppenleiter Herrn Dr.-Ing. Wolfgang Menesklou schulde ich für die Heranführung an das Thema, die fachlichen Diskussionen und seine stete Hilfsbereitschaft großen Dank. Zur ausgezeichneten menschlichen und fachlichen Atmosphäre in der Arbeitsgruppe Sensoren ebenso beigetragen hat mein ehemaliger Kollege Dr.-Ing. Thomas Schneider. Die harmonische Zusammenarbeit mit beiden habe ich als Glücksfall empfunden.

Im Rahmen eines gemeinsamen Forschungsprojekts von IWE und IMET entstanden in Clausthal-Zellerfeld die in Kapitel 4 dokumentierten SIMS-Ergebnisse. Hierfür – sowie für die mehrjährige sehr gute Zusammenarbeit – gilt mein Dank Herrn Dr.-Ing. Christos Argirusis (IMET). Ebenso will ich an dieser Stelle die finanzielle Förderung des Projekts durch die Deutsche Forschungsgemeinschaft würdigen.

Für fruchtbare Diskussionen und wertvolle Hinweise im Hinblick auf die mechanistischen Modelle des Sauerstoffeinbaus in Strontiumtitanat sei Frau Dr. Rotraut Merkle (Max-Planck-Institut für Festkörperforschung, Stuttgart) ein besonderer Dank ausgesprochen. Herrn Dr. Miran Čeh (Jožef-Stefan-Institut, Ljubljana, Slowenien) danke ich für die Anfertigung elektronenmikroskopischer Analysen.

Meinen ehemaligen studentischen Mitarbeitern Dipl.-Ing. Carsten Warnke und Dipl.-Ing. Lutz Merkle gilt meine Anerkennung für ihr außergewöhnliches Engagement und die ausgezeichnete Zusammenarbeit. Für praktische Unterstützung danke ich ferner den stets hilfsbereiten technischen Mitarbeitern des IWE, allen voran Frau Sylvia Schöllhammer (chemische Präparation) und der mechanischen Werkstatt und ihrem langjährigen Leiter Herrn Hermann Dilger.

Allen aktuellen und ehemaligen Mitgliedern des IWE sei für ihre Hilfsbereitschaft und das kollegiale Klima, in dem diese Arbeit gedeihen konnte, ebenfalls herzlich gedankt. Aufgrund ihrer Hilfestellungen auf dem Gebiet der Mikrostrukturanalyse will ich hier die Herren Dr.-Ing. Markus J. Heneka und Dipl.-Ing. Christoph Peters stellvertretend hervorheben.

„Scientific education as we know it today [...] simplifies ‚science' by simplifying its participants", schrieb Paul Feyerabend in der Einleitung zu seiner wissenschaftsphilosophischen Schrift „Against Method". Umso dankbarer bin ich daher letztlich für die wertvollen Begegnungen mit all denjenigen Menschen im Rahmen meiner wissenschaftlichen Ausbildung, bei denen kein Grund für eine solche Skepsis vorlag. – Sapienti sat.

Karlsruhe, im Dezember 2008 Stefan F. Wagner

Inhalt

Kapitel 1

Einleitung

1.1 Motivation

Weltweit werden jährlich ca. $1,5 \cdot 10^9$ t flüssige Treibstoffe (nahezu vollständig aus Erdöl gewonnen) im Verkehr verbrannt, davon knapp 85 % in den weltweit mehr als 700 Millionen Straßenfahrzeugen [90]. Allein auf Deutschlands Straßen fahren derzeit (Stand: Januar 2007) knapp 47 Millionen Pkw [118] – „Grundlage unserer Mobilität“ [73]. Da aktuellen Prognosen zufolge zum einen der weltweite Fahrzeugbestand bis 2012 auf eine Milliarde anwachsen wird, zum anderen ein großflächiger Einsatz alternativer Antriebssysteme zum Verbrennungsmotor aus Expertensicht nicht vor dem Jahr 2020 erwartet wird, kommt dem Verbrennungsmotor auch in der nahen Zukunft weiterhin die tragende Rolle bei den Fahrzeugsantriebssystemen zu.

Der Überwachung und Verringerung der Schadstoffemissionen muss daher eine immer größere Beachtung geschenkt werden: Seit Anfang 2005 gilt die EURO-IV-Norm für Schadstoffemissionen von Kraftfahrzeugen, und für das Jahr 2010 ist das Inkrafttreten der Stufe V mit weiter verschärften Emissionshöchstgrenzen vorgesehen. Abgassensoren tragen zur Reduktion der Schadstoffemissionen von Verbrennungsmotoren wesentlich bei. Die immer schärferen gesetzlichen Umweltauflagen sind letztlich die Motivation für weitergehende Forschungen und Entwicklungen in der Gassensorik.

Beim Verbrennungsmotor zeigt sich eine sehr deutliche Abhängigkeit der Emissionskonzentrationen von der Stöchiometrie der Verbrennung, für die die sogenannte Luftzahl[1] λ ein Maß

[1] Mit λ wird das Massenverhältnis $\frac{(m_{\text{Luft}}/m_{\text{Kraftstoff}})_{\text{aktuell}}}{(m_{\text{Luft}}/m_{\text{Kraftstoff}})_{\text{stöchiometrisch}}}$ beim Verbrennungsprozess bezeichnet [22]. Stöchiometrische Verhältnisse (ideale Verbrennung) entsprechen $\lambda = 1$. Bei Luftmangel ($\lambda < 1$) spricht man von einem „fetten“, bei Luftüberschuss ($\lambda > 1$) von einem „mageren“ Gemisch.

ist. Eine stöchiometrische Verbrennung ($\lambda = 1$) wäre schadstofffrei, da nur Kohlendioxid und Wasser als Produkte anfielen[2]:

$$C_mH_n + (m + \frac{n}{4})O_2 \rightarrow mCO_2 + \frac{n}{2}H_2O \tag{1.1}$$

Im Kfz-Verbrennungsmotor ist der λ-Bereich stark von der Konstruktion des Motors und dem verwendeten Gemischaufbereitungssystem abhängig (von fetten Gemischen mit $\lambda < 1$ bis hin zu $\lambda > 2$ etwa im Teillastbereich von Dieselmotoren). Die unter nicht-stöchiometrischen Bedingungen anfallenden Nebenprodukte der unvollständigen Verbrennung wie Wasserstoff H_2, Kohlenmonoxid CO, Kohlenwasserstoffe C_xH_y (HC) oder Stickoxide NO_x stellen aber eine Umweltbelastung dar. Ihre Konzentrationen sind stark von der Luftzahl λ abhängig [260]. Es gibt insbesondere keinen Bereich, in dem sowohl Kraftstoffverbrauch, Laufunruhe als auch Schadstoffemissionen zugleich optimale Werte einnehmen [20].
Durch eine katalytische Nachbehandlung des Abgases mit Hilfe eines Drei-Wege-Katalysators können die gesetzlich vorgeschriebenen Emissionsgrenzwerte eingehalten werden. Hierfür ist im Kraftfahrzeug die sogenannte On-Board-Diagnose [123] von Bedeutung, die die Einhaltung der Abgasvorschriften im Betrieb überwacht. Grundlage für eine erfolgreiche Schadstoffreduzierung ist dabei die schnelle Gemischregelung mit Hilfe von Abgassensoren. Ihr bekanntester Vertreter, die seit 1976 von der Robert Bosch GmbH in Serie produzierte Lambda-Sonde, wurde seitdem 400 Millionen mal gefertigt [21]. Es gibt von ihr im Wesentlichen zwei Varianten [213, 260]:

- die potentiometrische $\lambda = 1$-Sonde: eine Sauerstoff-Konzentrationszelle mit dem sauerstoffionenleitenden yttrium-dotiertem Zirkonoxid (YSZ) als Festelektrolyt, bei der sich eine elektrochemische Potentialdifferenz (Nernst-Spannung) als Folge unterschiedlichen Sauerstoffgehalts in Abgas und Umgebungsluft einstellt. Ihr Messbereich ist stark eingeschränkt auf einen sehr schmalen Bereich um $\lambda = 1$;

- die amperometrische Grenzstromsonde im Magerbereich ($\lambda > 1$): eine elektrochemische YSZ-Pumpzelle für Sauerstoff mit vorgeschalteter Diffusionsbarriere.

Mit komplexeren Aufbauten kann ein Breitband-λ-Sensor verwirklicht werden, der über einen großen λ-Bereich zu messen imstande ist. Allen λ-Sonden ist jedoch gemein, dass für ihre Funktion neben dem Sauerstoffpartialdruck p_{O_2} im Abgas stets eine Vergleichsatmosphäre sowie eine Temperaturmessung (Heizung) benötigt wird.

[2] CO_2 ist jedoch als Treibhausgas mit verantwortlich für die Erwärmung der Erdatmosphäre. Ein wirksamer Klimaschutz bedingt also auch eine Reduktion des Einsatzes fossiler Energieträger bzw. eine Kraftstoffeinsparung.

Ein technisch einfacheres Prinzip zur Detektion der Luftzahl bzw. des Sauerstoffpartialdrucks im Abgas ist das resistive: Viele halbleitende Oxide verändern bei hohen Temperaturen infolge des Sauerstoffaustauschs mit der Umgebungsatmosphäre ihre elektrische Leitfähigkeit in direkter Abhängigkeit vom Sauerstoffgehalt der Messumgebung, was ihnen ein großes Potenzial für die Hochtemperatur-Gassensorik zukommen lässt. Für eine Anwendung im heißen und verunreinigten Abgas müssen die Materialien jedoch hohen Anforderungen genügen:

- eindeutige und möglichst wenig temperaturabhängige Kennlinie $\sigma = f(p_{O_2})$ im Messbereich
- Strukturstabilität bis zu hohen Temperaturen (1000 °C)
- chemische Stabilität auch bei kleinen Sauerstoffpartialdrücken (fettes Abgas)
- chemische Beständigkeit gegenüber Abgasverunreinigungen wie S, Si oder Fe.

Mit Hilfe der Dickschichttechnologie ist einerseits ein kostengünstiger und miniaturisierter Abgassensor realisierbar, andererseits ist – bei gleichzeitig genügend schneller Sauerstoffdiffusion des Materials – angesichts der kurzen Diffusionswege ein sehr schnelles Ansprechverhalten zu erwarten. Titanoxid (TiO_2) war eines der ersten Oxide, die für eine Abgasanwendung vom Automobilhersteller Ford in den 70er Jahren untersucht wurden [138]. Dieses binäre Metalloxid besitzt aber eine hohe Temperaturabhängigkeit der Leitfähigkeit sowie eine unzureichende chemische Stabilität.

Das ternäre Strontiumtitanat ($SrTiO_3$) ist chemisch deutlich stabiler und hat seine Eignung als Sauerstoffsensor in der Vergangenheit erschöpfend unter Beweis gestellt [156, 177, 178, 153, 75, 76, 217, 218]. Beim durch Eisenzugabe entstehenden perowskitischen Mischkristallsystem STF ($SrTi_{1-x}Fe_xO_3$) wurde überdies für $x = 0,35$ über weite Bereiche ($750 < T/\ °C < 950$, $10^{-4} < p_{O_2}/$ bar < 1) ein temperaturunabhängiges Verhalten der Leitfähigkeit festgestellt. Aufgrund dieser Temperaturunabhängigkeit lassen sich Sauerstoffpartialdruckänderungen ohne Querempfindlichkeit gegenüber der Temperatur, die in heißen Abgasen zuweilen um 100 K schwanken kann, bestimmen [219, 157, 103].

Die chemische Stabilität des vielversprechenden Materialsystems STF35 war Gegenstand jüngster Untersuchungen [216] am Institut für Werkstoffe der Elektrotechnik. Dabei konnte gezeigt werden, dass das Material chemisch stabil bis zu sehr tiefen Sauerstoffpartialdrücken ist; auf dieser Grundlage wurde ein funktionsfähiger Abgassensor-Prototyp aus STF35 entwickelt[3].

[3] Interessant sind vor diesem Hintergrund auch neuere Ergebnisse von Sahner et al. [209, 211], die bei STF mit

1.2 Themenstellung

Das schnelle Ansprechverhalten[4] eines solchen porösen STF35-Sensors in Dickschichttechnologie wird durch das kinetische Verhalten der Sauerstoffleerstellen bestimmt. Zeitbestimmend sind die Einbaureaktion des Sauerstoffs ins Oxid (Oberflächenreaktion) und die Diffusionsgeschwindigkeit der Leerstellen im Oxid. Der STF35-Sensor weist eine sehr starke Temperaturabhängigkeit der Einbaukinetik auf: Bei 900 °C konnten Ansprechzeiten im Bereich weniger Millisekunden erzielt werden, die jedoch bei Temperaturen unterhalb 750 °C bereits mehr als hundert Millisekunden betrugen [157], vgl. Bild 1.1.

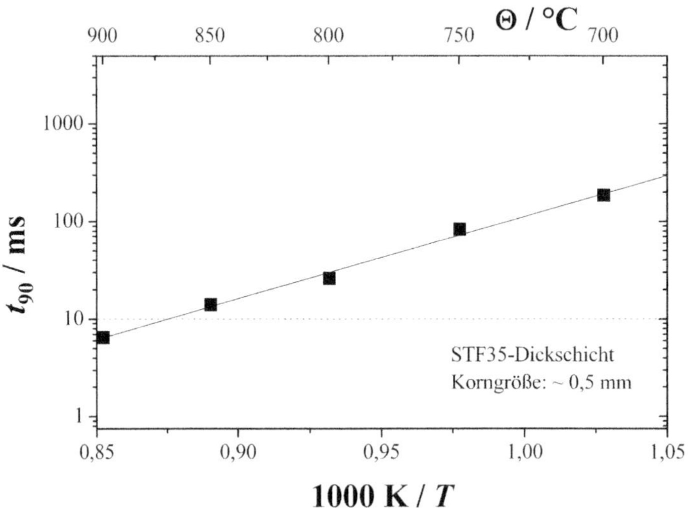

Bild 1.1: Ansprechzeiten eines STF35-Dickschichtsensor-Prototyps an Luft nach [219]. Der Benchmark-Wert von 10 Millisekunden ist gestrichelt skizziert.

Nicht nur würde eine solche ausgeprägte Temperaturabhängigkeit des Ansprechverhaltens die angestrebte Zylinderselektivität bei der Gemischregelung erschweren (hierfür wären Ansprechzeiten unterhalb 10 Millisekunden erstrebenswert), sondern einen weiteren interessanten Einsatzbereich des Sensors verhindern. Bei abgesenkten Betriebstemperaturen könnte ein solcher Sensor nämlich als universelle Sensorbasis für abgasrelevante Gaskomponenten wie O_2, H_2, CO

$x_{Fe} = 0,2...0,5$ im Bereich von 350...450 °C eine hohe Sensitivität für Kohlenwasserstoffe nachwiesen (resistiver HC-Sensor), sowie Moos et al. [176], die sich der Stabilität des Materialsystems im schwefelhaltigen Abgas annahmen.

[4] ein Maß hierfür ist die Ansprechzeit t_{90} des Sensors, vgl. Kap. 2

und NO_x eingesetzt werden. Da die hierfür nötigen chemischen Prozesse jedoch erst unterhalb von 700 °C ablaufen, muss das bei diesen tiefen Temperaturen stark verlangsamte Ansprechverhalten beschleunigt werden.

Tragut [239] und Menesklou [154] wiesen Anfang der 1990er Jahre auf eine Möglichkeit hin, wie die Sauerstoffaustauschkinetik von akzeptordotiertem $SrTiO_3$ durch katalytisch selektive Oberflächen verbessert werden könnte. Eine methodische Untersuchung dieses Phänomens stand jedoch aus und wurde erst durch die jüngsten vielversprechenden Ergebnisse am Materialsystem STF35 wieder interessant.

Ziel dieser Arbeit ist daher die Untersuchung einer Methode, die Kinetik des Sauerstoffaustauschs in Strontiumtitanat über eine Beeinflussung durch modifizierte Oberflächen zu verbessern, und somit einen Beitrag zu leisten, den Betriebstemperaturbereich von $SrTiO_3$-basierten resistiven Gassensoren abzusenken.

Kapitel 2

Grundlagen

Die besondere Bedeutung der kristallographischen Perowskitstruktur[1] (Materialien der chemischen Zusammensetzung ABO_3 mit metallischen Kationen A, B) verdeutlicht bereits die Tatsache, dass der Erdmantel zum größten Teil aus $MgSiO_3$ besteht [224]. In der kubischen Perowskitstruktur (Bild 2.1) sind die größeren A-Kationen jeweils von zwölf Sauerstoffionen koordiniert, die kleineren B-Kationen jeweils mit sechs. Die Ionenradien stünden in dieser Anordnung idealerweise miteinander in Beziehung gemäß

$$R_\mathrm{A} + R_\mathrm{O} = t \cdot \sqrt{2} \cdot (R_\mathrm{B} + R_\mathrm{O}) \tag{2.1}$$

mit $t = 1$ [74, 122]. Dieser Goldschmidtsche Toleranzfaktor [81] kann jedoch Werte zwischen $0,8 < t < 1$ annehmen, ohne dass die Perowskitstruktur zerstört wird. Die Perowskitstruktur ist folglich chemisch und mechanisch sehr stabil und kann auch bei Substitution der Konstituenten mit iso- oder aliovalenten Kationen anderer Größe (Dotierung), durch große Sauerstoff-Nichtstöchiometrie (Defekte) oder Abweichungen vom stöchiometrischen A/B-Verhältnis über einen weiten Bereich erhalten bleiben [224].

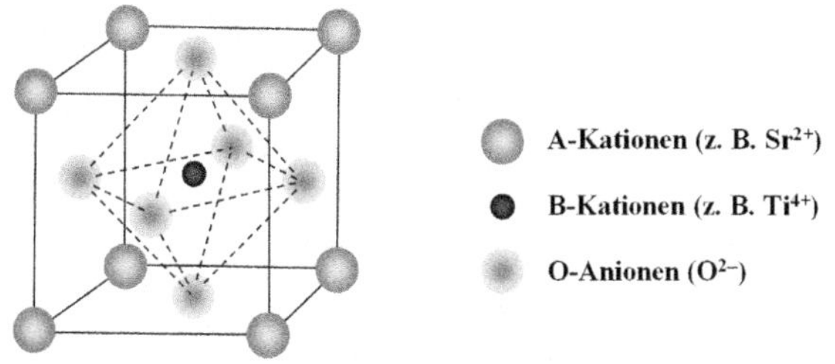

Bild 2.1: Ternäres Oxid ABO_3 in Perowskitstruktur [107]

[1] Der Name geht zurück auf den russischen Mineralogen Lew Alexejewitsch Perowski [232].

Perowskitische Werkstoffe, insbesondere in polykristalliner Form (Keramik), finden aufgrund ihrer vielfältigen elektrochemischen Eigenschaften ein breites Anwendungsspektrum [8], das einen weiten Temperaturbereich abdeckt und von piezoelektrischen PZT-Aktoren ($Pb(Zr,Ti)O_3$) und Filterbausteinen (PZT oder $LiTaO_3$) [109, 180] über nichtlineare PTC-Widerstände aus dotiertem $BaTiO_3$ [42], Mikrowellendielektrika mit steuerbarer Permittivität auf der Basis des Mischkristallsystems BST ($(Ba,Sr)TiO_3$), keramische Vielschichtkondensatoren, die überwiegend aus $(Ba,Sr)(Ti,Zr)O_3$-Derivaten bestehen, ferroelektrische Speicher-RAMs (random access memories) [221], Pyrodetektoren (z. B. aus PZT oder $LiTaO_3$) bis hin zu Hochtemperaturanwendungen reicht wie den Einsatz als Kathodenmaterialien (z. B. LSM ($(La,Sr)MnO_3$)) in der Brennstoffzelle SOFC (solid oxide fuel cell) [104] oder als Gassensoren zur Erfassung des Sauerstoffgehalts in heißen Gasatmosphären, wie sie etwa im Kfz-Bereich vorliegen [77, 175, 103]. Für letztere Anwendungen, die angesichts steigenden Bedarfs und erhöhter Anforderungen an Abgassensoren ein beträchtliches Zukunftspotential besitzen, hat sich das Materialsystem $Sr(Ti,Fe)O_3$ als vielversprechender Kandidat erwiesen.

Die Perowskite[2] sind allgemein Mischleiter. Unter dem Einfluss von elektrischen Feldern oder Gradienten des chemischen Potentials findet ein elektronischer und ionischer Ladungstransport durch den Festkörper statt. Welcher von diesen beiden Anteilen dominiert, hängt von den Parametern Temperatur und Sauerstoffpartialdruck p_{O_2} der Umgebungsatmosphäre ab. Für eine Vielzahl von Anwendungsfällen steht insbesondere der defektchemische Transport von Sauerstoffleerstellen über Grenzflächen hinweg im Vordergrund. Er ist beispielsweise verantwortlich für die Degradation von keramischen Vielschichtkondensatoren [252, 253, 3] bei Raumtemperatur, er spielt eine besondere Rolle an der Dreiphasengrenze der Hochtemperatur-Brennstoffzelle [105], und er bildet die Grundlage für den Sauerstoff-Sensoreffekt in $SrTiO_3$ bei hohen Temperaturen ($T > 600$ °C).

Besondere Beachtung kommt dabei dem Durchtritt von Sauerstoff durch die Grenzfläche gasförmig/fest zu, wie sie an der Kristalloberfläche oder in den Zwischenräumen poröser Dickschichten auftritt. In den folgenden Unterabschnitten soll zunächst die Defektchemie im Festkörper betrachtet werden, ehe der Sauerstoffaustausch zwischen Festkörper und Gasphase behandelt wird.

[2]Neben $BaTiO_3$ als vielfältig eingesetztem Ferroelektrikum kommt $SrTiO_3$ als weiterem Erdalkalititanat besondere Bedeutung als Modellsystem zu [51]. Insbesondere hat es (im Gegensatz zu $BaTiO_3$) für Temperaturen oberhalb von ca. 110 K eine durchweg stabile kubische Perowskitstruktur [259].

2.1 Defektchemie des $SrTiO_3$ (STO)

Für das Verständnis der physikalisch-chemischen Eigenschaften von Festkörpern ist das „Fehlerkonzept“ von größter Bedeutung, das historisch auf Arbeiten von Wagner, Schottky und Frenkel zurückgeht [151]. Defekte, also Abweichungen vom idealen kristallinen Zustand, sind die entscheidenden Größen für die Beschreibung des Teilchen- und Ladungstransports im Festkörper, viele Eigenschaften kristalliner Festkörper (Leitfähigkeit, Farbe, Lumineszenz...) werden durch sie hervorgerufen. Dabei kann es sich um mehrdimensionale Defekte handeln (Poren, Korngrenzen, Versetzungen) oder um Punktdefekte. Neben den elektronischen Punktdefekten (Elektronen/Löcher) kommen Punktdefekte infolge von Dotierung bzw. Verunreinigungen (Störstellen) oder Eigenfehlordnung (Leerstellen bzw. Zwischengitterplätze[3]) vor. Die letztgenannten Punktdefekte treten in einem realen Festkörper oberhalb 0 K aus thermodynamischen Erwägungen stets auf (vgl. etwa [179]), und ihre Konzentration ist streng monoton steigend von der Temperatur abhängig[4]. Zusätzlich zu diesem Temperaturverhalten kommt es auch infolge von Inhomogenitäten des elektrochemischen Potentials einer Stoffkomponente (z. B. Sauerstoff) zu Änderungen der Defektkonzentrationen. So findet bei einer ausreichend hohen Temperatur ein Ein- oder Ausbau (abhängig vom p_{O_2} der Umgebungsatmosphäre) von Sauerstoff in einen (bzw. aus einem) Oxid-Kristall statt. Dieser Austausch lässt sich in diesem Bild als Vernichtung oder Erzeugung von Sauerstoffleerstellen[5] $V_O^{\bullet\bullet}$ beschreiben, die im Kristallverbund beweglich sind:

$$O_O^x \rightleftharpoons V_O^{\bullet\bullet} + 2e' + \frac{1}{2}O_2 \tag{2.2}$$

In einem Ionenkristall ist mit dieser Bewegung ein Ladungstransport verbunden. Die elektrischen (Bulk-)Eigenschaften des halbleitenden Metalloxids STO sind folglich von der Temperatur und vom p_{O_2} abhängig und lassen sich – unter Vernachlässigung des Einflusses von Oberflächen- und Korngrenzeffekten – mit Hilfe der Konzentrationen der Defekte und ihrer Beweglichkeiten beschreiben. Für die Leitfähigkeit σ eines Materials gilt allgemein:

$$\sigma = \sigma_{\text{elektronisch}} + \sigma_{\text{ionisch}} = \mu_n \cdot e \cdot n + \mu_p \cdot e \cdot p + \sum_i \mu_{\text{Ion}_i} \cdot z_i \cdot e \cdot [\text{Ion}_i], \tag{2.3}$$

worin μ_n, μ_p und μ_{Ion_i} die Beweglichkeiten der Elektronen, Löcher bzw. Ionen, z_i die Wertigkeit des Ions i und $[\text{Ion}_i]$ seine Konzentration sind.

[3]Aufgrund des hohen Raumerfüllungsgrades seiner Kristallstruktur ist das Auftreten von Strontium- oder Sauerstoffionen auf Zwischengitterplätzen im STO unwahrscheinlich, das kleinere Titanion hingegen ist energetisch stabil im Zentrum des Sauerstoffoktaeders fixiert [259]; die auftretenden Fehlstellen sind daher vom Schottky-Typ.

[4]Um ein Minimum der freien Enthalpie $G = H - T \cdot S$ einnehmen zu können, muss das System Festkörper zwar Enthalpie H zur Erzeugung einer Leerstelle aufwenden, dieser Term wird jedoch durch die hiermit verbundene Zunahme der Entropie S kompensiert, und zwar umso leichter, je höher die Temperatur T ist.

[5]Die Bezeichnung dieser Defekte folgt der Notation nach Kröger und Vink [129, 130].

Über die elektrischen Eigenschaften von Strontiumtitanat und mithin seine Transporteigenschaften sowie die zugrundeliegende Defektchemie existiert eine Vielzahl von Untersuchungen in der Literatur. Neben den in vorliegender Arbeit an anderer Stelle berücksichtigten grundlegenden Arbeiten derjenigen Arbeitsgruppen, die sich auch aktuell mit dem Materialsystem intensiv befassen, sei hier für die frühen Untersuchungen nur beispielhaft auf Arbeiten von Kahn und Leyendecker [115], Frederikse et al. [71, 72], Walters und Grace [250], Tufte und Chapman [241], Parker und Yahia [191], Lee et al. [132], Hagemann [87], Balachandran und Eror [4, 62] und Chan et al. [26] verwiesen, die sich mit STO in verschiedenen Temperaturbereichen befassten.

In dem Temperaturbereich der vorliegenden Untersuchungen (unterhalb 1000 °C) ist die Beweglichkeit der Kationenleerstellen vernachlässigbar gegen die der Sauerstoffleerstellen und der elektronischen Ladungsträger [259]. Demzufolge tragen nur Elektronen, Löcher und Sauerstoffleerstellen zum Ladungstransport bei. Ihre Konzentrationen in Abhängigkeit von Temperatur und Sauerstoffpartialdruck zu bestimmen, ist die Aufgabe der folgenden Rechnungen.
Durch aliovalente Substitution der Kationen kann eine Dotierung des Kristalls herbeigeführt werden; beispielsweise kann der A-Platz (Sr^{2+}) durch Lanthan-Ionen (La^{3+}) besetzt werden; ihre Ionenradien ähneln sich ($r_{Sr^{2+}} \approx 0,118$ nm, $r_{La^{3+}} \approx 0,103$ nm). Zugegebene Fe^{3+}-Ionen würden sich hingegen aus sterischen Gründen ($r_{Fe^{3+}} \approx 0,061$ nm, $r_{Ti^{4+}} \approx 0,061$ nm) auf dem B-Platz einbauen [222, 223]. Der Ladungsunterschied (relativ zum ungestörten Kationenteilgitter) wird im ersten Fall kompensiert durch eine Erhöhung aller negativ geladenen Defekte (Elektronen und Metallleerstellen), was einer Donatordotierung gleichkommt, im letzteren Fall hingegen durch eine Erhöhung aller positiv geladenen Defekte (Löcher und (zweifach geladene) Sauerstoffleerstellen), was eine Akzeptordotierung bedeutet [155]. In dieser Arbeit wurden nur (nominell) undotiertes[6] und akzeptordotiertes STO untersucht, weshalb der Einfluss einer Donatordotierung im Folgenden nicht weiter verfolgt werden soll.
Die auftretenden Leerstellen werden als zweifach (Sauerstoff, Strontium) bzw. vierfach ionisiert (Titan) angenommen. Die relevanten physikalischen Größen in dem Defektmodell für $SrTi_{1-x}Fe_xO_{3-\delta}$[7] mit kleinen Werten von x (Akzeptordotierung im Promillebereich) umfassen demzufolge bei einer gegebenen Temperatur T:

- die Konzentrationen der elektronischen Defekte (p, n)
- die Konzentrationen ionischer Defekte $([V_O^{\bullet\bullet}], [V_{Sr}''])$

[6] das durch natürliche Verunreinigungen i. d. R. akzeptordotierten Charakter besitzt
[7] Durch das $O_{3-\delta}$ wird ($\delta \neq 0$) eine Sauerstoffnichtstöchiometrie des Systems angezeigt.

- die Konzentration $N_A = [\mathrm{Fe}'_{\mathrm{Ti}}]$ der eingebrachten Akzeptoren, die aufgrund ihrer niedrigen Ionisierungsenergie ($\Delta E_{\mathrm{ion}} < 1$ eV) [254] mit zunehmender Temperatur leicht ionisiert werden können

- die Konzentrationen regulärer Gitterkonstituenten ($[\mathrm{O}_\mathrm{O}^\mathrm{x}]$, $[\mathrm{Sr}_\mathrm{Sr}^\mathrm{x}]$ und $[\mathrm{Ti}_\mathrm{Ti}^\mathrm{x}]$) und

- den Sauerstoffpartialdruck der umgebenden Gasatmosphäre p_{O_2}.

Es handelt sich hierbei um neun Unbekannte. Um ihre Werte bestimmen zu können, werden neun voneinander unabhängige Gleichungen benötigt, die die Konzentrationen der vorgenannten Größen miteinander verknüpfen. Grundlage hierfür sind die folgenden chemischen Reaktionsgleichungen:

- die Bildung von Schottky-Defekten

$$\mathrm{O}_\mathrm{O}^\mathrm{x} + \mathrm{Sr}_\mathrm{Sr}^\mathrm{x} \rightleftharpoons \mathrm{V}_\mathrm{Sr}'' + \mathrm{V}_\mathrm{O}^{\bullet\bullet} + \mathrm{SrO} \tag{2.4}$$

  Das Strontiumoxid wandert dabei zur Kristalloberfläche bzw. bildet im Kristall Ruddlesden-Popper-Zwischenlagen [206, 207] und ist für die weitere defektchemische Betrachtung des Systems (da es sich um eine Zweitphase handelt) von nachgeordneter Bedeutung.

- der Sauerstoffaustausch zwischen Festkörper und Gasphase

$$\mathrm{O}_\mathrm{O}^\mathrm{x} \rightleftharpoons \mathrm{V}_\mathrm{O}^{\bullet\bullet} + 2\mathrm{e}' + \frac{1}{2}\mathrm{O}_2 \tag{2.5}$$

  Hierbei entstehen in Abhängigkeit vom p_{O_2} Sauerstoffleerstellen (bzw. werden vernichtet).

- das Band-Band-Gleichgewicht der elektronischen Ladungsträger (wie in jedem halbleitenden Material)

$$\mathrm{e}' + \mathrm{h}^\bullet \rightleftharpoons \mathrm{nil} \tag{2.6}$$

- der Valenzwechsel der als Dotierung eingebrachten Eisenionen über den Einfang von Löchern („Trapping“)[8]

$$\mathrm{Fe}_\mathrm{Ti}^\mathrm{x} \rightleftharpoons \mathrm{Fe}'_\mathrm{Ti} + \mathrm{h}^\bullet \tag{2.7}$$

[8]Der nur unter stark reduzierenden Bedingungen auftretende Valenzzustand Fe^{2+} [9] soll hier vernachlässigt werden.

Aus den vorstehenden vier Gleichungen folgen die entsprechenden Massenwirkungsgesetze (MWG), zunächst für die Schottky-Leerstellenbildung[9]:

$$\frac{[V''_{Sr}] \cdot [V^{\bullet\bullet}_{O}]}{[Sr_{Sr}] \cdot [O_O] \cdot [SrO]} = \text{const.}(T) \tag{2.8a}$$

$$\Rightarrow [V''_{Sr}] \cdot [V^{\bullet\bullet}_{O}] = K_S(T) = K_S^0 \cdot e^{-\frac{\Delta H_S}{kT}} \tag{2.8b}$$

Für die Konstanten geben Moos et al. [174] die Zahlenwerte $K_S^0 = 3 \cdot 10^{44}$ cm^{-6} und $\Delta H_S = 2,5$ eV an.
Für die Sauerstoffreduktions-Reaktion lautet das entsprechende MWG[10]:

$$\frac{[V^{\bullet\bullet}_{O}] \cdot n^2 \cdot p_{O_2}^{1/2}}{[O^x_O]} = \text{const.}(T) \tag{2.9a}$$

$$\Rightarrow [V^{\bullet\bullet}_{O}] \cdot n^2 \cdot p_{O_2}^{1/2} = K_{\text{Red}}(T) = K_{\text{Red}}^0 \cdot e^{-\frac{\Delta H_{\text{Red}}}{kT}} \tag{2.9b}$$

Für die Konstanten werden in der Literatur Zahlenwerte von $K_{\text{Red}}^0 \approx 4,8 \cdot 10^{66}$ cm$^{-9}\cdot$ bar$^{1/2}$ und $\Delta H_{\text{Red}} \approx 5,2$ eV für leicht akzeptordotiertes STO genannt [35]. Von Moos et al. [174] wurden an undotierten STO-Einkristallen und -Keramiken leicht abweichende Werte bestimmt: $K_{\text{Red}}^0 \approx 5 \cdot 10^{71}$ cm$^{-9}\cdot$ bar$^{1/2}$ und $\Delta H_{\text{Red}} \approx 6,1$ eV.
Das MWG für das elektronische Band-Band-Gleichgewicht lautet:

$$n \cdot p = K_i(T) = K_i^0 \cdot e^{-\frac{E_g}{kT}} \tag{2.10}$$

Die Literaturwerte für die defektchemischen Konstanten betragen nach Choi et al. [35] $K_i^0 \approx 7,7 \cdot 10^{42}$ cm^{-6} und $E_g \approx 3,25$ eV $-5 \cdot 10^{-4}$ eV $\cdot \frac{T}{\text{K}}$. Moos et al. [174] liefern ähnliche Werte: $K_i^0 \approx 14,4 \cdot 10^{32}$ cm$^{-6} \cdot \left(\frac{T}{\text{K}}\right)^3$ und $E_g \approx 3,17$ eV $-5,66 \cdot 10^{-4}$ eV $\cdot \frac{T}{\text{K}}$.
Das MWG für den Valenzwechsel des Eisens lautet:

$$\frac{[Fe'_{Ti}] \cdot p}{[Fe^x_{Ti}]} = K_A(T) = K_A^0 \cdot e^{-\frac{\Delta H_A}{kT}} \tag{2.11}$$

Waser et al. [254] geben als Werte an: $K_A^0 \approx 2,5 \cdot 10^{16}$ cm$^{-3} \cdot \left(\frac{T}{\text{K}}\right)^{3/2}$ und $\Delta H_A \approx 0,94$ eV $-3,5 \cdot 10^{-4}\cdot$ eV $\cdot \frac{T}{\text{K}}$.

[9] Da die Konzentration der Gitterdefekte als sehr klein angenommen werden kann im Vergleich zu den Konzentrationen der regulären Gitterkonstituenten, sind $[Sr^x_{Sr}]$ und $[O^x_O]$ als näherungsweise konstant zu betrachten und können, ebenso wie die Konzentration der Zweitphase SrO, der Reaktionskonstanten K_S zugeschlagen werden.

[10] vgl. Fußnote 9

Hinzu kommen die „trivialen“ defektchemischen Reaktionen, die die Besetzung der Gitterplätze im Kristall beschreiben („site conservation“). Hierbei wird im Folgenden eine *elementarzellenbezogene* Konzentration (Molenbruch) verwendet[11].

- Besetzung der A-Plätze im Perowskit:

$$[\mathrm{Sr}_{\mathrm{Sr}}^{\mathrm{x}}] + [\mathrm{V}_{\mathrm{Sr}}^{\prime\prime}] = 1 \tag{2.12}$$

- Besetzung der Sauerstoff-Plätze im Perowskit:

$$[\mathrm{O}_{\mathrm{O}}^{\mathrm{x}}] + [\mathrm{V}_{\mathrm{O}}^{\bullet\bullet}] = 3 \tag{2.13}$$

- Besetzung der B-Plätze im Perowskit:

$$[\mathrm{Ti}_{\mathrm{Ti}}^{\mathrm{x}}] + [\mathrm{Fe}_{\mathrm{Ti}}^{\mathrm{x}}] + [\mathrm{Fe}_{\mathrm{Ti}}^{\prime}] = 1 \tag{2.14}$$

- In letzterer Gleichung ist berücksichtigt, dass die Valenz der eingebrachten Eisenionen auf dem B-Platz entweder drei- oder vierwertig sein kann. Dabei muss die Summe der drei- und vierwertigen Eisenionen der eingebrachten Dotierung entsprechen („mass balance“), also:

$$[\mathrm{Fe}_{\mathrm{Ti}}^{\mathrm{x}}] + [\mathrm{Fe}_{\mathrm{Ti}}^{\prime}] = x \tag{2.15}$$

- Die letzte notwendige Gleichung ist die „Elektroneutralitätsbedingung“, die die Summe aller negativ geladenen Defekte der Summe aller positiv geladenen Defekten gleich setzt, um die makroskopische Ladungsneutralität des Kristalls zu gewährleisten. Dabei werden nur die relevanten, oben beschriebenen Defekte berücksichtigt:

$$2\,[\mathrm{V}_{\mathrm{Sr}}^{\prime\prime}] + [\mathrm{Fe}_{\mathrm{Ti}}^{\prime}] + n = 2[\mathrm{V}_{\mathrm{O}}^{\bullet\bullet}] + p \tag{2.16}$$

Ferner wird angenommen, dass die betrachteten Temperaturen genügend hoch sind, um eine mögliche Assoziation von Defekten vernachlässigen zu können. Bei eisendotiertem STO beispielsweise bilden nach Merkle und Maier [161] die Sauerstoffleerstellen für Temperaturen unterhalb von ca. 300 °C mit den Akzeptoren entsprechende Assoziate, was bei der Leitfähigkeitsberechnung im Niedertemperaturbereich berücksichtigt werden müsste.

[11] Zur Erläuterung: Bei Raumtemperatur ist die Gitterkonstante a von $\mathrm{SrTiO_3}$ $a = 3{,}905$ Å [88]. Im Volumen einer Elementarzelle ist genau ein Sr-Atom enthalten. Als räumliche Konzentration ausgedrückt, wäre daher $[\mathrm{Sr}_{\mathrm{Sr}}^{\mathrm{x}}] \approx 1{,}68 \cdot 10^{22}\ \mathrm{cm}^{-3}$. Dies entspräche einer *elementarzellenbezogenen* Konzentration $[\mathrm{Sr}_{\mathrm{Sr}}^{\mathrm{x}}] = 1$, was anzeigen soll, dass jede Elementarzelle exakt ein Sr-Atom enthält.

Einen relativ simplen rekursiven Lösungsansatz für das nichtlineare Gleichungssystem (Gln. 2.9b bis 2.16) verwendet Poulsen [19, 193, 194, 195, 196], indem er, ausgehend von einer Initialkonzentration (die sich innerhalb eines vorgegebenen Intervalls bewegen kann), durch schrittweises Einsetzen die weiteren Konzentrationen sukzessive berechnet. Beginnend mit einer Sauerstoffleerstellen-Konzentration $[V_O^{\bullet\bullet}] \in [10^{-8}, \frac{1}{2}]$ als Startwert[12], lassen sich sukzessive alle Defektkonzentrationen errechnen. Aus den Konzentrationen der geladenen Defekte lässt sich gemäß Gl. 2.3 die Leitfähigkeit berechnen. Der Beitrag der kationischen Defekte (Metallleerstellen, Akzeptoren) zur Leitfähigkeit ist wegen ihrer sehr geringen Beweglichkeit bei Temperaturen unterhalb von 1000 °C vernachlässigbar. Für die Beweglichkeiten der mobilen Spezies sind aus der Literatur die folgenden Werte bekannt:

- Beweglichkeit der Elektronen [173] $\mu_n = 1,6 \cdot 10^4 \cdot \left(\frac{T}{\mathrm{K}}\right)^{-1,5}$ cm^{2}V^{-1}s^{-1}
- Beweglichkeit der Löcher [69] $\mu_p = 8,88 \cdot 10^5 \cdot \left(\frac{T}{\mathrm{K}}\right)^{-2,36}$ cm^{2}V^{-1}s^{-1}
- Beweglichkeit der Sauerstoffleerstellen [45] $\mu_{V_O^{\bullet\bullet}} = 1 \cdot 10^4 \cdot \left(\frac{T}{\mathrm{K}}\right)^{-1} \cdot e^{-\frac{0,86\mathrm{eV}}{kT}}$ cm^{2}V^{-1}s^{-1}

Somit ergeben sich für leicht akzeptordotiertes Strontiumtitanat die in den folgenden Abbildungen dargestellten Konzentrations- und Leitfähigkeitsverläufe[13]. An Bild 2.4 erkennt man, dass donatordotiertes $SrTiO_3$ zwar über einen weiten p_{O_2}-Bereich eine eindeutige $\sigma(p_{O_2})$-Kennlinie besitzen kann. Im Gegensatz zum akzeptordotierten Material führen jedoch hohe Donatordotierungen im STO-Bulk (z. B. polykristalline Keramik) aufgrund der Kompensationsmechanismen der Überschussladung zu Umstrukturierungen im Kationengitter und somit zu einer unzureichenden chemischen Stabilität, da die zur Äquilibrierung des Bulks führende Strontiumleerstellendiffusion ein sehr langsamer Prozess ist [155, 156][14]. Grundlegende Untersuchun-

[12] Die Obergrenze $\frac{1}{2}$ stellt bereits die Umwandlung des Perowskiten $SrTiO_3$ in eine Brownmilleritstruktur $Sr_2Ti_2O_5$ dar, also die maximale Stabilitätsgrenze der Sauerstoffnichtstöchiometrie. Unter normalen Bedingungen nimmt $[V_O^{\bullet\bullet}]$ aber nur erheblich kleinere Werte an.

[13] In diesem Zusammenhang anzumerken ist, dass es sich hierbei um reine Bulkphänomene handelt. Im Gegensatz dazu bestimmte beispielsweise Ohly [187] für nanokristalline STO-Dünnschichten hiervon deutlich abweichende Leitfähigkeitsprofile, die von der großen Inhomogenität der morphologischen Eigenschaften (Nanokristallinität = hohe Interfacedichte) geprägt waren. Hu et al. [100, 101] entwickelten beispielsweise einen Niedertemperatur-Sauerstoffsensor aus nanoskaligem $SrTiO_3$, der aufgrund von Oberflächenleitung bereits bei 40 °C betrieben werden kann.

[14] Dies, in Verbindung mit einer stark ausgeprägten Temperaturabhängigkeit der Leitfähigkeit, stellt einen großen Nachteil gegenüber dem akzeptordotierten Material im Hinblick auf eine Anwendung in der Sensorik dar. Dass an dünnen donatordotierten STO-Schichten dennoch Sensorprototypen mit einer Einstellkinetik im Millisekundenbereich realisiert wurden, liegt darin begründet, dass hierfür nicht Volumen-, sondern Grenzflächeneffekte entscheidend sind. Die sehr langsame Gleichgewichtseinstellung im Bulk ruft hingegen eine unerwünschte Langzeitdrift hervor.

gen über die sauerstoffsensorischen Eigenschaften von donatordotiertem $SrTiO_3$ führten neben Menesklou und Moos [172, 174] auch Helmbold [91] und insbesondere Meyer [168] durch[15].

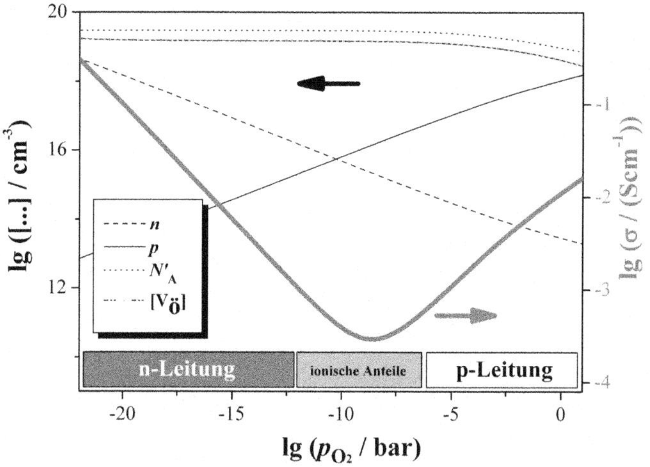

Bild 2.2: Defektkonzentrationen (linke Achse) und daraus resultierende Leitfähigkeit (rechte Achse) von akzeptordotiertem $SrTiO_3$ (Modellrechnung): Für tiefe Sauerstoffpartialdrücke überwiegt der Elektronentransport (n-Leitung), für hohe p_{O_2} dominiert der Ladungstransport über Löcher (p-leitender Ast der Leitfähigkeitskurve). Bei hohen p_{O_2} macht sich die Umladung der Akzeptoren vom 3-wertigen in den 4-wertigen Zustand bemerkbar.

Im p-leitenden Ast, in dem der Ladungstransport von der Löcherleitung dominiert wird, werden die Sensoreigenschaften des Materials ausgenutzt; hier lässt sich die Elektroneutralitätsbedingung 2.16 (aus Bild 2.2 ersichtlich) vereinfachen zu:

$$[\mathrm{Fe}'_{\mathrm{Ti}}] \approx 2[\mathrm{V}_{\mathrm{O}}^{\bullet\bullet}] + p \tag{2.17}$$

Einsetzen in Gl. 2.9b unter Berücksichtigung von Gl. 2.10 führt unter der für nicht zu hohe p_{O_2} gültigen Vereinfachung, dass $[\mathrm{Fe}'_{\mathrm{Ti}}] \gg p$ ist, auf:

$$p \approx const. \cdot [\mathrm{Fe}'_{\mathrm{Ti}}]^{1/2} p_{\mathrm{O}_2}^{1/4} \cdot e^{-\frac{2E_g - \Delta H_{\mathrm{Red}}}{2kT}} \tag{2.18}$$

[15]Meyer et al. [171] führten das schnelle Sensoransprechverhalten einer donatordotierten Dickschicht auf die $\sigma(p_{O_2})$-abhängige Bildung oder Vernichtung von Sr-Leerstellen an den Grenzflächen und somit die Änderung der Raumladung in unmittelbarer Grenzflächennähe zurück. Ebenso führen ihrem Modell [167] zufolge auch lokale Defektgleichgewichte zu zeitlich veränderlichen Oberflächenkonzentrationen der Defekte.

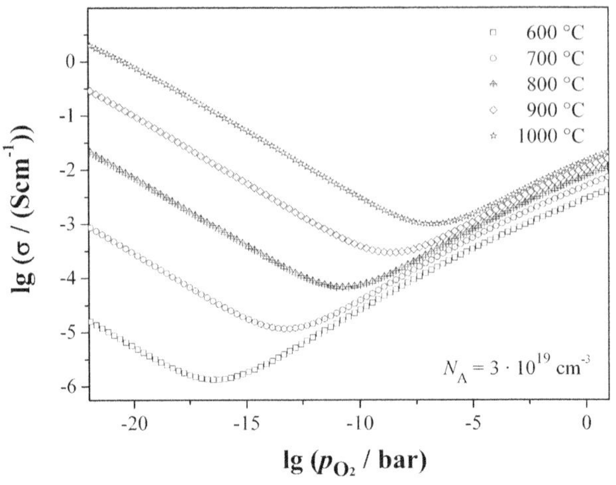

Bild 2.3: Leitfähigkeit von akzeptordotiertem $SrTiO_3$ bei verschiedenen Temperaturen (Modellrechnung)

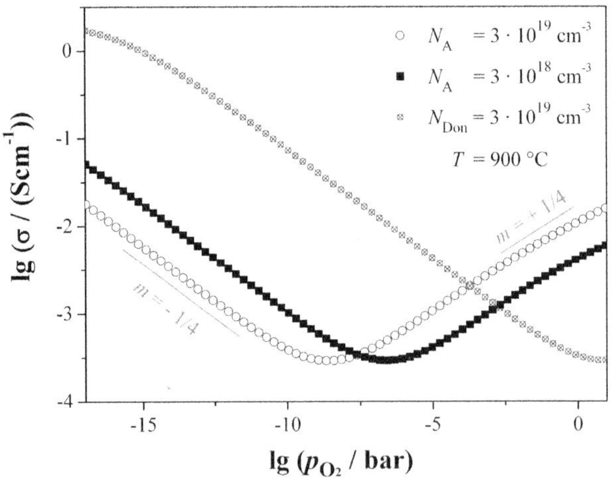

Bild 2.4: Einfluss der Dotierung auf die Leitfähigkeit von $SrTiO_3$ (Modellrechnung)

Mit der daraus folgenden elektrischen Leitfähigkeit lässt sich die Sensorkennlinie im p-leitenden Ast folglich durch einen Ausdruck der Form

$$\sigma \propto p_{O_2}^m \cdot e^{-\frac{\Delta H_{Akt}}{kT}} \tag{2.19}$$

beschreiben mit einer Aktivierungsenthalpie $\Delta H_{\text{Akt}} = \frac{2E_g - \Delta H_{Red}}{2}$, die das Temperaturverhalten beschreibt, und der Empfindlichkeit m, die ein Maß für die Sauerstoffsensitivität darstellt und im p-leitenden Ast den Wert 1/4 annimmt (vgl. Bild 2.2). (Für den n-leitenden Ast lassen sich analoge Beziehungen herleiten.)

Aufgrund des nicht verschwindenden Werts von ΔH zeigt die $\sigma(p_{O_2})$-Kennlinie einen ausgeprägt temperaturabhängigen Verlauf (Bild 2.3). Da diese Querempfindlichkeit des Materials gegen die Temperatur für Sensoranwendungen nachteilig ist, ist ein wünschenswertes Ziel, ein Materialsystem zu finden, bei dem in einem gewissen, anwendungsrelevanten Temperaturbereich $\Delta H_{\text{Akt}} \approx 0$ gilt, so dass die Leitfähigkeit zu einer reinen Funktion des Sauerstoffpartialdrucks wird: $\sigma(p_{O_2}, T) = \sigma(p_{O_2})$.

2.2 Defektchemie des Materialsystems STF

Für wachsenden Eisengehalt x sinkt der Bandabstand E_g von $Sr(Ti_{1-x}Fe_x)O_3$ (STF) sukzessive, was zur Folge hat, dass in Gl. 2.19 die Aktivierungsenthalpie geringere Werte annimmt. Menesklou et al. [156] konnten für das Materialsystem $Sr(Ti_{1-x}Fe_x)O_3$ für einen Eisenanteil von $x = 0,35$ (STF35) tatsächlich ein temperaturunabhängigies Leitfähigkeitsverhalten innerhalb eines gewissen Bereichs ($750 \leq T$ °C ≤ 950 und $p_{O_2} \geq 10^{-4}$ bar) beobachten (s. Bild 2.5). $SrTiO_3$-Einkristalle lassen sich nur mit einem maximalen Akzeptorgehalt von unter einem Mol-Prozent dotieren; größere Dotierkonzentrationen lassen sich infolge begrenzter Löslichkeit des Akzeptors im Einkristall nicht erzielen. Daher mussten die Untersuchungen des Materialsystems STF mit höheren Eisenanteilen an keramischen Proben erfolgen; diese wurden im Mixed-Oxide-Verfahren (s. z. B. Schreiner [219]) hergestellt.
Die Transporteigenschaften des Materialsystems STF mit hohen Eisenanteilen waren in der jüngeren Vergangenheit Gegenstand weiterer elektrochemischer Untersuchungen [113, 66, 114], ohne dass dabei jedoch eine zufriedenstellende Erklärung des Zusammenhangs zwischen Defektchemie und elektrischen Eigenschaften gegeben werden konnte. So führten Menesklou et al. [156] die Temperaturunabhängigkeit der elektrischen Eigenschaften, die das Mischkristallsystem STF35 für einen Einsatz in der Hochtemperatur-Gassensorik prädestiniert, auf die Verringerung des Bandabstands und das daraus folgende Verschwinden des thermischen Aktivierungsterms in Gl. 2.19 zurück.
Diesem ersten *Ad-hoc*-Defektmodell, in dem das Eisen im Mischkristallsystem weiterhin als Dotierstoff aufgefasst wird, stehen aber einige Einwände entgegen. Zwar konnten Steinsvik et al. [229, 230] nachweisen, dass bis zu einem Eisengehalt von $x = 0,5$ tatsächlich eine rein

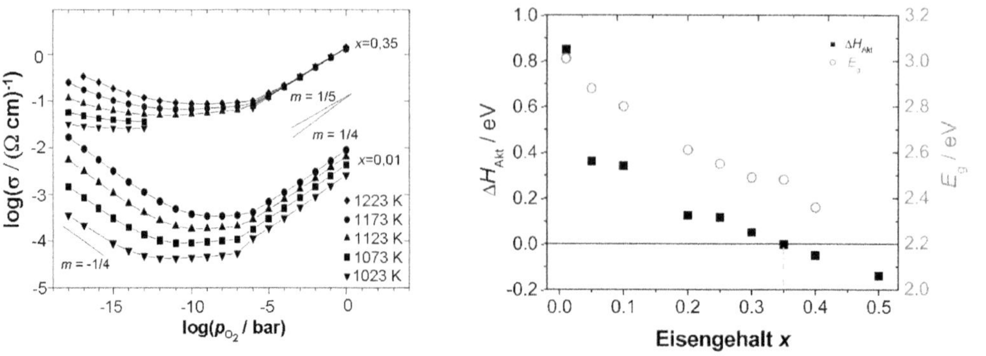

Bild 2.5: Elektrische Eigenschaften von Keramiken aus STF ($Sr(Ti_{1-x}Fe_x)O_3$) für verschiedene Eisenanteile x [156]: Links die Kennlinien $\sigma(p_{O_2})$, rechts die Änderung des Bandabstands und das daraus resultierende thermische Aktivierungsverhalten der Leitfähigkeit. Für $x = 0,35$ verschwindet die Aktivierungsenthalpie ΔH.

kubische Perowskitstruktur erhalten bleibt und das elektrische Leitfähigkeitsverhalten in Abhängigkeit von $\sigma(p_{O_2})$ und T sich durch dieses relativ einfache Defektmodell beschreiben ließ. Dieses wurde in jüngerer Zeit von Rothschild et al. [203, 204] aber erweitert. Da Eisen im eisenreichen Materialsystem STF (mit $x_{Fe} \geq 0,1$) ein Hauptbestandteil ist, so dass nicht mehr von einer Akzeptor*dotierung* im Sinne der Halbleiterphysik gesprochen werden kann[16], verliert das einfache Modell einer „verdünnten Lösung" von Fe-Ionen im STO beim Übergang vom *wide-band-gap*-Halbleiter $SrTiO_3$ zum sehr gut leitfähigen[17] $SrFeO_3$ spätestens ab Eisenkonzentrationen im Bereich von etwa 1 Mol-% seine Gültigkeit: Die Orbitale der Akzeptorionen beginnen räumlich zu überlappen, was zur Aufspaltung der Energieniveaux und der Ausbildung eines Störstellenbandes führt. So zeigten Ab-initio-Berechnungen von Evarestov et al. [64], dass die Breite dieses Störstellenbandes von 0,14 eV bei einer Eisenkonzentration von 2,4 Vol.-% auf 1,42 eV anwächst für eine Eisenkonzentration von 12,5 Vol.-% im STO. Es tritt also eine deutliche Änderung der elektronischen Struktur des Materials für Eisenkonzentrationen zwischen ca. 3...10 % auf.

Sichtbar wird die Unzulänglichkeit des ursprünglichen Defektmodells auch darin, dass eine Eisenzunahme im System sowohl die elektronische als auch die Löcherleitfähigkeitsanteile erhöht

[16]So wäre spätestens bei einem Eisengehalt von $x = 0,5$ beispielsweise zu fragen, wieso man von eisendotiertem Strontiumtitanat spräche und nicht mit der gleichen Berechtigung von titandotiertem Strontiumferrat – was zwei völlig unterschiedliche Defektmodelle bedeuten würde.

[17]Strontiumferrat hat Leitfähigkeitswerte von $\sigma > 10\ Scm^{-1}$ bei Temperaturen oberhalb 700 °C an Luft [127].

(Bild 2.6). Im klassischen Modell des dotierten STO dürfte sich nur die letztere auf Kosten der ersteren erhöhen.

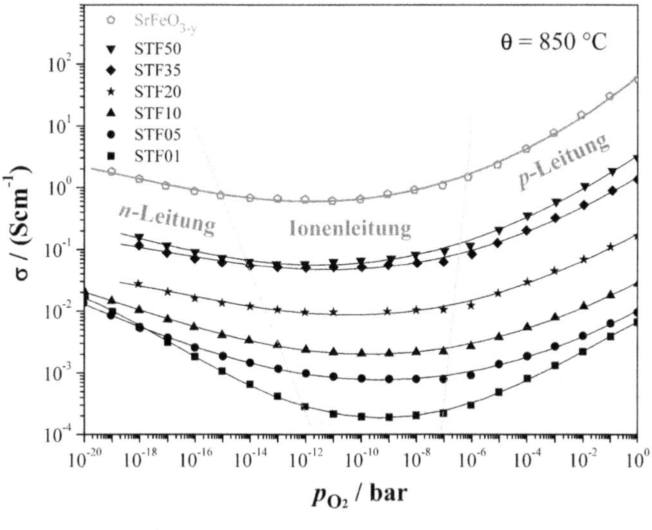

Bild 2.6: Leitfähigkeit von STF mit verschiedenen Eisenanteilen bei $T = 850$ °C [89, 204]

Das durch Rothschild et al. [204] erweiterte Defektmodell fasst Eisen nun als einen Hauptbestandteil des STF auf und postuliert daher eine Bandstruktur des STF gemäß Bild 2.7. Zusätzlich zu Sauerstoffleerstellen können im Anionengitter hierbei auch Frenkel-Fehlstellen (Sauerstoffzwischengitterplätze O_i'') entstehen:

$$O_O^x + V_i^x \rightleftharpoons V_O^{\bullet\bullet} + O_i'' \tag{2.20}$$

Im Rahmen dieses Modellansatzes konnte Rothschild die Temperaturunabhängigkeit der elektrischen Leitfähigkeit von STF35 erklären: Unter Vernachlässigung ionischer Leitfähigkeitsanteile (was im p_{O_2}-Bereich des temperaturunabhängigen Leitfähigkeitsverhaltens ($p_{O_2} \geq 10^{-4}$ bar) gerechtfertigt ist) setzt sich die Leitfähigkeit im p-leitenden Ast der Kennlinie zusammen als Produkt aus Ladung, Beweglichkeit μ_p und Ladungsträgerkonzentration p:

$$\sigma = e_0 \mu_p p \tag{2.21}$$

Die Beweglichkeit ist durch einen Hoppingmechanismus geprägt; ihre Temperaturabhängigkeit folgt dem Potenzgesetz $\mu_p = \mu_0 T^{-m}$. Wie aus der Halbleiterphysik bekannt, nimmt der Exponent m für kristalline Halbleiter mit leichter Dotierung bei hohen Temperaturen aufgrund von

Phononenstreuung den Wert $m = \frac{3}{2}$ an; für Mischkristalle wie STF35, bei denen lokale Ladungsanreicherungen und statistisch verteilte Kristalldefekte auftreten, kann der Exponent m Werte von bis zu $m = \frac{9}{2}$ annehmen [15]. Die Ladungsträgerkonzentration eines p-Halbleiters weist allgemein eine Arrhenius-artige Temperaturabhängigkeit auf: $p = N_V e^{\frac{E_V - E_F}{kT}}$ (E_F: Fermienergie, E_V: Energie der Valenzbandoberkante); für die effektive Zustandsdichte N_V des Valenzbandes gilt dabei die Temperaturabhängigkeit: $N_V \propto T^{\frac{3}{2}}$ [102]. Das Temperaturverhalten der elektrischen Leitfähigkeit besitzt also die folgende Form:

$$\sigma(T) \propto T^{\frac{3}{2}-m} \cdot e^{\frac{E_V - E_F}{kT}} \tag{2.22}$$

Hieraus ergibt sich für den Temperaturkoeffizienten TK_R des elektrischen Widerstands R:

$$TK_R \equiv \frac{1}{R}\frac{\mathrm{d}R}{\mathrm{d}T} = \frac{m - \frac{3}{2} + \frac{E_V - E_F}{kT}}{T} \tag{2.23}$$

Die Fermienergie selbst hängt vom Sauerstoffpartialdruck ab [203]:

$$E_F = E_F^{(0)} - \frac{kT}{4} \cdot \ln \frac{p_{O_2}}{p_{O_2}^{(0)}} \tag{2.24}$$

Diese Beschreibung führt zu einer Erklärung des Temperaturverhaltens der elektrischen Leitfähigkeit, wie in Bild 2.7 schematisch dargestellt: Die Fermienergie nimmt jeweils mit zunehmendem p_{O_2} ab; die Temperaturkoeffizienten von Löcherkonzentration (TK_p) und -beweglichkeit (TK_μ) sind jeweils skizziert für einen p_{O_2}. Der TK_μ ist negativ, der TK_p positiv, so dass sich der TK_R aus dem Wechselspiel zwischen beiden ergibt: Er ist für STO (links) negativ und verschwindet für das Materialsystem mit 35 % Eisenanteil, was zur Temperaturunabhängigkeit des elektrischen Widerstands in einem schmalen Temperaturbereich und p_{O_2}-Fenster führt.
In Bild 2.8 ist zudem der errechnete Bereich des TK_R-Verhaltens als Funktion von Temperatur und p_{O_2} wiedergegeben.

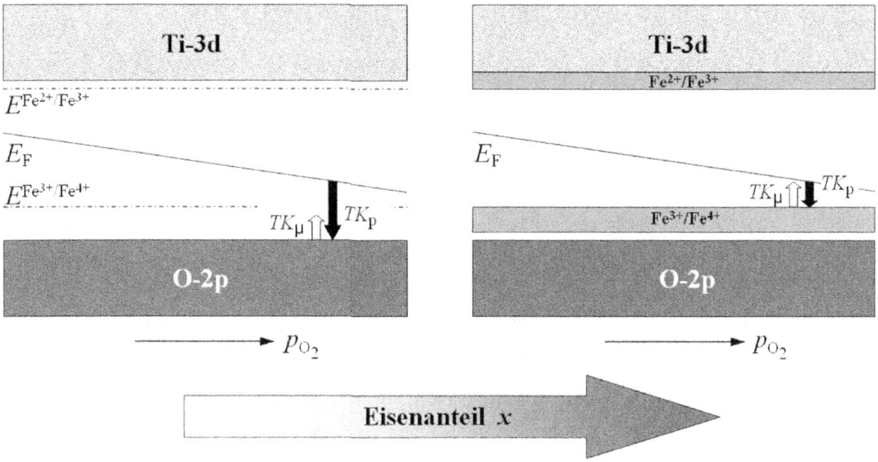

Bild 2.7: Schematische Darstellung der Änderung in der Bandstruktur beim Übergang von eisendotiertem STO (links; mit $x_{\mathrm{Fe}} < 0,01$) zu dem Mischkristallsystem STF35 (rechts), nach [203]: Erklärung s. Text.

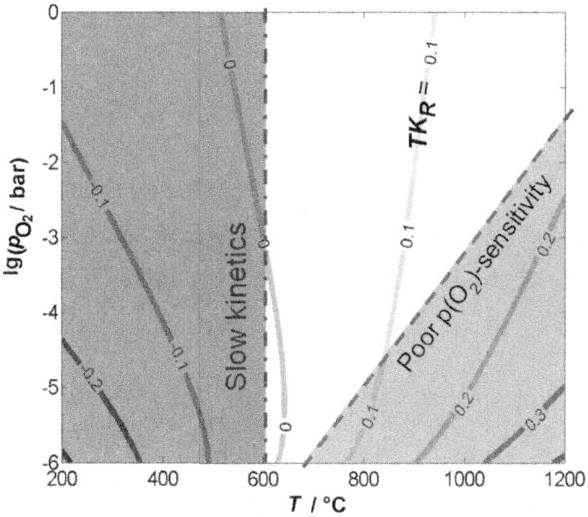

Bild 2.8: TK_R-Diagramm als Funktion von Temperatur und Sauerstoffpartialdruck nach Rothschild et al. [205]: Auf der Iso-TK_R-Kurve $TK_R = 0$ liegt der ideale Bereich des temperaturunabhängigen Widerstandsverhaltens. Die rechts unterlegte Fläche stellt den Bereich geringer p_{O_2}-Sensitivität dar, im links unterlegten Bereich ist die Ansprechkinetik zu langsam für einen Einsatz des Materials.

2.3 Sauerstoffaustausch Festkörper/Gasphase

Für viele technische Anwendungen etwa polykristalliner Werkstoffe sind Grenzflächeneffekte von zentraler Bedeutung. Je dünner die Schichten, desto größer wird der Anteil der Flächeneffekte im Vergleich zu den Volumeneffekten am Probenverhalten: zum einen aus rein geometrischen Gründen, zum anderen aber auch, weil die Probengeometrien in den Bereich der Debye-Länge gelangen können und so der Einfluss einer Störung durch die Randschichten ganz erheblich die „Volumeneffekte“ überdeckt. Die Untersuchung der Einflüsse von Grenzflächen auf die Materialeigenschaften ist längst nicht so etabliert wie die des Volumenverhaltens. Die Grenzflächeneigenschaften in Titanaten wurden jedoch gerade in jüngster Zeit intensiv experimentell untersucht. Dazu zählen sowohl die Korngrenzeigenschaften als auch die der reinen Oberfläche, wo der Festkörper in Kontakt mit der Gasphase tritt. Einen Überblick etwa über den Einfluss von Korngrenzen in mischleitenden Keramiken bieten Waser et al. [255].
Für die Gassensorik von entscheidender Bedeutung ist aber insbesondere ein schneller Sauerstoffaustausch zwischen Gas und Festkörper: Ein Einsatz des Materials als Sauerstoffsensor setzt dabei einen möglichst schnellen Einbau des Sauerstoffs aus der Gasphase auf Leerstellen im Gitter des Festkörpers sowie eine rasche nachfolgende Volumendiffusion voraus. Die letztgenannte Forderung lässt sich durch Verringerung der Bauteilgröße beliebig gut erfüllen; der Oberflächendurchtritt bereitet hierbei jedoch Probleme: Es hat sich gezeigt, dass dieser Oberflächendurchtritt bei Temperaturen unterhalb 700 °C stark verlangsamt ist, was ihn zum geschwindigkeitsbestimmenden Schritt für den gesamten Sauerstofftransport im Festkörper macht.
Der Oberflächendurchtritt besteht aus einem komplexen Reaktionsschema, das sich aus mehreren seriellen und parallelen Einzelschritten zusammensetzen kann, die entweder Transportprozesse, chemische oder (im Falle von Ladungstransfer) elektrochemische Reaktionen sind (vgl. Bild 2.9):

- Transport der O_2-Moleküle durch die Gasphase,
- Adsorption,
- Dissoziation,
- Ionisation des Sauerstoffs,
- Oberflächendiffusion,
- Eintritt in die kondensierte Phase,
- und u. U. Durchquerung einer Raumladungszone

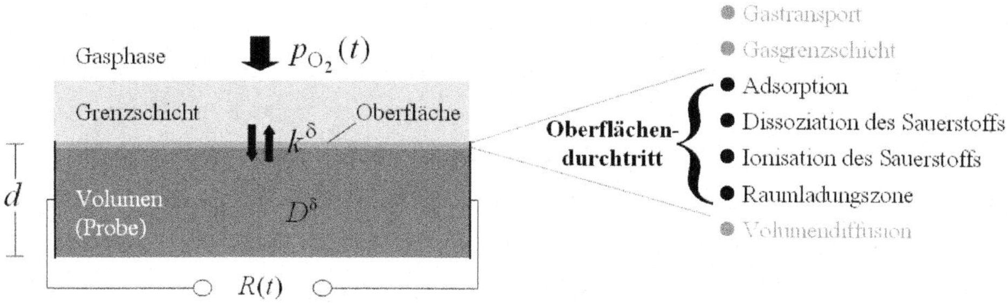

Bild 2.9: Modellvorstellung zur Sauerstoffinkorporation in einen oxidischen Festkörper, in Anlehnung an [151].

Die Kinetik der gesamten Sauerstoffinkorporation wird durch die Rate des langsamsten dieser Schritte bestimmt[18] („Flaschenhalssituation"). Betrachten wir eine quaderförmige Probe, die von einem sauerstoffhaltigen Gasstrom angeblasen wird (Bild 2.10). Im Folgenden soll kurz auf die Elementarschritte des Sauerstoffeinbaus eingegangen werden.

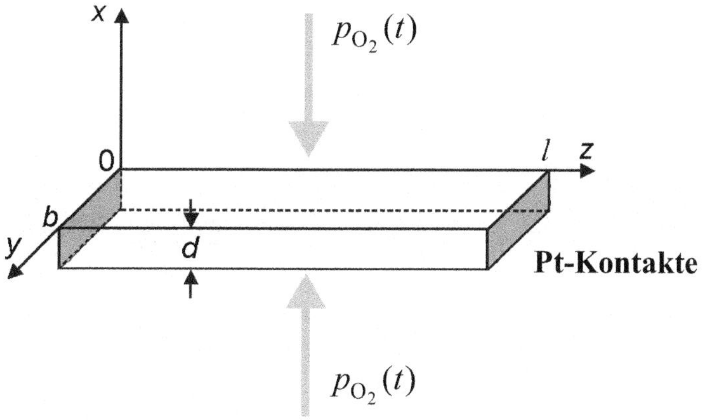

Bild 2.10: Idealisierte Probengeometrie: Ein STO-Einkristall ist an den Stirnflächen elektrisch kontaktiert (und für Sauerstoff impermeabel), die übrigen Kristalloberflächen sind einem zeitlich veränderlichen Sauerstoffpartialdruck p_{O_2} ausgesetzt.

[18]Dieser wird auch als ratenbestimmender Schritt („rate-determining step" (r.d.s.)) bezeichnet.

2.3.1 Gastransport

Der Stofftransport in der Gasphase erfolgt durch Schalldruckausbreitung. Im Falle hoher Reynolds-Zahlen (wenn also Reibungseinflüsse sich vorwiegend an der Probenoberfläche bemerkbar machen) bildet sich ein Geschwindigkeitsprofil der laminaren Gasströmung senkrecht zur tangential angeströmten Probenoberfläche (s. Bild 2.11) aus. Hierdurch entsteht unmittelbar an der Probenoberfläche eine „ruhende" Grenzschicht nach Prandtl, deren Dicke zwar nicht eindeutig angegeben werden kann (da die Reibungswirkung in der Grenzschicht nach außen asymptotisch abnimmt), die aber durch eine signifikante Verminderung der Strömungsgeschwindigkeit u um einen charakteristischen Faktor (etwa um 10 %) beschrieben werden kann. Für diese Grenzschichtdicke δ gilt nach [215]

$$\delta \propto \sqrt{\frac{\nu x}{u}} \tag{2.25}$$

worin ν die kinematische Zähigkeit des Mediums ist. Für den oben beschriebenen Fall der Definition der Dicke über einen Abfall der Strömungsgeschwindigkeit um mindestens 10 % gegenüber dem freien Raum beträgt der Proportionalitätsfaktor in Gl. 2.25 etwa drei.[19] Für Strömungsgeschwindigkeiten von $u = 1...100$ m/s und in Luft ($\nu \approx 2 \cdot 10^{-5}$ m^2/s [215]) ergeben sich bei Abmessungen im Bereich von $x = 1$ mm typische Grenzschichtdicken von wenigen 100 μm.

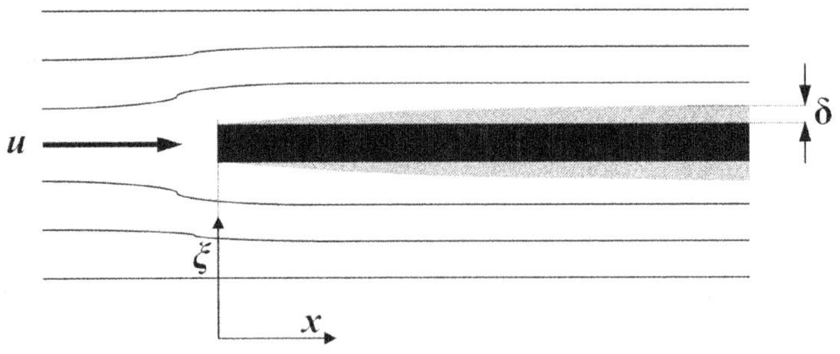

Bild 2.11: An einer längsangeströmten ebenen Platte bildet sich eine ruhende Grenzschicht (grau skizziert) der charakteristischen Dicke δ aus.

Diese Schicht muss nun durch anströmende Sauerstoffmoleküle O_2 diffusiv durchdrungen werden. Diese Diffusion genügt dem zweiten Fickschen Gesetz

[19] Für laminar normal angeströmte Platten ergeben sich Zusammenhänge in ähnlicher Größenordnung, vgl. [239, 215].

$$\frac{\partial [O_2]}{\partial t} = D_{O_2} \frac{\partial^2 [O_2]}{\partial \xi^2} \tag{2.26}$$

worin ξ die Ortsvariable entlang dem Gradienten des Sauerstoffpartialdrucks ist (normal zur Grenzschicht). Der Diffusionskoeffizient D_{O_2} für Sauerstoff in Luft (Stickstoff) nimmt dabei für Temperaturen von oberhalb 700 °C Werte von ca. 1 cm^2/s an[20] [43]. Diese Gasdiffusion durch die maximal wenige 100 μm dicke Grenzschicht ist folglich um mehrere Größenordnungen schneller als die Diffusion des Sauerstoffs im Festkörper (s. weiter unten), so dass sie bei der Bestimmung der kinetikdominierenden Elementarschritte ausgeklammert werden kann.[21] Ebenso soll der Sauerstofftransport in der Gasphase für die weiteren Betrachtungen kinetisch vernachlässigt werden.

2.3.2 Oberflächendurchtritt

An der Phasengrenzfläche gasförmig/fest adsorbieren die Sauerstoffmoleküle. Dabei steht ihnen im einfachsten Fall eine feste Anzahl möglicher äquivalenter Plätze an der Probenoberfläche[22] zur Verfügung[23]. Hieran schließen sich Dissoziations- und Ladungstransferprozesse mittels elektronischer Ladungsträger aus dem Festkörperinneren (Bulk) an. Im Zuge dieser Durchtrittsreaktion an der Probenoberfläche wird die starke Doppelbindung des Sauerstoffmoleküls, die eine Bindungsenthalpie von ca. 5,1 eV besitzt [29], aufgebrochen. Das Endprodukt dieses Prozesses sind Sauerstoffionen, die vakante Gitterplätze im anionischen Kristallgitter besetzen und schließlich als Folge chemischer bzw. elektrischer Potentialgradienten im Bulk diffundieren bzw. transportiert werden können.

Im Gegensatz zum relativ gut verstandenen Volumentransport von Sauerstoff im Festkörper ist der Kenntnisstand über die Oberflächenkinetik am $SrTiO_3$ bislang noch unvollständig. Einen umfassenden Überblick über den derzeitigen Kenntnisstand geben Merkle und Maier für leicht

[20]Dieser Wert gilt bei $p_{Gas} = 1$ bar und muss für höhere Drücke noch leicht nach unten korrigiert werden. Eine einfache Näherungsformel zur Berechnung des Sauerstoff-Diffusionskoeffizienten D_{O_2} liefert nach [99] den Ausdruck $D_{O_2} \approx \frac{3}{16 p_{Gas} \sigma} \sqrt{\frac{2(kT)^3}{\pi m_{Gas}}}$ mit dem mittleren Molekülgewicht von Luft ($m_{Gas} \approx 4,78 \cdot 10^{-26}$ kg) und dem mittleren Stoßquerschnitt von Luft ($\sigma \approx 0,42 \cdot 10^{-18}$ m^2).

[21]Wie die Untersuchungen von Tragut [238, 239] jedoch zeigten, spielen solche Effekte nur im Falle sehr schneller Austauschprozesse eine Rolle.

[22]Die hierzu relative Anzahl der besetzten Plätze wird als Bedeckungsgrad Θ_G bezeichnet [1].

[23]Eine mögliche Komplexität der Oberflächenstruktur oder das Auftreten von Mehrschichtadsorption (BET-Isotherme) sollen hier vernachlässigt werden [151]. In diesem einfachsten Fall der Langmuir-Isotherme ist der Bedeckungsgrad im Gleichgewicht eine Funktion des Gasdrucks: $\Theta_G = K \cdot p/(1 + K \cdot p)$, worin p der Druck und K eine Gleichgewichtskonstante ist. Hierbei wird vorausgesetzt, dass die Sauerstoffdissoziation erst nach der Adsorption stattfindet und daher nicht in diese eingeht.

akzeptordotiertes STO [160] bzw. für das hocheisenhaltige Materialsystem $Sr(Ti_{1-x},Fe_x)O_3$ mit $x \geq 0,1$ [164], s. Abschnitt 2.3.5.2.

Die Kinetik des Austauschprozesses an der Festkörperoberfläche, für den die summarische Reaktionsgleichung

$$O_O^x \rightleftharpoons V_O^{\bullet\bullet} + 2e' + \frac{1}{2}O_2 \qquad (2.27)$$

gilt, lässt sich beschreiben durch effektive Ratenkonstanten k. Zunächst muss jedoch unterschieden werden, welche Triebkräfte dafür verantwortlich sind, dass der Sauerstoff aus der Gasphase überhaupt bestrebt ist, ins Kristallgitter eingebaut zu werden. Hierfür verantwortlich sind in der Regel Unterschiede im elektrochemischen Potential $\widetilde{\mu}$ zwischen den Sauerstoffspezies in der Gasphase und im Festkörper. In der Praxis relevant sind die drei nachfolgend aufgeführten, voneinander grundsätzlich zu unterscheidenden Fälle [147]:

a) **Austausch im elektrischen Feld**. Existenz eines äußeren elektrischen Potentialgradienten $\nabla\Phi$ (angelegte Spannung senkrecht zu den Probenoberflächen): Im normal zur Probenoberfläche angelegten stationären elektrischen Feld bewegen sich die geladenen Sauerstoffionen entgegen der Feldrichtung; dieser Ladungsfluss wird durch einen äußeren Strom elektronischer Ladungsträger ausgeglichen. Die entsprechende Ratenkonstante wird üblicherweise mit k^Q bezeichnet, die zugehörige Diffusionskonstante (vgl. nachfolgender Abschnitt) mit D^Q.

b) **Chemischer Austausch**. Aufgrund eines Gradienten im chemischen Potential $\nabla\mu_O$ des Sauerstoffs baut sich dieser in den Kristall ein (bzw. aus diesem aus), um die chemischen Potentialunterschiede zu beseitigen. Es handelt sich dabei um einen rein chemischen, effektiv ladungsneutralen Vorgang. Die chemische Diffusion behandelt ladungsneutrale Komponenten bzw. die Diffusion zweier chemisch verschiedener, aber entgegengesetzt geladener Teilchen (vgl. Folgeabschnitt: „ambipolare Diffusion"). Die zugehörigen Konstanten werden mit k^δ (Oberflächenaustausch) bzw. D^δ (Diffusionskonstante) bezeichnet.

c) **Traceraustausch**: Das Sauerstoffisotop $^{18}O_2$ wird dem Kristall aus der Gasphase angeboten. Infolge der Unterschiedlichkeit von ^{18}O und ^{16}O erfolgt hier eine gegenläufige Diffusion beider Isotope. Hierbei wird das gesamte Sauerstoffensemble des Festkörpers einbezogen [151], wenngleich die Diffusion mechanistisch über Leerstellen erfolgt. Die zugehörigen charakteristischen Größen werden mit k^* (Oberflächenaustausch) bzw. D^* (Diffusionskonstante) bezeichnet.

In der vorliegenden Arbeit wurden nur chemische Austausch- bzw. Tracerexperimente durchgeführt, der Sauerstoffaustausch unter dem Einfluss elektrischer Felder wurde nicht untersucht.

Eine formale Definition der Ratenkonstanten k erfolgt weiter unten. Festzuhalten ist jedoch schon an dieser Stelle, dass die experimentell bestimmten effektiven Ratenkonstanten des Oberflächenaustauschs abhängig von der Art des Experiments (elektrisches Leitfähigkeits-, chemisches Diffusions- oder Tracerexperiment) und damit aus mechanistischen und konzeptionellen Gründen voneinander verschieden sind. (Insbesondere können verschiedene ratenbestimmende Schritte auftreten.) Sie lassen sich jedoch prinzipiell ineinander umrechnen [147, 148, 149, 150].

2.3.3 Volumendiffusion

Nach dem Oberflächendurchtritt des Sauerstoffs können von den Sauerstoffionen Leerstellen im Anionengitter besetzt werden[24]. Dies führt zu einer Störung der Gleichgewichtsverteilung im Festkörper. Die entstandenen Inhomogenitäten im elektrochemischen Potential $\widetilde{\mu} = \mu + ze\Phi$ werden durch Teilchenströme ausgeglichen, die entweder (bei Vorhandensein eines reinen Konzentrationsgradienten, d.h. $\nabla\Phi = 0$) reine Diffusionsströme sind (Stromdichte $j \propto \nabla\mu$) oder aber (in einem externen elektrischen Feld) auch Driftströme sein können (Stromdichte $j \propto \nabla\Phi$).

Der reine Diffusionsfall lässt sich beschreiben durch die Diffusionsgleichung[25] (erstes Ficksches Gesetz):

$$j_n = -D\nabla c \tag{2.28}$$

worin j_n die Teilchenstromdichte der Teilchen mit der Konzentration $c(x,t)$ ist, D eine temperaturabhängige Materialkonstante, die das diffusive Verhalten im Material charakterisiert (Diffusionskonstante[26]). Diese Formulierung gilt allgemein für jede betrachtete Teilchensorte (z. B. Sauerstoffleerstellen, Löcher, ...). In Verbindung mit der Kontinuitätsgleichung

$$\nabla j_n + \frac{\partial c}{\partial t} = 0 \tag{2.29}$$

bei Abwesenheit von Quell- oder Senkentermen ergibt sich daraus das bekannte zweite Ficksche Gesetz,

$$\frac{\partial c}{\partial t} = D\Delta c \tag{2.30}$$

[24] Wie bereits weiter oben erwähnt, gilt das Auftreten von Zwischengitterionen angesichts der dichten Perowskitstruktur als eher unwahrscheinlich.

[25] Eigentlich ist die Triebkraft der Diffusion ein Gradient im chemischen Potential μ, in formaler Analogie der Gibbs'schen Thermodynamik zum Ohmschen Gesetz oder der Wärmeleitung. Da für ideal verdünnte Lösungen, wie sie hier angenommen werden, das chemische Potential sich jedoch in der Form $\mu = \mu^{(0)} + RT \ln \frac{c}{c_0}$ schreiben lässt, folgt daraus die im Text verwendete Formulierung über die Teilchenkonzentrationen [79].

[26] Hierbei ist auch zu unterscheiden, um welche Art Diffusionsexperiment es sich handelt: chemische Diffusion infolge von reinen Konzentrationsunterschieden oder aber z. B. Tracer-Diffusion durch Isotopenaustausch.

das die Zeit- und Ortsabhängigkeit der Teilchenkonzentration c beschreibt. Eine Lösung dieser Differentialgleichung unter geeigneten Randbedingungen liefert schließlich orts- und zeitaufgelöst die Verteilung der diffundierenden Teilchen im Festkörper. Im Falle eines eindimensionalen Problems (Wahl einer geeigneten Probengeometrie) vereinfacht sich diese Gleichung zu:

$$\frac{\partial c}{\partial t} = D\frac{\partial^2 c}{\partial x^2} \tag{2.31}$$

Wie bereits im Abschnitt 2.3.2 beschrieben, gibt es für den Sauerstofftransport verschiedene Triebkräfte. Die dort unterschiedenen Fälle treffen auch auf die Diffusion zu. Insbesondere ist zwischen der Tracerdiffusion (D^*) und der chemischen Diffusion (D^δ) zu unterscheiden.
In einem Mischleiter wie $SrTiO_3$ erfolgt der Ladungstransport (s. Kapitel 2.1) über elektronische und ionische Ladungsträger. Aufgrund der elektrochemischen Kopplung der mobilen Defektspezies ist es erforderlich, auf die Diffusion im Folgenden etwas näher einzugehen. Am Einbau von Sauerstoff in den Festkörper sind Leerstellen $V_O^{\bullet\bullet}$ und Elektronen beteiligt. Eine Störung der Defektgleichgewichte durch einen Sprung im äußeren p_{O_2} resultiert also in einer gleichzeitigen Diffusion sowohl der ionischen als auch der elektronischen Defekte im Festkörper. Da diese unterschiedliche Beweglichkeiten besitzen, eilen die Elektronen den ionischen Defekten voraus, wodurch sich (bei makroskopischer Elektroneutralität) eine Verschiebung der Ladungsschwerpunkte ergibt. Das resultierende innere Feld wirkt dieser Ladungstrennung entgegen, die langsamere Spezies „bremst" die schnellere.[27] Diese Diffusion wird als „ambipolare" bzw. „chemische"[28] bezeichnet [259, 181]. Die Werte für D^δ und D^* unterscheiden sich dabei deutlich: Eine Leerstelle kann sich im Anionengitter bewegen durch Sprung beliebiger benachbarter Gitterplätze, wohingegen ein Tracerion sich nur fortbewegen kann, wenn ihm zufällig eine Leerstelle benachbart ist [259].
Zur Bestimmung der verschiedenen Diffusionskonstanten in Strontiumtitanat sind aus der Literatur verschiedene indirekte und direkte Methoden der Untersuchung bekannt. In frühen Arbeiten bestimmten Paladino et al. [189, 190] über die Gewichtszunahme von Einkristallen bzw. die Abnahme der ^{18}O-Konzentration der Gasphase u. a. die Tracerdiffusionskonstanten; letztere wurden von Yamaji [262] auch für polykristallines STO bestimmt. Schwarz und Anderson [220] nutzten ebenfalls eine indirekte Methode über die Druckänderung in einer geschlossenen Messkammer aufgrund des Sauerstoffaustauschs mit einem Einkristall, um die chemischen Diffusionskonstanten zu bestimmen. Bei all diesen indirekten Verfahren waren relativ große Partialdrucksprünge vorausgesetzt, was problematisch sein kann, da D^δ selbst eine Funktion der Konzentration aller Punktdefekte im Kristall ist, die wiederum vom Partialdruck abhängen.

[27] In der Halbleiterphysik ist dieses Phänomen bekannt, u. a. als Ursache des Dember-Effekts [244, 214].

[28] im Unterschied zur sog. Selbstdiffusion von Teilchen, bei der keine Wechselwirkung mit anderen Teilchen berücksichtigt wird

Eine weitaus empfindlichere Methode zur Bestimmung der Diffusionskonstanten ist daher mittels elektrischer Messungen, wie sie bereits in frühen Arbeiten von Walters und Grace [250], Wernicke [259] oder Balachandran und Eror [4, 62] zum Einsatz kamen. Die Änderung der Leitfähigkeit infolge einer Partialdruckänderung gestattet die Bestimmung der Diffusionskonstanten [259, 182].
Zu den direkten Methoden der experimentellen Bestimmung von Diffusionskonstanten zählen beispielsweise die Bestimmung der Tracerwerte D^* mittels Sekundärionenmassenspektrometrie (IEDP: „isotopic exchange depth profile") und Anfitten der Tiefenprofile mit D^* als Fitparameter [37] sowie die Ermittlung der chemischen Diffusionskonstanten D^δ über Diffusionsprofile, die mittels einer optischen Absorptionsmessung [11, 12, 44] gemessen wurden.

Maier [142, 143, 144, 145, 146] dehnte die ambipolare Diffusion dahingehend aus, dass er z. B. in der Kontinuitätsgleichung 2.29 auch Quell- bzw. Senkenterme berücksichtigte, durch deren Anwesenheit das sogenannte „Trapping" beschrieben werden kann, also die Vernichtung von Löchern $h^\bullet$ durch Umladung von immobilen Akzeptoren (Gl. 2.7). Mit Hilfe dieses Konzepts „konservativer Ensembles" ließ sich die Diffusionstheorie auch bei Vorhandensein eines komplexeren Reaktionsschemas mit inneren Defektreaktionen wie dem Trapping anwenden mit dem Resultat eines verallgemeinerten Diffusionskoeffizienten. Im Falle des eisendotierten Strontiumtitanats treten diese Effekte insbesondere bei Temperaturen unterhalb etwa 800 °C deutlich in Erscheinung. Nichtberücksichtigung dieses Trappingeinflusses resultiert üblicherweise in fälschlicherweise zu hoch angenommenen Werten für die Diffusionskonstante (vgl. Bild 2.12).

2.3.4 Gleichgewichtssituation

Eine Änderung im Sauerstoffpartialdruck p_{O_2} der Gasphase führt also infolge elektrochemischer Ausgleichsvorgänge zum Ein- bzw. Ausbau von Sauerstoff in die (aus der) Probe. Stellt man diesem Ausgleichsprozess eine ausreichende Zeitdauer zur Verfügung, so bildet sich ein neues elektrochemisches Gleichgewicht[29] nach einer durch Oberflächendurchtrittsrate bzw. Diffusionskonstante und Probenabmessungen charakterisierten Zeitdauer. (Im Falle eines Sensors bezeichnet man eine solche Relaxationszeit auch als „Ansprechzeit", z. B. t_{90} als charakteristi-

[29] Der in der Literatur oftmals verwendete Begriff „thermodynamisches Gleichgewicht" soll hier bewusst vermieden werden, vgl. Würfel [261]: „A thermodynamic equilibrium in the sense of an equilibrium with respect to all variables of a physical system does not exist. Calling a thermal equilibrium or a chemical equilibrium thermodynamic equilibrium does not take into account that it is necessary and rewarding to distinguish between different kinds of equilibria."

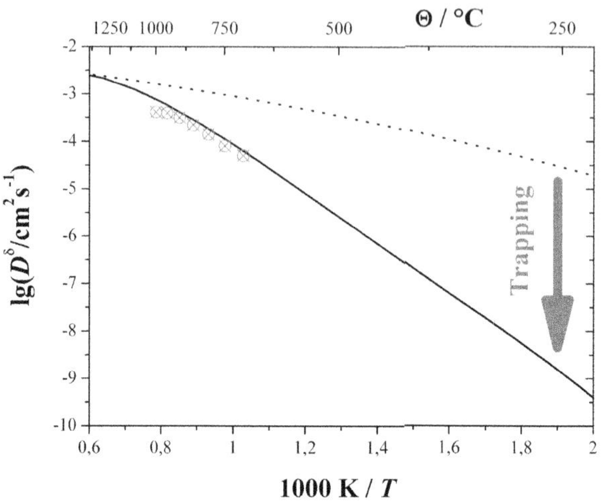

Bild 2.12: Chemische Diffusionskonstante D^{δ} von Sauerstoff in leicht akzeptordotiertem STO, von Bieger [11] berechnet mit und ohne Einfluss von Trapping. Letzterer macht sich insbesondere bei tieferen Temperaturen deutlich bemerkbar. Ebenfalls skizziert sind Messwerte, die Tragut [239] für eisendotierte STO-Einkristalle ($x_{\mathrm{Fe}} = 0,1$ %) bestimmte.

sche Zeitkonstante, in der die Äquilibrierung (gemessen als elektrische Leitwertänderung) eines Sensors sich zu 90 % vollzogen hat.) Hierbei ist zu beachten, dass – im Sinne des Konzepts der ambipolaren Diffusion – die Äquilibrierung erst dann zum Abschluss gekommen ist, wenn die Ladungsträger mit der geringsten Beweglichkeit (also die Sauerstoffleerstellen) sich homogen über die Probe neu verteilt haben. Die „Badewannenkurven" der Bilder 2.2, 2.3 und 2.4 geben jeweils solche Gleichgewichtssituationen wieder.

2.3.5 Nichtgleichgewichtsfall: Kinetik der Äquilibrierung

Für Sensoranwendungen spielt der Fall des elektrochemischen Gleichgewichts jedoch eine untergeordnete Rolle. Hier ist die Geschwindigkeit des Ansprechverhaltens des Systems auf eine äußere p_{O_2}-Änderung entscheidend für eine Eignung als schneller Sauerstoffsensor. Dieses Ansprechverhalten wird zum einen bestimmt durch geometrische Parameter. Hier können eine Miniaturisierung oder der Übergang von der (gasdichten) Bulkprobe zu einer (porösen) Dickschicht mit geringer Korngröße die Ansprechzeiten verringern. Zum anderen jedoch sind die Materialparameter entscheidend für das Ansprechverhalten: Die Diffusionskonstante D, die den Festkörpertransport beschreibt, sowie die Oberflächenratenkonstante k beschreiben die Kinetik des Sauerstoffaustauschs im System. Im Folgenden wird ein Modell vorgestellt, das ursprünglich auf Tragut [239] zurückgeht und die experimentelle Gewinnung der (k, D)-Wertepaare des untersuchten Materials gestattet.

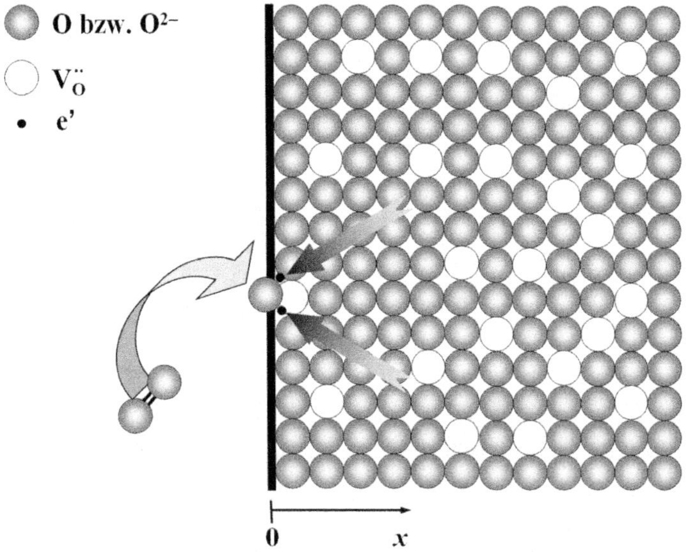

Bild 2.13: Schema des Einbaus von Sauerstoff ins Anionengitter (Oxidation der Probe).

Bild 2.13 zeigt schematisch den Einbau von Sauerstoff ins Anionengitter des Strontiumtitanat. Bezeichnet man mit c im Folgenden die Konzentration der Sauerstoffleerstellen, so gilt es, ihre Verteilung als Funktion von Zeit und Ort aus Gl. 2.30 unter geeigneten Randbedingungen zu berechnen.

2.3.5.1 Einleitung (k-Wert)

Wenn man in Bild 2.13 den Fluss der Sauerstoffleerstellen an der Oberfläche ($x = 0$) in x-Richtung betrachtet, so wird unter Voraussetzung von Verhältnissen nahe dem chemischen Gleichgewicht (was eine lineare Betrachtung erlaubt) angenommen, dass die entsprechende Teilchenstromdichte j_n direkt proportional der Abweichung der aktuellen Sauerstoffleerstellenkonzentration $c_s(t)$ an der Oberfläche von ihrem Gleichgewichtswert (als c_∞ bezeichnet) ist, also

$$j_n = -D\frac{\partial c(x,t)}{\partial x}|_{x=0} = k(c_\infty - c_s(t)) \tag{2.32}$$

gilt, eine Randbedingung zur Lösung der Diffusionsgleichung, die ferner eine Definitionsgleichung für den Oberflächenaustauschkoeffizienten k darstellt.

Für die weiteren Ausführungen ist entscheidend, welche Probengeometrie dem Experiment zugrundeliegt. Nimmt man an, dass die Probe in x-Richtung eine Ausdehnung bis $x = d$ besitzt und die lateralen Abmessungen b und l groß gegen d sind (vgl. Bild 2.10), so ist eine eindimensionale Behandlung des Problems gerechtfertigt, und es ergibt sich an der zweiten relevanten Probenoberfläche bei $x = d$ die entsprechende Randbedingung

$$j_n = -D\frac{\partial c(x,t)}{\partial x}|_{x=d} = -k(c_\infty - c_s(t)) \tag{2.33}$$

Mit diesen beiden Randbedingungen ergibt sich eine Lösung der Diffusionsgleichung 2.30 der Form

$$\frac{c(x,t) - c(x,0)}{c(x,\infty) - c(x,0)} = 1 - \sum_{n=1}^{\infty} \frac{2L\cos\frac{\beta_n x}{d/2}}{(\beta_n^2 + L^2 + L)\cos\beta_n} \exp\left(-\frac{D\beta_n^2 t}{(d/2)^2}\right) \tag{2.34}$$

mit β_n als den positiven Lösungen der Gleichung $\beta\tan\beta = L$ und der dimensionslosen Variablen $L = \frac{kd}{2D}$, die ein Maß für das Wechselspiel des Einflusses von Oberflächen- und Diffusionsreaktion darstellt [40, 11]. Anhand der Variablen L lassen sich nun zwei unterschiedliche Fälle betrachten: Ist $D \ll k\frac{d}{2}$ $(L \gg 1)$, so ist die Diffusion so langsam, dass sie die Gesamtkinetik des Sauerstoffeinbaus bestimmt. Ist hingegen $D \gg k\frac{d}{2}$ $(L \ll 1)$, so vollzieht sich der Oberflächendurchtritt des Sauerstoffs so langsam, dass er kinetikbestimmend wird.
In den Untersuchungen etwa von Bieger [11] oder Denk [44] ließen sich die solchermaßen zu erwartenden Konzentrationsprofile experimentell mit Hilfe einer seinerzeit neuartigen In-situ-Methode bestimmen, bei welcher die optische Absorption monochromatischer Eingangsstrahlung in $SrTiO_3$-Proben orts- und zeitaufgelöst gemessen wurde. Anhand des durch Sauerstoffeinbau und nachfolgende Volumendiffusion von Leerstellen und Löchern erfolgenden Valenzwechsels der (immobilen) Eisendotieratome (vgl. Gl. 2.7) wird die Absorption beeinflusst: Die Absorptionslinien der Trapping-Reaktion liegen im sichtbaren Frequenzbereich („Farbzentren“)[30], so dass der Sauerstofftransport wegen der damit verbundenen Änderung der lokalen Löcherkonzentration in einer Färbung (Rötung) nach Oxidation des Materials resultiert (vgl. auch [46, 185, 133, 134]). Die resultierenden Konzentrationsprofile erlauben nach Gl. 2.34 die Bestimmung sowohl der D- als auch der k-Werte.

2.3.5.2 Modellvorstellungen zum Sauerstoffdurchtritt in der Literatur

In einer grundlegenden Analyse [160] untersuchten Merkle und Maier 2002 den Mechanismus der Oberflächenreaktion des Sauerstoffeinbaus in STO: Beim Aufbrechen der starken O=O-Doppelbindung können über Zwischenschritte diverse Sauerstoffspezies entstehen, bis

[30] Im optischen Spektrum von eisendotiertem STO treten infolge der Fe^{4+}-Valenz des Eisens auf dem Titan-Platz zwei charakteristische Absorptionsbanden im Sichtbaren auf [65, 18].

letztlich O^{2-}-Ionen ins Anionengitter des Festkörpers eingebaut werden. Bei der Wechselwirkung von O_2 mit Metalloxiden ist die Reduktion des Sauerstoffs an der Oberfläche auf mehreren Wegen denkbar: $O_2 + e^- \rightarrow O_2^-$, $O_2 + 2e^- \rightarrow O_2^{2-}$, $O_2 + 2e^- \rightarrow 2O^-$ oder $O_2 + 4e^- \rightarrow 2O^{2-}$ [94]. Hierzu sei auch auf die Übersichtsarbeiten von Che und Tench [28, 29] verwiesen. Mittels oberflächenanalytischer Methoden wie der Elektronenspinresonanz (EPR), der Elektronen-Energieverlustspektroskopie (EELS), der Photoelektronen- (XPS/UPS) oder der IR-Spektroskopie wurden in der Vergangenheit verschiedene adsorbierte Sauerstoffionen-Spezies auf Oxidoberflächen nachgewiesen. Das Superoxid-Ion O_2^- wurde beispielsweise von Nakano et al. [183] mittels EPR an (Sr,Ca)TiO_3-Keramiken nachgewiesen; das Peroxid-Ion O_2^{2-} wurde von Bermudez und Ritz [7] mit Hilfe von EELS auf der STO-Oberfläche beobachtet. O^--Radikale wurden ebenfalls verschiedentlich an STO-Oberflächen nachgewiesen, so beispielsweise von Nakano et al. [183].

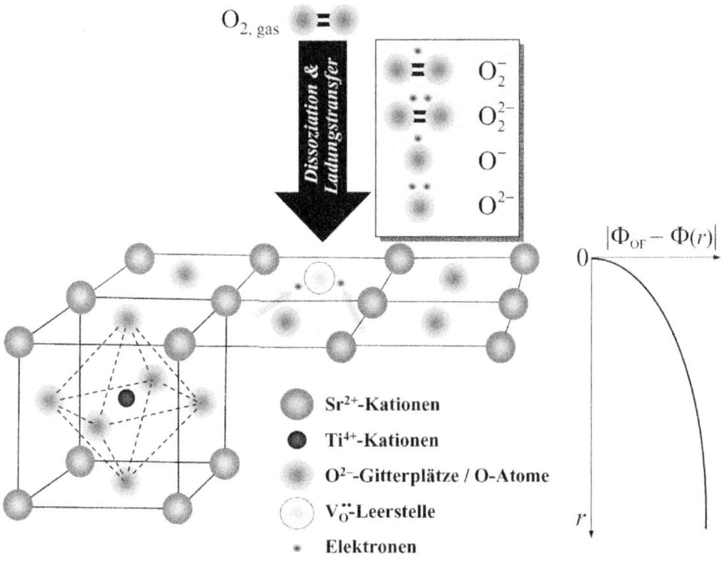

Bild 2.14: Beim Einbau von Sauerstoff aus der Gasphase auf Sauerstoffleerstellen im STO-Kristall (hier schematisch mit SrO-Abschlussebene skizziert) muss sowohl die Dissoziation des molekularen O_2 als auch ein Ladungstransfer (zur Bildung von Sauerstoffionen) stattfinden. Dabei können in Zwischenschritten diverse molekulare und einatomige Sauerstoffspezies entstehen. Der Einbau kann durch Raumladungen im Oberflächenbereich (rechts) ebenfalls beeinflusst werden.

Durch eine Analyse eigener Experimente sowie Untersuchungen aus ihrer Arbeitsgruppe [135, 159] kamen die Autoren aufgrund eines Vergleichs verschiedener Reaktionsmechanismen des Sauerstoffeinbaus unter Berücksichtigung des Auftretens der genannten möglichen Sauerstoffspezies in Zwischenschritten zu dem Schluss, dass das nachfolgend wiedergegebene Reaktionsschema den Oberflächendurchtritt des Sauerstoffs widerspiegelt. Aufgrund der p_{O_2}-Abhängigkeiten der Reaktionsraten des Sauerstoffdurchtritts und reaktionskinetischer Betrachtungen ließen sich die möglichen Mechanismen danach klassifizieren, ob molekulare oder atomare Sauerstoffspezies am ratenbestimmenden Schritt (r.d.s.) beteiligt sein müssen: Wenn bei einem Sprung von einem festen Ausgangswert zu einem variablen p_{O_2}-Endwert die Rate eine Abhängigkeit $\propto p_{O_2}^n$ mit $n = 0,5$ besitzt, so sind atomare Sauerstoffspezies in den r.d.s. involviert, für $n = 1$ handelt es sich hingegen um molekulare.

$$\begin{aligned} \mathrm{O_2} &\rightleftharpoons \mathrm{O^-_{2,ads}} + \mathrm{h^\bullet} & (2.35)\\ \mathrm{O^-_{2,ads}} + \mathrm{e'} &\rightleftharpoons \mathrm{O^{2-}_{2,ads}} & (2.36)\\ \mathrm{O^{2-}_{2,ads}} &\rightleftharpoons 2\mathrm{O^-_{ads}} & (2.37)\\ \mathrm{O^-_{ads}} + \mathrm{V_O^{\bullet\bullet}} &\rightleftharpoons \mathrm{O_O^X} + \mathrm{h^\bullet} & (2.38) \end{aligned}$$

Bei gleichzeitiger Entstehung eines Lochs im Valenzband wird der Luftsauerstoff als Superoxid-Ion an der Oberfläche adsorbiert – ein Prozess, der schnell vonstatten geht und sich somit im Quasi-Gleichgewicht befindet. Der ratenbestimmende Schritt (r.d.s.) besteht aus den nachfolgenden beiden Elementarreaktionen 2.36, bei der sich an der Oberfläche ein Peroxid-Ion bildet, bzw. 2.37 (Dissoziation). Der nachfolgende Schritt 2.38, bei dem die atomaren Sauerstoffionen auf reguläre Gitterplätze an der Oberfläche des Festkörpers eingebaut werden, ist wieder ein schneller Prozess, so dass hier ebenfalls ein Quasi-Gleichgewicht angenommen werden kann. Da STO eine relativ hohe Bandlücke besitzt, ist die Elektronenkonzentration unter oxidierenden Bedingungen sehr gering[31], so dass etwa Teilreaktion 2.36, bei der ein Leitungsbandelektron benötigt wird, als kinetikbestimmender Schritt plausibel erscheint. Insbesondere ist die Kinetikbeschleunigung des Sauerstoffeinbaus, die Merkle et al. [159] durch UV-Bestrahlung von akzeptordotiertem STO beobachteten, vor diesem Hintergrund bedeutsam, denn durch die hochenergetische UV-Bestrahlung wurde an den STO-Oberflächen[32] die Elektronenkonzentration signifikant erhöht.

[31] Merkle und Maier sprechen hier von einem „elektronenarmen“ Oxid.

[32] In STO hat der Absorptionskoeffizient für ultraviolette Strahlung Werte von 10^5 cm^{-1} [80], so dass die Strahlung in unmittelbarer Oberflächennähe absorbiert wird (Photoneneindringtiefe ca. 100 nm).

Mittels weiterer Oberflächenmodifikationen wie der Beschichtung der STO-Oberflächen mit porösen Metallfilmen (Pt, Ag, Cr) sowie einem dichten mischleitenden $YBa_2Cu_3O_{6+\delta}$-Oxidfilm konnte von Leonhardt et al. [135] ebenfalls eine deutliche Kinetikerhöhung erzielt werden. Im Falle etwa von Platin ist dessen katalytische Aktivität für die dissoziative Sauerstoffadsorption wohlbekannt [163]. Sauerstoff wird an der Pt-Oberfläche dissoziiert und schließlich an der Dreiphasengrenze, die die Pt-Inseln mit der Gasphase und dem STO-Substrat bilden, in letzteres eingebaut, wobei hier auch der Ladungstransfer (Elektronen) stattfindet[33].

Wie in Abschnitt 2.2 angeführt, ändert sich ab einem Eisengehalt von etwa 3 Vol.-% die elektronische Struktur von $SrTi_xFe_{1-x}O_3$ allmählich von einem „elektronenarmen" Halbleiter mit großer Bandlücke zu einem elektronisch erheblich leitfähigeren System, das im Gegensatz hierzu aufgrund der wesentlich verringerten Bandlücke als „elektronenreich" bezeichnet werden kann. Parallel zu diesen strukturellen Veränderungen tritt auch eine Änderung im Sauerstoffeinbaumechanismus auf, den Merkle und Maier unlängst untersuchten [164, 165]: Zum ratenbestimmenden Schritt wird ihnen zufolge bei diesem Materialsystem der Einbau atomarer Sauerstoffspezies (am wahrscheinlichsten O^-_{ads}) auf freie Anionengitterplätze an der Oberfläche (erster Bulklayer des Festkörpers). Die vorangegangenen Elementarschritte, in denen ein Ladungstransfer stattfindet, sowie die Dissoziation der molekularen Spezies laufen demgegenüber schnell ab (Quasi-Gleichgewicht):

$$O_2 + 2Fe'_{Ti} \rightleftharpoons 2O^-_{ads} + 2Fe^X_{Ti} \tag{2.39}$$

$$O^-_{ads} + V^{\bullet\bullet}_O + Fe'_{Ti} \rightleftharpoons O^X_O + Fe^X_{Ti} \tag{2.40}$$

Prozess 2.39 läuft also schnell ab; der Ladungstransfer ist aufgrund der deutlich erhöhten Elektronenkonzentration im Material vermutlich nicht mehr der kinetikhemmende Schritt. Es ist wahrscheinlicher, dass der nachfolgende Prozess 2.40 zum r.d.s. wird. In Arbeiten von Kilner, De Souza et al. [48, 49, 50, 121] wurde nachgewiesen, dass für eine ganze Klasse elektronenreicher Perowskitmaterialien ($(La,Sr)(Mn,Fe,Co)O_{3-\delta}$) der Tracerdiffusionskoeffizient einzig durch die Sauerstoffleerstellenkonzentration $[V^{\bullet\bullet}_O]$ bestimmt wird. Andererseits ließ sich ebenfalls ein überraschender linearer Zusammenhang der Form $\lg k^* \approx a + b \lg D^*$ $(a, b = \text{const.})$ [162] zwischen den Tracer-Oberflächenaustauschkoeffizienten k^* und den Tracerdiffusionskoeffizienten D^* feststellen, der den Schluss nahelegt, dass in diesen Materialien auch beim Oberflächenaustausch Sauerstoffleerstellen $V^{\bullet\bullet}_O$ die entscheidende Rolle spielen müssen. Wie Merkle

[33] Im Anwendungsfalle eines resistiven Sensors wäre allerdings eine solche metallische Oberflächenbeschichtung ungeeignet, da der Leitwert der Sensorprobe hiervon empfindlich beeinflusst würde.

und Maier [162, 163] unterstreichen, weichen die entsprechenden k^*-D^*-Wertepaare für elektronenarme Oxide wie etwa die typischen Elektrolytmaterialien $Zr_{0,85}Y_{0,15}O_{1,925}$, $Ce_{0,9}Gd_{0,1}O_{1,95}$ oder $La_{0,9}Sr_{0,1}Ga_{0,8}Mg_{0,2}O_{2,85}$ deutlich von dem aufgezeigten k^*-D^*-Verhalten ab, was für den Sauerstoffeinbau – siehe oben – auf unterschiedliche Mechanismen bei elektronenarmen und elektronenreichen Oxiden hindeutet.

Für sehr hohe Eisenanteile ($x_{Fe} \geq 0,9$) scheint den p_{O_2}-abhängigen Untersuchungen von Merkle und Maier [164] zufolge am ratenbestimmenden Schritt wieder molekularer Sauerstoff beteiligt zu sein: Entweder einer der Ladungstransferschritte am adsorbierten Sauerstoffmolekül oder aber die Dissoziation wären demzufolge der Flaschenhals für den Sauerstoffeinbau. Da aber die Materialzusammensetzung STF mit Eisenanteilen von 70 % oder darüber nicht Untersuchungsgegenstand vorliegender Arbeit sind, soll auf diesen möglichen Mechanismus an dieser Stelle auch nicht weiter eingegangen werden.

2.3.5.3 Analyse im Frequenzbereich

Ein großer Nachteil der Untersuchung des Ansprechverhaltens im Zeitbereich (vgl. Bild 2.15) besteht darin, dass die Messung sehr kurzer Ansprechzeiten durch experimentelle Einschränkungen erschwert wird. Insbesondere ein hinreichend scharfer p_{O_2}-Sprung im Bereich von wenigen Millisekunden, der erforderlich wäre, um Zeitkonstanten in derselben Größenordnung zu erfassen, ist experimentell über einen stufenförmigen Gaskonzentrationswechsel (diskontinuierliche p_{O_2}-Änderung) kaum zu bewerkstelligen. Ein eleganteres und praktischeres Verfahren ist daher die Analyse im Frequenzbereich, die – im Prinzip ähnlich der in der Elektrochemie etablierten Messmethode der Impedanzspektroskopie [106] – sowohl die experimentelle Bestimmung sehr kurzer Ansprechzeiten wie auch eine einfache Unterscheidung zwischen oberflächen- und diffusionskontrollierter Kinetik anhand des Frequenzverhaltens vermessener Sensorproben gestattet. Hierzu wird ein Aufbau nach Tragut [239] verwendet[34], bei dem das System (Sensorprobe) durch eine periodische Partialdruckmodulation $p_{O_2}(t)$ (idealisiert als harmonische Funktion der Zeit angenommen) angeregt wird. Durch den Sauerstoffaustausch mit der Gasphase nach Gl. 2.2 ändert sich der elektrische Leitwert der Probe (Antwortsignal). Die jeweiligen Änderungen werden als geringe Störung des Gleichgewichtszustandes betrachtet, so dass die Kinetik der Äquilibrierung („Relaxationsverhalten“) im Rahmen eines linearen An-

[34] Einen Überblick über frequenzabhängige Druckmodulationsmethoden für kinetische Untersuchungen („Druckmodulationsspektroskopie“) an Gassensoren bietet Dubbe [59]. Die Messmethode nach Tragut, die am IWE entwickelt wurde, wurde jüngst auch von einer japanischen Arbeitsgruppe zur Untersuchung des Ansprechverhaltens von Dickschicht-Gassensoren verschiedener Zusammensetzung verwendet [108, 210].

satzes beschreibbar wird. Mathematisch erfolgt die Beschreibung im Frequenzbereich mittels Laplacetransformation der Diffusionsgleichung vom Zeit- in den Frequenzbereich und anschließende Lösung unter geeigneten Randbedingungen (s. Abschnitt 2.3.5.4). Dabei ergibt sich eine Übertragungsfunktion (Verhältnis zwischen Antwortsignal und Anregung), deren Frequenzgang sowohl die Bestimmung der k^{δ}-Werte wie auch die Unterscheidung zwischen den Grenzfällen von oberflächen- bzw. diffusionskontrollierter Kinetik erlaubt.

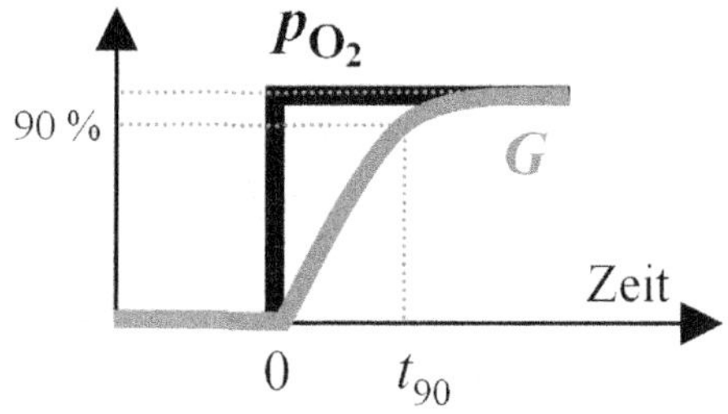

Bild 2.15: Prinzip der Untersuchung des Ansprechverhaltens einer resistiven Sensorprobe im Zeitbereich (schematisch). Mit der Zeitkonstanten t_{90} wird üblicherweise die Zeit bezeichnet, in der die Probe 90 % der durch den Partialdrucksprung verursachten Änderung ihres elektrischen Leitwerts G erreicht hat.

2.3.5.4 Modell im Frequenzbereich nach Tragut

Am Beispiel einer elektrisch kontaktierten, quaderförmigen Probe gemäß Bild 2.10, bei der zwei Stirnflächen mittels eines Metalls elektrisch kontaktiert und mithin für den Sauerstoff impermeabel sind, soll die Untersuchung der Austauschkinetik erfolgen. Der zeitlich veränderliche Sauerstoffpartialdruck lässt sich näherungsweise beschreiben als

$$p_{O_2}(t) = p_{O_2}^{(0)} + p_{O_2}^{(1)} \sin \omega t \tag{2.41}$$

mit einer Modulationskreisfrequenz ω. Da für die Amplitude

$$p_{O_2}^{(1)} \ll p_{O_2}^{(0)} \tag{2.42}$$

gelten soll, die Amplitude $p_{O_2}^{(1)}$ der beaufschlagten Druckänderung also klein gegen den Gleichgewichtspartialdruck $p_{O_2}^{(0)}$ sein soll, lässt sich im folgenden Rechengang lineares Systemverhalten annehmen.

Das Ansprechverhalten der Probe wird bestimmt durch die Änderung des elektrischen Leitwerts G. Dieser ändert sich infolge des Sauerstoffein- bzw. -ausbaus, da dieser Prozess an die

Entstehung bzw. Vernichtung von Ladungsträgern gekoppelt ist. Setzen wir voraus, dass wir uns im oxidierenden Bereich (p-leitenden Ast) des STO gemäß Bild 2.2 befinden, so dass die elektrische Leitfähigkeit im Wesentlichen durch elektronische Ladungsträger, genauer: reinen Löchertransport, gebildet wird, muss diese Löcherkonzentration aufgrund der Diffusionsgleichung 2.30 als Funktion von Zeit und Ort berechnet werden, um hieraus bei bekannter Probengeometrie den Leitwert berechnen zu können.
Dabei soll zunächst vorausgesetzt werden, dass der Sauerstoffoberflächendurchtritt schnell vonstatten geht, so dass die Volumendiffusion kinetikbestimmend wird („Diffusionskontrolle"). Daran anschließend soll der Fall betrachtet werden, dass die Volumendiffusion des Sauerstoffs schnell ist und die Oberflächenreaktion kinetikbestimmend wird („Oberflächenkontrolle").

Diffusionskontrolle

In der isotropen Probe erfolgt die Diffusion des Sauerstoffs in alle Raumrichtungen mit demselben chemischen Diffusionskoeffizienten D^δ, der – wie oben dargelegt – berücksichtigt, dass die diffundierenden ionischen ($V_O^{\bullet\bullet}$) und elektronischen (e' bzw. h$^\bullet$) Spezies für eine ambipolare Diffusion sorgen. Im p-Leiter gilt also die folgende Diffusionsgleichung für die Majoritätsladungsträger:

$$\frac{\partial p}{\partial t} = D^\delta \Delta p \tag{2.43}$$

Für Proben, deren laterale Abmessungen gemäß Bild 2.10 groß sind gegen ihre Dicke ($l, b \gg d$), ist eine eindimensionale Betrachtung gerechtfertigt:

$$\frac{\partial p}{\partial t} = D^\delta \frac{\partial^2 p}{\partial x^2} \tag{2.44}$$

Durch harmonische Partialdruckänderungen und unter Vernachlässigung der Zeitkonstanten für Transportprozesse in der Gasphase ergeben sich so die Randbedingungen

$$p(x,t)|_{x=0,d} = p_0 \sin \omega t \tag{2.45}$$

für die Löcherkonzentration an den für das System relevanten Probenoberflächen bei $x = 0$ und $x = d$. Durch eine Laplacetransformation lässt sich die im Zeitbereich partielle Differentialgleichung 2.44 in eine gewöhnliche überführen:

$$\frac{\mathrm{d}^2 P}{\mathrm{d}x^2} - \frac{s}{D^\delta} P = 0 \tag{2.46}$$

mit $P(x,s)$ als der Laplacetransformierten zu $p(x,t)$. Mit den oben (für den Zeitbereich) genannten Dirichletschen Randbedingungen lässt sich diese Gleichung lösen. Aus dem resultierenden Integral $P(x,s)$ der Differentialgleichung erhält man durch Integration über die Probendicke die gemittelte elektrische Leitfähigkeit[35] $\overline{\sigma}$ (die dem Leitwert G proportional ist):

$$G(s) \propto \overline{\sigma(s)} \propto \frac{1}{d} \int_0^d P(x,s) \mathrm{d}x \tag{2.47}$$

Wichtig hierbei festzuhalten ist, dass der für Leitfähigkeitsmessungen erforderliche elektrische Feldstrom bei dieser Anordnung senkrecht zum Diffusionsstrom ist, so dass letzterer durch ersteren nicht beeinflusst wird. Mit $s = i\omega$ (worin i die imaginäre Einheit ist) ist G eine komplexe Funktion der Kreisfrequenz ω der Partialdruckanregung. Die (komplexe) Übertragungsfunktion ist definiert als Verhältnis zwischen Systemantwort G und Anregung im Frequenzbereich (P_{O_2} als Laplacetransformierter der Partialdruckanregung); angesichts der betrachteten harmonischen Partialdruckanregung entspricht diese dann gerade dem Leitwert $G(i\omega)$.

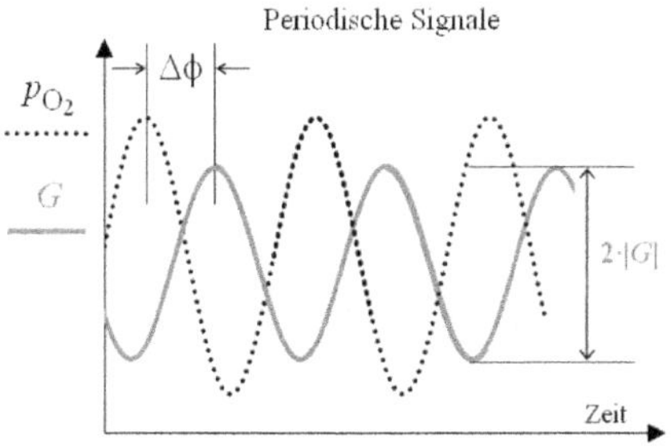

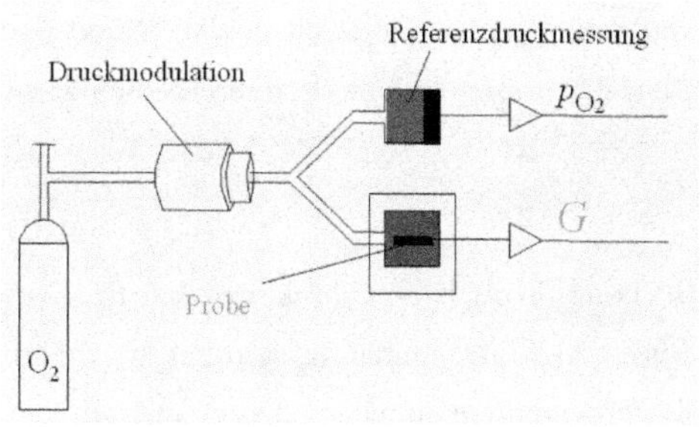

Bild 2.16: Prinzip der Analyse im Frequenzbereich (schematisch): Aus der Amplitude und Phasenverschiebung der periodischen Signale (links) Partialdruck (Anregung) und Leitwert G (Systemantwort) lässt sich für verschiedene Kreisfrequenzen ω eine Übertragungsfunktion des Systems erhalten, die alle Informationen über die Kinetik des Sauerstoffeinbaus enthält. Rechts schematisch die messtechnische Realisierung.

Lineares Systemverhalten vorausgesetzt, führt ein harmonisches Eingangssignal $p_{O_2} \propto \sin \omega t$ zu einem ebenso harmonischen Ausgangssignal $G(i\omega) = |G(i\omega)| \cdot \sin(\omega t + \Delta\phi)$, worin die Ausdrücke $|G(i\omega)| = \sqrt{\mathrm{Re}G(i\omega)^2 + \mathrm{Im}G(i\omega)^2}$ die Amplitude und $\Delta\phi = \arctan \frac{\mathrm{Im}G(i\omega)}{\mathrm{Re}G(i\omega)}$ die Phasenverschiebung von G (relativ zum Eingangssignal) bezeichnen. Als Ergebnis der obigen eindimensionalen Rechnung erhält man

$$G(i\omega) \propto \frac{1}{\sqrt{\frac{i\omega d^2}{4D^\delta}}} \cdot \tanh \sqrt{\frac{i\omega d^2}{4D^\delta}} \tag{2.48}$$

Für sehr dicke Proben (Dicke $d > 0,1 \cdot b$ gemäß Bild 2.10) muss eine Korrektur berücksichtigt werden, da der Einfluss der beiden übrigen freien Oberflächen (bei $y = 0$ bzw. $y = d$) nicht

[35] unter der eingangs gemachten Annahme, dass die Leitfähigkeit durch reine Löcherleitung verursacht wird

mehr vernachlässigbar ist und Sauerstoff in merklicher Menge auch durch sie eindiffundiert[36]. In der Literatur [23] existieren Lösungen für diesen Fall mit der Geometrie eines rechtwinkligen Parallelepipeds. Die einzelnen Lösungen für jede der vier dem Sauerstoff ausgesetzten Probenoberflächen werden erhalten unter der Randbedingung $P(x = 0, 0 < y < b, 0 < z < l) =$ const. (und entsprechend für die drei äquivalenten Oberflächen). Durch Superposition dieser Einzellösungen ergibt sich die Gesamtlösung für die Systemantwort:

$$G(i\omega) = G_0 \sum_{\nu=0}^{\infty} \frac{\tanh(\frac{d}{2}\xi)}{(2\nu+1)^2\xi} \tag{2.49}$$

mit der Hilfsvariablen $\xi = \sqrt{\frac{(2\nu+1)^2\pi^2}{b^2} + \frac{i\omega}{D^\delta}}$ und der Konstanten G_0. Wie sich im Folgenden zeigen wird, ist nur der Amplitudenverlauf von G als Funktion der Frequenz wichtig, so dass alle Absolutwerte (so auch der Wert von G_0) irrelevant bleiben. Im doppeltlogarithmischen Bode-Diagramm aufgetragen, ergibt sich der in Bild 2.17 skizzierte Frequenzverlauf, für den

$$\frac{\mathrm{d} \ln \frac{|G(\omega)|}{|G(\omega=0)|}}{\mathrm{d}\frac{\omega}{2\pi \mathrm{s}}} = -\frac{1}{2} \tag{2.50}$$

für hohe Frequenzen charakteristisch ist. Die Phasenverschiebung soll im Rahmen dieser Arbeit nicht weiter betrachtet werden, da sie zum einen keine zusätzliche Information über das Systemverhalten enthält und zum anderen erst bei hohen Frequenzen – bei denen sie aber aufgrund der geringer werdenden Signalamplituden und des sich folglich stark verschlechternden Signal-Rausch-Verhältnisses messtechnisch vergleichsweise schwer zu erfassen ist – ein auffälliges Verhalten aufweist [239].

Oberflächenkontrolle

Falls der Oberflächendurchtritt des Sauerstoffs kinetikbestimmend wird, dann ist eine eindimensionale Betrachtung des Diffusionsproblems gerechtfertigt, denn Oberflächenkontrolle kann nur für sehr dünne Proben auftreten[37], für die in jedem Fall die Forderung $l, b \gg d$ erfüllt ist. Folglich muss nun Gl. 2.44 gelöst werden, allerdings mit sinnvollen Randbedingungen, die dem Fall des Oberflächenkontrolle Rechnung tragen. Hierzu dienen die folgenden Überlegungen: Während der Oberflächenreaktion

$$2\mathrm{V}_\mathrm{O}^{\bullet\bullet} + \mathrm{O}_2 \rightleftharpoons 2\mathrm{O}_\mathrm{O}^\mathrm{x} + 4\mathrm{h}^\bullet \tag{2.51}$$

die an den Probenoberflächen $x = 0$ und $x = d$ zeitgleich stattfindet, bleiben von den beteiligten Reaktanden sowohl $[\mathrm{O}_\mathrm{O}^x]$ als auch $[\mathrm{V}_\mathrm{O}^{\bullet\bullet}]$ näherungsweise konstant [238]. Je mehr Sauerstoffmoleküle aus der Gasphase die Oberfläche erreichen, desto schneller wird der Einbau stattfinden.

[36] Die dritte Probenabmessung wird immer noch als groß gegen die beiden übrigen angenommen: $l \gg b, d$.

[37] Das geometrische Verhältnis von Oberfläche zum Probenvolumen wächst invers zur Probendicke an.

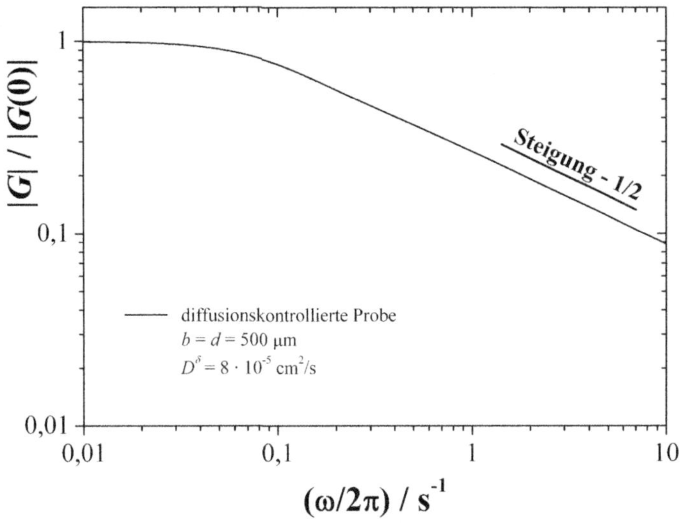

Bild 2.17: Amplitudenverlauf $|G(\omega)|$ der normierten Leitwertantwort für den Fall einer diffusionskontrollierten Probe (Simulation)

Unter der Annahme, dass alle Änderungen klein sind gegen die jeweiligen Gleichgewichtswerte, kann in erster Näherung also angenommen werden, dass die Reaktionsrate der Hinreaktion in Gl. 2.51 proportional der Konzentration der Sauerstoffmoleküle an der Oberfläche ist: $r_h \propto [O_2]|_{x=0,d}$. Die Rate der Rückreaktion sollte dementsprechend nur von der Löcherkonzentration p abhängen. Der offensichtlich nichtlineare Zusammenhang ($r_r \propto p^4$) wird aufgrund der durch die geringen Störungen gerechtfertigten Näherungen linearisiert: $r_r \propto p|_{x=0,d}$. Im Nichtgleichgewichtsfall der Reaktion 2.51, der dem Nettoein- bzw. -ausbau von Sauerstoff entspricht, muss die auftretende Differenz in den Reaktionsraten sich in einem Diffusionsstrom von Löchern in der Probe zur Oberfläche hin bzw. von dieser Weg bemerkbar machen. Dies führt auf die Randbedingung

$$k_h[O_2]|_{x=0} - k_r p|_{x=0} = -D^{\delta}\frac{\partial p}{\partial x}|_{x=0} \tag{2.52}$$

die in besagter linearer Näherung eine Nettoteilchenstromdichte durch die Probenflächen beschreibt. k_h und k_r sind hierbei Proportionalitätskonstanten ($r_h = k_h[O_2]_{x=0,d}$ bzw. $r_r = k_r p_{x=0,d}$), die über die Gleichgewichtskonstante K_{Ox} der Oxidations-Reduktions-Gleichung miteinander verknüpft sind:

$$\frac{k_h}{k_r} = \frac{p}{[O_2]}|^{GG}_{x=0,d} = K_{Ox}(T) \tag{2.53}$$

Aufgrund der geometrischen Symmetrie des Problems lautet eine zweite Randbedingung:

$$\frac{\partial p}{\partial x}|_{x=\frac{d}{2}} = 0 \tag{2.54}$$

Gl. 2.52 beschreibt direkt das Verhalten eines Verzögerungsglieds erster Ordung (P-T_1-Glied) [70]. Lösung der Diffusionsgleichung für die Löcherkonzentration P im Frequenzbereich unter den angegebenen Randbedingungen 2.52 und 2.54 sowie nachfolgende Integration über die Probendicke d führt auf eine Lösung für den Leitwert der Probe:

$$G(i\omega) = G_1 \frac{\sinh\left(\frac{d}{2}\Omega\right)}{\Omega \cdot \cosh\left(\frac{d}{2}\Omega\right) + \frac{i\omega}{k} \cdot \sinh\left(\frac{d}{2}\Omega\right)} \tag{2.55}$$

mit den Variablen $\Omega = \sqrt{\frac{i\omega}{D^\delta}}$ und $k \equiv k_h = k_r$ (quasi-stationäre Bedingungen). Da wie schon zuvor im Falle der Diffusionskontrolle für die Systemanalyse nur die Form der Frequenzantwort von Bedeutung ist, ist der Wert der Konstanten G_1 bedeutungslos und wird durch eine geeignete Normierung von $|G|$ auf den Wert 1 bei $\omega \to 0$ für die weitere Betrachtung eliminiert.

Wenn nun wie angenommen die Oberfläche den „Flaschenhals“ beim Sauerstoffeinbau darstellt, so ist die nachfolgende Volumendiffusion sehr schnell, was mit nahezu konstanten (d. h. ortsunabhängigen) Sauerstoffdiffusionsprofilen im Probeninnern korrespondiert (vgl. z. B. [135]). Für diesen Fall, der sich auch mit Hilfe der Transportparameter als $\frac{k^\delta d}{2D^\delta} \ll 1$ charakterisieren lässt, geht der Ausdruck in Gl. 2.55 über in einen Ausdruck der Form

$$G(i\omega) \propto \frac{1}{1 + i\frac{\omega}{\omega_0}} \tag{2.56}$$

mit $\omega_0 = const.$, was dem Frequenzgang des P-T_1-Glieds entspricht [70]. Bild 2.18 zeigt den Frequenzverlauf, für den

$$\frac{\mathrm{d} \ln \frac{|G(\omega)|}{|G(\omega=0)|}}{\mathrm{d}\frac{\omega}{2\pi\mathrm{s}}} = -1 \tag{2.57}$$

für hohe Frequenzen charakteristisch ist – ein Ergebnis, das sich deutlich vom oben behandelten Fall der Diffusionskontrolle unterscheidet. Eine Analyse des Übertragungsverhaltens der Sensorprobe erlaubt folglich anhand der Steigung für hohe Frequenzen im Bodediagramm eine eindeutige Unterscheidung zwischen den ratenbestimmenden Schritten Diffusionskontrolle und Oberflächenkontrolle. Kennzeichnend für die Oberflächenreaktion als ratenbestimmenden Schritt des Sauerstoffeinbaus ist die Betragssteigung von – 1 im Bodeplot. Eine Betrachtung der Phasenverschiebung würde auf eine ähnliche Unterscheidbarkeit beider Fälle führen (vgl. Tragut [239]), worauf aber aus den oben angeführten Gründen verzichtet wird.

Für den Fall von oberflächenkontrollierten Proben, wie sie im Rahmen der vorliegenden Arbeit untersucht wurden, gilt der Zusammenhang zwischen der Grenzfrequenz f_g, die durch den

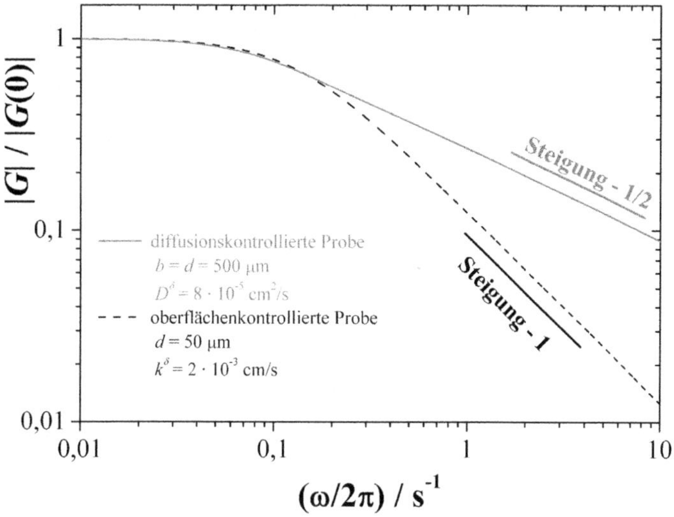

Bild 2.18: Amplitudenverlauf $|G(\omega)|$ der normierten Leitwertantwort für den Fall einer oberflächen- im Vergleich zu einer diffusionskontrollierten Probe (beide Simulation)

Schnittpunkt der beiden Tangenten an die Übertragungsfunktion (für $\omega = 2\pi f \to 0$ bzw. $\omega = 2\pi f \to \infty$) ermittelt werden kann[38], und der im vorigen Unterkapitel definierten Ansprechzeit t_{90} (s. Bild 2.19) [125]:

$$t_{90} \approx \frac{1}{3 f_g} \tag{2.58}$$

In diesem Fall ist der k-Wert auch eindeutig mit der Ansprechzeit verknüpft über diesen Zusammenhang und Gl. 2.55:

$$|G(i\omega_g)| = 0,7\,|G(0)| \tag{2.59}$$

woraus der Zusammenhang $k = k(\omega_g = 2\pi f_g)$ und mit Gl. 2.58 letztlich $k = k(t_{90})$ folgt.

2.3.5.5 Anwendung des Modells auf reale Proben

Zum Zwecke einer experimentellen Validierung des vorgestellten Modells sind die Frequenzgänge eines diffusionskontrollierten (Bild 2.20) sowie eines oberflächenkontrollierten (Bild 2.21) STO-Einkristalls im Temperaturintervall $700 < T/°\mathrm{C} < 1000$ aufgetragen. Aufgrund der deutlich unterscheidbaren Steigungen der Frequenzgänge ist eine eindeutige Trennung zwischen Diffusionskontrolle und Oberflächenkontrolle leicht möglich.
Mit Hilfe der Gleichungen 2.49 bzw. 2.55 konnten die Messwerte angefittet und hieraus die Transportparameter D^δ und k^δ bestimmt werden. Für sehr dicke Proben ist kein Oberflächenein-

[38] entsprechend einer 3-dB-Dämpfung [125]

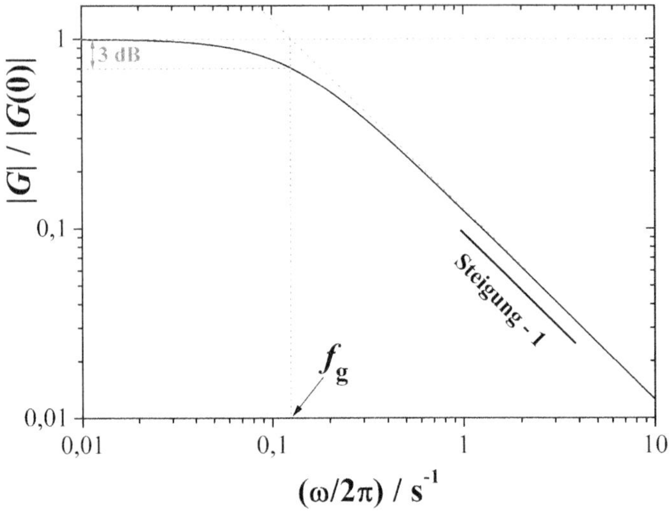

Bild 2.19: Ermittlung der Ansprechzeit t_{90} aus dem Amplitudenverlauf $|G(\omega)|$ der normierten Leitwertantwort für den Fall einer oberflächenkontrollierten Probe (Simulation). Aus dem Verhalten des P-T_1-Glieds (Tiefpass erster Ordnung) folgt für die durch eine 3-dB-Dämpfung charakterisierte Grenzfrequenz f_g der in Gl. 2.58 angegebene Zusammenhang mit der Ansprechzeit.

fluss auf die Systemantwort feststellbar (vgl. das Fehlen des Parameters k in 2.49), so dass sich auf diese Weise der Diffusionskoeffizient extrahieren lässt. Mit Kenntnis dieses Wertes können anschließend die Messwerte des dünnen Kristalls aus demselben Material angefittet werden, was die Bestimmung der Oberflächenaustauschkoeffizienten k^δ erlaubt. Einschränkend muss jedoch festgehalten werden, dass eine genaue Bestimmung von D^δ nur für sehr dicke Proben (Dicken im Bereich mehrerer Millimeter) möglich ist, bei denen der Einfluss der Oberfläche verschwindet.

Die Menge an Sauerstoff, die in die Probe inkorporiert werden kann, hängt vom Volumen ab. Mit abnehmender Probendicke vergrößert sich das Oberflächen-zu-Volumen-Verhältnis stetig. Schließlich dominiert die Oberfläche die Einbaukinetik komplett [240]. Wie sich im Experiment zeigt, ist das aber nur für sehr dünne Proben (Dicken im Bereich von $d \leq 50\ \mu$m) der Fall im betrachteten Temperaturbereich. Für Dicken im Bereich zwischen $d \approx 50\ \mu$m und wenigen Millimetern kann in der Regel kein klar vorherrschender Einfluss von Bulk oder Oberfläche beobachtet werden.

Zusätzlich zeigt Bild 2.22, dass die Kinetik des Ansprechverhaltens ein auffälliges Temperaturverhalten aufweist. Das kinetische Verhalten einer Probe mit „mittlerer" Dicke zeigt einen

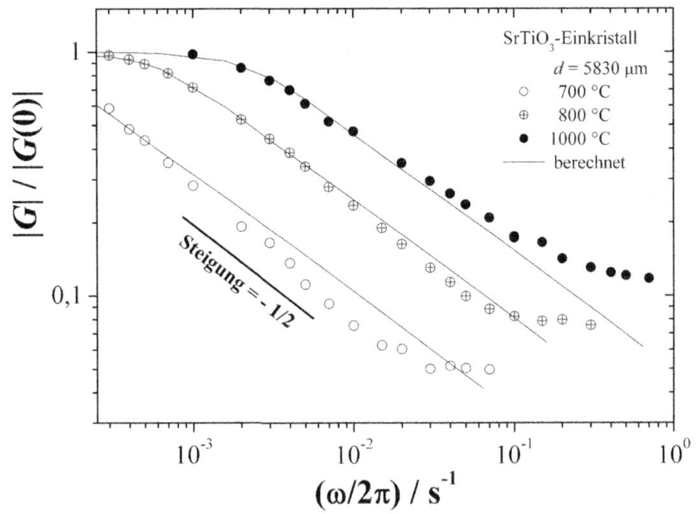

Bild 2.20: Amplitudenverlauf $|G(\omega)|$ der normierten Leitwertantwort eines (nominell undotierten) dicken $SrTiO_3$-Einkristalls ($d = 5830\ \mu$m) als Funktion der Frequenz der Druckmodulation bei verschiedenen Temperaturen. Das kinetische Verhalten der Probe ist eindeutig diffusionskontrolliert [248].

Übergang vom eher oberflächenkontrollierten Verhalten am unteren Ende des Messtemperaturintervalls (700 °C) zum eher diffusionskontrollierten Verhalten bei hohen Temperaturen (950 °C), was ein Indiz für die bei Temperaturen unterhalb von ca. 800 °C deutlich verlangsamte Oberflächenreaktion ist.

2.3.5.6 Austauschkinetik an Keramiken und Dickschichten

Sowohl bei dichten Bulkkeramiken als auch bei porösen Dickschichten weicht die Probengeometrie stark vom Idealfall des Tragut-Modells ab. Im ersteren Fall sorgt das Auftreten von Korngrenzen, die infolge einer chemisch-strukturellen Diskontinuität die einphasigen Kristallite trennen, für eine Störung der Translationssymmetrie. Das allgemeine Modell einer Korngrenze in $SrTiO_3$ besteht nach Chiang und Takagi [32, 33] aus einer Doppel-(„back-to-back“)-Schottky-Barriere. An eine durch starke Akzeptorsegregation positiv geladene Korngrenze, in der das Material einen flächenhaften Strukturfehler aufweist, der weniger als einige Nanometer dick ist („Core“) und unter Umständen amorphe Phasen beinhaltet [47], grenzen beiderseitig negative Raumladungsschichten an, die in akzeptordotiertem $SrTiO_3$ 30 bis 200 nm breit sind [245]. Kienzle [119] untersuchte die Struktur von Korngrenzen in STO-Bikristallen und

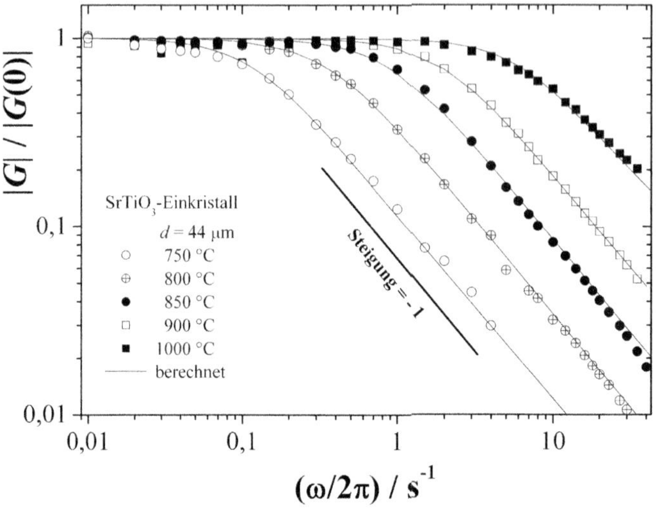

Bild 2.21: Amplitudenverlauf $|G(\omega)|$ der normierten Leitwertantwort eines (nominell undotierten) dünnen $SrTiO_3$-Einkristalls ($d = 44\ \mu m$) als Funktion der Frequenz der Druckmodulation bei verschiedenen Temperaturen. Das kinetische Verhalten der Probe ist eindeutig oberflächenkontrolliert [248].

-Keramik mit hochauflösender Transmissionselektronenmikroskopie. Die Korngrenzen bilden aufgrund der Verarmung an Majoritätsladungsträgern in ihrer Umgebung einerseits eine elektrische Barriere für den Ladungs- und Massentransport im Material. Leonhardt et al. [133] konnten beispielsweise diesen blockierenden Effekt an STO-Bikristallen optisch demonstrieren, De Souza et al. [52] untersuchten ihn in einer elektrischen und hochauflösend strukturellen Charakterisierung eines STO-Bikristalls eingehend, beobachteten an der Korngrenze ein Array von Versetzungen im TEM und bestimmten ein Raumladungspotential von ca. 0,55 V. Andererseits aber kann entlang der Korngrenzen eine beschleunigte ionische Diffusion stattfinden [116, 110]. Durch den Einfluss dieser inneren Grenzflächen erhöht sich ergo der Komplexitätsgrad des Systems wesentlich[39], und der alleinige Einfluss der äußeren Probenoberflächen, die Gegenstand der vorliegenden Arbeit waren, auf den Sauerstofftransport wird vermindert. Interessanterweise wiesen Jurado et al. [113, 114] mittels impedanzspektroskopischer Untersuchungen an STF-

[39]Mittels einer hohen Grenzflächendichte in der Probe können die Transporteigenschaften des Materials grundlegend verändert werden, wenn etwa die Korngrößen so gering werden, dass die Geometrien in den Bereich der Debye-Länge gelangen und so der Einfluss einer Störung durch die Randschichten ganz erheblich die „Volumeneffekte“ überdeckt, so dass die Materialeigenschaften grenzflächendominiert werden, was ins zukunftsträchtige Feld der Nanoionik [152] führt.

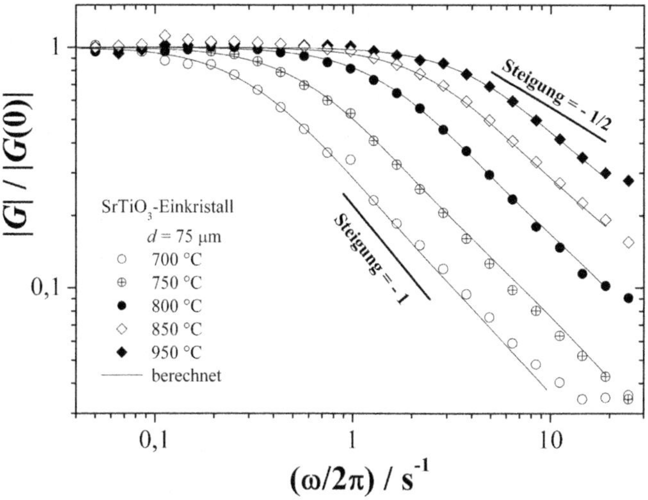

Bild 2.22: Amplitudenverlauf $|G(\omega)|$ der normierten Leitwertantwort eines $SrTiO_3$-Einkristalls mit einer Dicke $d = 75\ \mu$m als Funktion der Frequenz der Druckmodulation bei verschiedenen Temperaturen [248]. Das kinetische Verhalten der Probe zeigt einen Übergang vom eher oberflächenkontrollierten Verhalten am unteren Ende des Messtemperaturintervalls (700 °C) zum eher diffusionskontrollierten Verhalten bei hohen Temperaturen (950 °C) – ein Indiz für die deutlich verlangsamte Oberflächenreaktion bei Temperaturen unterhalb von ca. 800 °C. Das im Vergleich zu Bild 2.21 schnellere Ansprechverhalten trotz größerer Kristalldicke ist darauf zurückzuführen, dass die beiden Kristalle aufgrund unterschiedlicher Hersteller einen unterschiedlchen Dotierstoffgehalt aufwiesen.

Keramiken mit variablen Eisenanteilen einen Wandel im elektrischen Transportverhalten nach, indem bei Proben mit einem Eisengehalt von mehr als 7 % der resistive Korngrenzanteil im Impedanzspektrum gegenüber dem Bulkbeitrag nicht mehr beobachtet werden konnte.

Das für Sensoranwendungen besonders relevante System des porösen Dickschichtsensors aus STF35 weicht ebenfalls von der idealen Probengeometrie des Tragutschen Modells ab (vgl. Bild 2.23). Hier baut sich der Sauerstoff in das einzelne Korn ein (bei monomodaler Korngrößenverteilung annähernd parallel), die Leitfähigkeitsbildung in der Dickschicht erfolgt dann über die Kontaktflächen („necks“) zwischen diesen kinetisch parallel geschalteten Körnern. Zudem sind bislang keine chemischen Diffusionsdaten für STF35 bekannt[40]. Die Korngrößenverteilung

[40] was bei Vorliegen von reiner Oberflächenkontrolle allerdings nicht besonders ins Gewicht fiele, vgl. die Anmerkungen zu Bild 4.5 in Kapitel 4

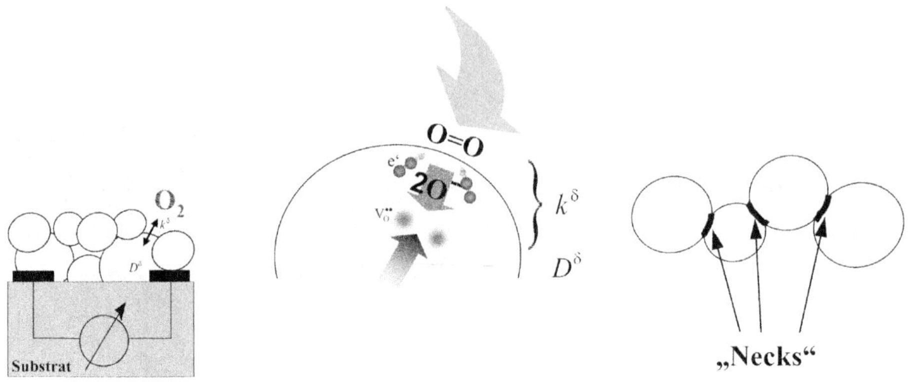

Bild 2.23: Geometrie der Dickschicht (links, schematisch). In das einzelne Korn baut sich der Sauerstoff ein (Mitte, schematisch), vergleichbar dem Modellsystem Einkristall. Die Leitwertbildung in der Dickschicht erfolgt dann über die Kontaktflächen („necks“) zwischen den (idealerweise) kinetisch parallel geschalteten Körnern.

ist realiter multimodal, und eine exakte Korngrößenbestimmung anhand von REM-Bildern gestaltet sich schwierig; da etwa in Gl. 2.55 die Systemdicke d sehr empfindlich eingeht, wären solchermaßen bestimmte k^δ-Werte mit einer großen Unsicherheit behaftet. Daher ist bei der kinetischen Analyse der Dickschichten eine Betrachtung der t_{90}-Zeiten anstelle der k^δ-Werte vorzuziehen. Bild 2.24 zeigt beispielhaft das kinetische Verhalten einer solchen porösen Dickschicht nach Schneider [216].

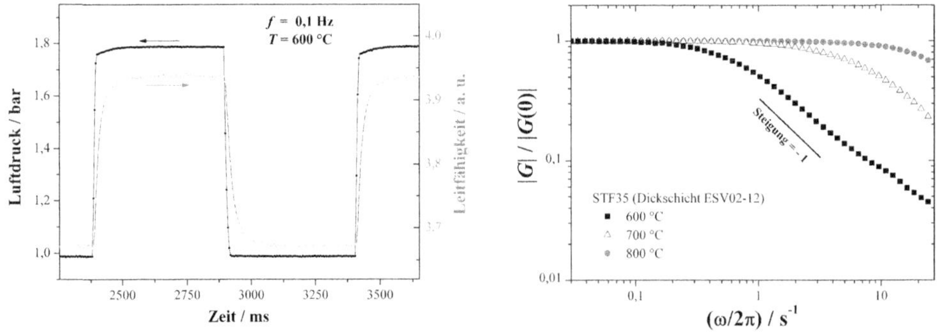

Bild 2.24: Poröse STF35-Dickschicht: Signalverlauf der Leitfähigkeit als Folge der Druckanregung im Zeitbereich (links); rechts Übertragungsverhalten derselben Probe im Frequenzbereich bei drei verschiedenen Temperaturen

Kapitel 3

Experimentelles

3.1 Probenpräparation

3.1.1 Untersuchte Proben

3.1.1.1 $SrTiO_3$-Einkristalle

Sowohl nominell undotierte als auch eisendotierte ($c_{\mathrm{Fe}} = 3,3 \cdot 10^{19}$ cm^{-3}), nach dem Verneuil-Verfahren hergestellte $SrTiO_3$-Einkristalle in (1 0 0)-Orientierung wurden von der Fa. CrysTec GmbH (Berlin) bezogen.[1] Zur Untersuchung des (möglichst) reinen Oberflächenanteils an der Sauerstoffeinbaureaktion war es nötig, diese hinreichend zu dünnen[2]. Die ersten Proben wurden am IWE geschliffen und diamantpoliert. Dabei zeigte sich jedoch, dass es sehr schwierig war, Dicken unterhalb von 70 μm auf diesem rein mechanischen Wege zu erzielen, so dass diese Proben für die Untersuchung des Einflusses der Oberflächenreaktion auf den Sauerstoffeinbau in der Regel nicht genügend waren (wie anhand der Auswertung erster Frequenzgänge festgestellt werden konnte). Deshalb wurden die weiteren Probenchargen direkt beim Hersteller CrysTec vorbehandelt mittels chemomechanischer Dünnung und beidseitiger Syton[3]-Politur der Einkristalle. Auf diese Weise konnten für die kinetischen Experimente am IWE schließlich Proben mit Abmessungen von 5...10 $\cdot$ 5...10 mm^2 und Kristalldicken im Bereich von 40...50 μm erhalten

[1] Für die in den Bildern 2.20 und 2.21 gezeigten Messungen wurden nominell undotierte Kristalle verwendet, die von der Fa. Litzenberger, Idar-Oberstein, stammten und bereits am Institut vorhanden waren.

[2] Da der Quotient aus Oberfläche und Volumen eines dünnen quaderförmigen Körpers umgekehrt proportional zur Dicke ist, muss der Einfluss der Oberfläche auf den Sauerstofftransport mit abnehmender Probendicke zunehmen. Einen maximalen Wert für die Probendicke, bei der noch oberflächenkontrollierte Kinetik vorliegt, zu bestimmen, war jedoch nur auf empirischem Wege möglich.

[3] Syton ist eine wässrige kolloide Kieselsäuredispersion mit nanoskaliger Partikelgröße, vgl. www.nanoslurry.com

werden. Die einkristallinen Proben wurden für 24 h bei 1000 °C an Raumluft ausgelagert, um eine definierte thermische Vorbehandlung zu garantieren (im Hinblick auf die Einstellung der elektrochemischen Defektgleichgewichte).
Für die elektrischen Experimente am IWE wurden die Einkristalle gemäß Abschnitt 3.1.1.4 anschließend elektrisch zweipunktkontaktiert. Bild 3.1 zeigt eine solche Probe. Für die Tracermessungen am IMET (s. Abschnitt 3.3) wurden identisch vorbehandelte Einkristalle aus den jeweils entsprechenden Kristallboulen bezogen, die Geometrien von $5 \cdot 5 \cdot 0,5$ mm^3 (undotiertes STO) bzw. $10 \cdot 10 \cdot 1$ mm^3 (Fe-dotiertes STO) aufwiesen, herstellerseitig einseitig poliert waren und naheliegenderweise nicht elektrisch kontaktiert wurden.

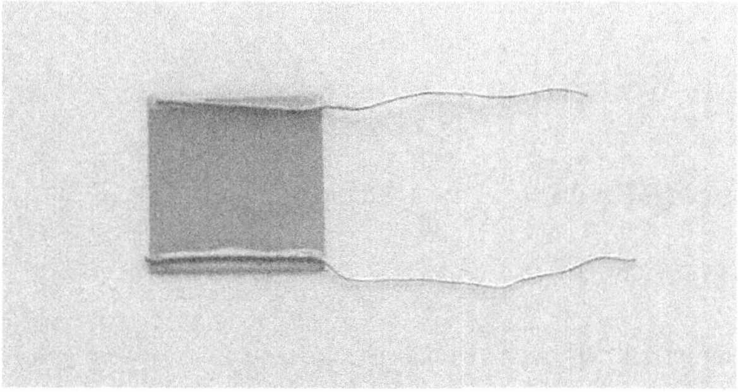

Bild 3.1: Mit Pt-Draht elektrisch kontaktierter STO-Einkristall (Fläche $5 \cdot 5$ mm^2)

Die polierten Einkristalloberflächen wurden herstellerseitig je Charge stichprobenartig mittels Rasterkraftmikroskopie (AFM) auf einer Fläche von $1 \cdot 1 \mu$m^2 charakterisiert (AFM Auto Probe M5, Park Scientific Instruments). Typische Werte für die so bestimmte Oberflächenrauigkeit sind in Bild 3.2 wiedergegeben. Im Rasterelektronenmikroskop (REM) waren die stichprobenartig untersuchten Einkristalloberflächen im Rahmen der Auflösung dieses Geräts makellos. Eine transmissionselektronenmikroskopische Charakterisierung der Einkristalloberflächen wurde nicht durchgeführt, da weder das IWE noch das IMET über die nötige hochauflösende Oberflächenanalytik verfügen.

3.1.1.2 Polykristalline Proben (Keramik)

Im gängigen Mixed-Oxide-Verfahren wurden dichte Bulkkeramiken aus den pulverförmigen Ausgangsstoffen $SrCO_3$ (Merck Selectipur Artikel-Nr. 107861), TiO_2 (Degussa P252411) und Fe_2O_3 (Merck pro analysi Artikel-Nr. 103924) im der stöchiometrischen Zusammensetzung entsprechenden Massenverhältnis hergestellt. Das Mischen der Rohstoffe erfolgte wie bei Schnei-

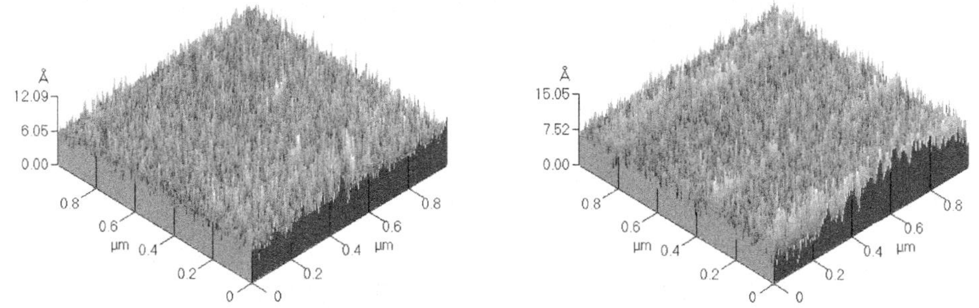

Bild 3.2: AFM-Bild der Oberfläche (Ausschnitt) eines unbeschichteten undotierten (links) und eines Fe-dotierten (0,06 Gew.-%) (rechts) $SrTiO_3$-Einkristalls vor 24-stündiger Auslagerung bei $T = 1000$ °C (Surface Inspection Sheets Lot no. P 2748 vom 10.03.2004 bzw. MB2923 vom 09.02.2005, CrysTec GmbH Berlin). Typische Rauigkeitswerte liegen im Bereich von $R_a \approx 0,1$ nm mit maximalen Abweichungen („maximum peak-to-valley range“) von ca. 2 nm.

der [216] beschrieben. Anschließend wurde die Pulvermischung bei 1350 °C an Luft kalziniert, wo die Festkörperreaktion

$$SrCO_3 + (1 - x) \cdot TiO_2 + \frac{x}{2} \cdot Fe_2O_3 + \frac{x}{4} \cdot O_2 \rightleftharpoons SrTi_{1-x}Fe_xO_3 + CO_2 \qquad (3.1)$$

stattfand. Aus den Pulvern wurden anschließend Bulkkeramiken hergestellt. Dazu wurden ca. 2 g des kalzinierten Pulvers in einer Kunststoffmatritze zu Bulks uniaxial verpresst, der resultierende erste Grünkörper wurde, in Folie geschweißt, in einem Wasserbad kalt-isostatisch 1 min. lang nachverdichtet (bei einem Druck von ca. 250 MPa), ehe aus ihm in einem Sinterprozess im Pulverbett an Luft bei 1350 °C (Auf- und Abheizraten 1 K/min.) eine rissfreie, dichte Bulkkeramik mit einer Grundfläche von ca. $12 \cdot 6$ mm^2 entstand, die vereinzelt und mechanisch gedünnt wurde. Hierbei konnten aus Stabilitätsgründen jedoch nur Bulkproben mit Dicken im Bereich von 100 μm hergestellt werden.
Für die SIMS-Messungen wurden sehr dichte (> 99 %) STF35-Bulks verwendet, die bei 1400 °C an Luft gesintert worden waren und anschließend zu Scheiben von ca. 2...3 mm Dicke gesägt und jeweils einseitig diamantpoliert wurden in verschiedenen Schleif- und Polierschritten bis zu einer abschließenden Politur mit 0,25 μm.

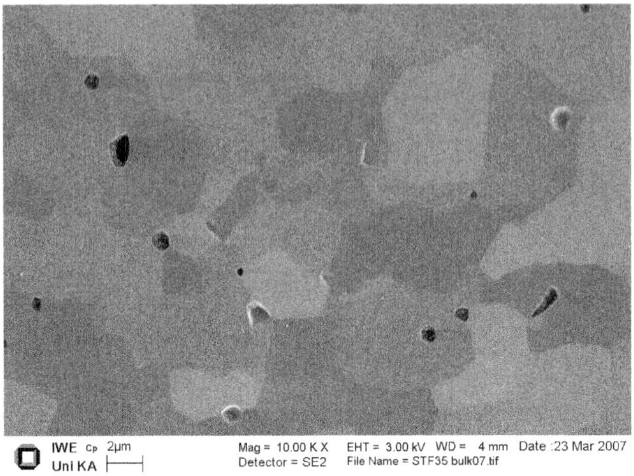

Bild 3.3: Rasterelektronenmikroskopische Aufnahme der diamantpolierten Oberfläche einer bei 1400 °C gesinterten STF35-Bulkprobe für SIMS-Messungen

3.1.1.3 STF35-Dickschichten

Siebgedruckte Dickschichten der Zusammensetzung $SrTi_{0,65}Fe_{0,35}O_3$, die auf einen im Rahmen eines BMBF-Projekts[4] verwendeten Schichtverbund der Robert Bosch GmbH auf YSZ-Basis gedruckt wurden und deren Herstellung und chemische, mikrostrukturelle und elektrische Charakterisierung in [216] wiedergegeben sind, wurden vermessen.

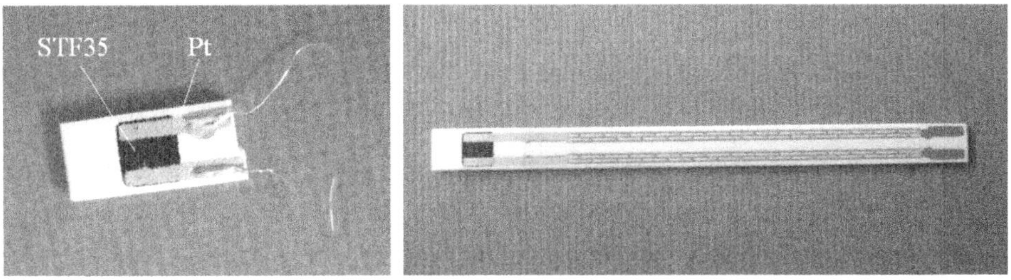

Bild 3.4: Sensorelement mit sensitiver Schicht aus STF35, gedruckt auf einen Schichtverbund der Robert Bosch GmbH auf YSZ-Basis, mit MgO-Interdiffusionsbarriere (rechtes Bild). Links: Sensor, mit Pt-Draht kontaktiert, aus Platzgründen wurde das Substrat für die Kinetikmessungen verkürzt

[4] Bundesministerium für Bildung und Forschung, BMBF-NMT-PTJ 03N3102, „Resistive Abgassensoren auf der Basis halbleitender, temperaturunabhängiger Metalloxide" (2001-2004)

Die fertigen Sensorelemente (Bild 3.4) bestehen aus einer siebgedruckten sensitiven Schicht aus STF35, die eine Dicke von ca. 10 μm aufweist, Korngrößen von 1...2 μm und etwa 30...40 % offene Porosität. Diese Schicht ist auf einen Standard-Sensorsubstrat der planaren Lambdasonde auf YSZ-Basis (Fa. Robert Bosch GmbH) aufgedruckt, die mit siebgedruckter Pt-Kontaktierung (und u.a. integrierten Heizleitungen) versehen ist. Um die kationische Interdiffusion zwischen STF35 und der isolierenden Al_2O_3-Zwischenschicht zu verhindern, sind diese Sensorelemente mit einer MgO-basierten Interdiffusionsbarriere versehen worden. Der Schichtaufbau ist in Bild 3.5 wiedergegeben. Die chemische Stabilität der Dickschichtsensoren im Bereich von $p_{O_2} > 10^{-17}$ bar und ihre reproduzierbaren elektrischen Eigenschaften konnte von Schneider [216] nachgewiesen werden.

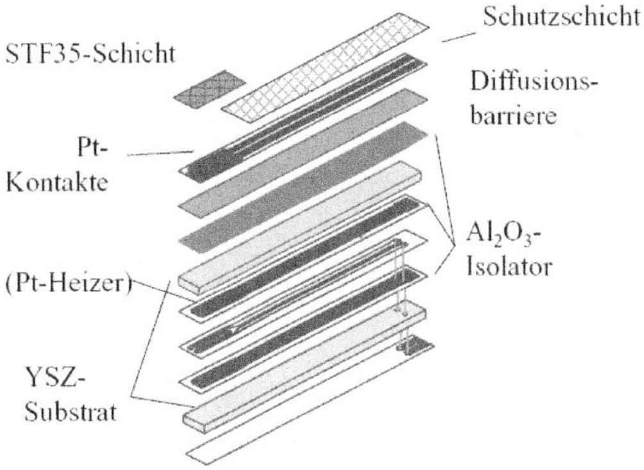

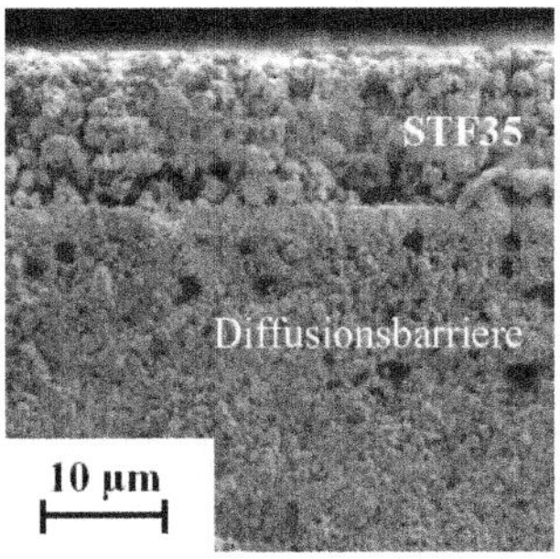

Bild 3.5: Schichtaufbau eines STF35-Dickschichtsensors auf einem Bosch-Standardsubstrat auf YSZ-Basis nach Schneider [216]: links schematisch, rechts REM-Bild eines Bruchs

3.1.1.4 Elektrische Kontaktierung

Für die elektrischen Experimente am IWE wurden die einkristallinen Proben und die keramischen Bulks mit frittenfreier Pt-Paste (Demetron 308A) und vorgeglühten Pt-Drähten (Heraeus; 100 μm Durchmesser) elektrisch zweipunktkontaktiert. Die Kontakte wurden gemäß einem Temperaturstandardprofil (Bild 3.6) eingebrannt, was für einen guten elektrischen Kontakt und eine ebensolche mechanische Stabilität sorgte. Die Dickschichtsensoren besaßen bereits eine siebgedruckte Platin-Leiterbahn, auf die mittels einer Punkt- und Spaltschweißmaschine (MacGregor Welding Systems DC 1000, Unitek Thin-Line Series 80 Weld Head) Pt-Drähte angebracht wurden.

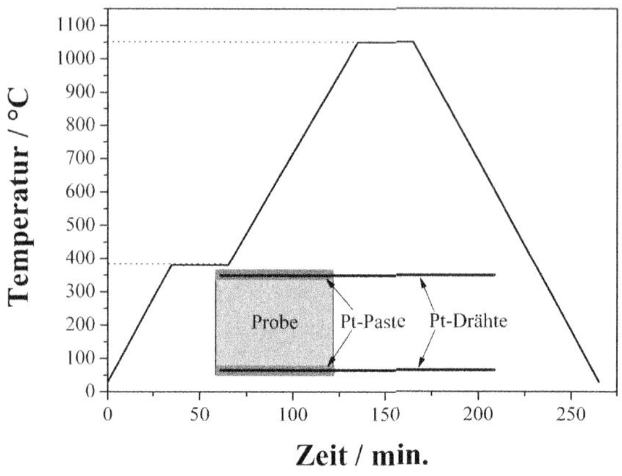

Bild 3.6: Temperaturprofil zum Einbrennen der Platinkontaktierung bei den Bulkproben. Die Zweipunktkontaktierung der Proben ist schematisch skizziert.

3.1.2 Beschichtungen

3.1.2.1 Evaluation der Beschichtungsmethoden

In der Beschichtungstechnik wird grundsätzlich zwischen chemischen (CVD = chemical vapour deposition) und physikalischen (PVD = physical vapour deposition) Methoden der Beschichtung unterschieden; daneben gibt es weitere Methoden, Dünnschichten aufzubringen [158]. Neben der thermischen Verdampfung (unter 3.1.2.3 näher beschrieben) wurden Versuche mit Elektronenstrahlbedampfung (beides PVD-Verfahren) und chemischen Verfahren evaluiert. Bei der Verdampfung von sehr schwer verdampfbaren Materialien (z. B. Strontiumoxid-Targets oder Platin-Metall) empfiehlt sich die Elektronenstrahlbedampfung. Hierbei wird eine Glühkathode unterhalb des Materials erhitzt, die austretenden Elektronen werden durch ein Magnetfeld auf das zu verdampfende Material gelenkt. Dabei werden vereinzelt Materialteile aus dem Quellmaterial herausgeschlagen, die auf dem Substrat kondensieren können. Das Oxid-Target muss jedoch zuerst durch einen keramischen Sinterprozess hergestellt werden, z. B. SrO aus gepressten Strontiumcarbonat-Pellets: Bei 1200 °C reagiert das $SrCO_3$ mit dem Luftsauerstoff zu SrO und CO_2. Da das SrO zudem sehr hygroskopisch ist, müssen die SrO-Targets auf Temperatur bzw. trocken gehalten werden bis Versuchsbeginn. Des Weiteren waren die erzielten Aufdampfraten weniger befriedigend als im Falle der thermischen Bedampfung (häufiges Zusammenbrechen des Vakuums). Die Elektronenstrahlbedampfung mit Oxidpellets wäre ergo prozesstechnisch aufwändiger und brächte gegenüber der thermischen Verdampfung keine Vorteile.

Das Aufbringen der Schicht aus chemischer Lösung hätte den Vorteil, dass flüssige Lösungen leicht auf die Proben aufzubringen sind und insbesondere bei porösen Dickschichten eine einfache Durchdringung der Probe und folglich einen hohen Benetzungsgrad der Oberfläche gewährleisten. Vorversuche mit Strontiumverbindungen[5] an Rubalitproben zeigten jedoch, dass sowohl durch Beträufeln mit wässrigen Strontiumacetatlösungen (bei hohen Temperaturen reagiert das Acetat unter Wasserabgabe zu SrO) als auch mit Strontiumhydroxidlösungen (und anschließender Auslagerung der Proben bei 700 °C) keine homogene Beschichtung der Oberfläche möglich war. Zudem wäre eine definierte Variation der Dicke schwierig. Weitere Vorversuche mit alternativen Methoden wie MOD[6] verliefen ebenfalls nicht erfolgversprechend und waren zudem im weiteren Verlauf dieses Vorhabens aus logistischen Gründen nicht gangbar.

3.1.2.2 Targetmaterialien

Für die PVD-Bedampfung mittels thermischer Evaporation wurden die folgenden metallischen Targets als Ausgangsstoffe verwendet:

- Calcium-Granulat (99,5 % metals basis, redistilled, -16 mesh, Alfa Aesar Nr. 042917)
- Barium-Stücke (99,2 % metals basis, Sr < 0,8 %, ca. 1 inch, Alfa Aesar Nr. 000653)
- Strontium-Granulat (99 % metals basis, ca. 19 mm, Alfa Aesar Nr. 035789)
- Magnesium-Späne (99,98 % metals basis, Größenordnung 1cm, Alfa Aesar Nr. 010630).

Bild 3.7 zeigt beispielhaft die verwendeten Strontium-Granülen und ihre starke Reaktivität an Umgebungsluft. Die massiven Metalltargets zerfallen bei Raumtemperatur innerhalb weniger Stunden durch chemische Reaktionen (wie der Carbonatbildung) zu einer weißlichen, ascheähnlichen Konsistenz.

3.1.2.3 PVD-Anlage

Zu den Methoden der physikalischen Vakuumdeposition (PVD) von Beschichtungen zählt das Aufdampfen. Hierbei wird die auf ein zu beschichtendes Substrat aufzubringende Substanz (das Target) in einem Tiegel solange erhitzt, bis Teile des Targets in die Gasphase übergehen. Der Prozess geschieht im Vakuum, um eine definierte Prozessumgebung ohne Störfaktoren zu gewährleisten.

[5] L. Merkle, *Einfluss von Strontiumverbindungen auf die Kinetik des Sauerstoffeinbaus in Strontiumtitanat-Einkristallen*, Studienarbeit, IWE, 2004

[6] Metal-organic deposition, z. B. am Fraunhofer Institut für Silicatforschung (ISC), Würzburg

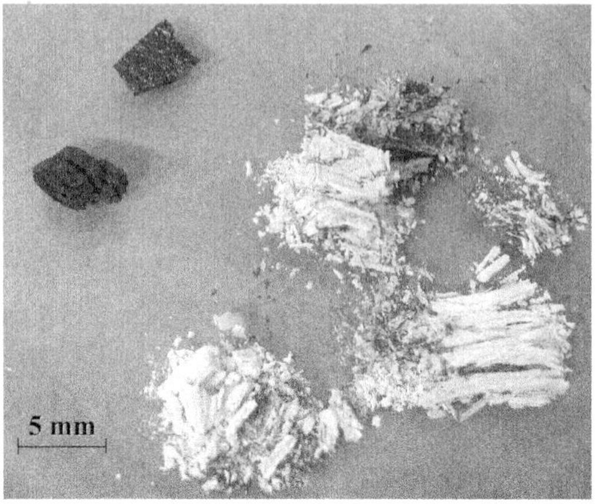

Bild 3.7: Oben links zwei kleinere metallische Sr-Granülen, unmittelbar nach Entnahme aus dem Lösungsmittel, in das sie eingelagert sind; rechts die Überreste solcher Granülen nach 20 h an Luft bei Raumtemperatur.

Im Rahmen dieser Arbeit standen zwei PVD-Verfahren zur Verfügung: die Elektronenstrahlbedampfung, bei der ein Elektronenstrahl auf das Targetmaterial geschossen wird und dieses zur Verdampfung bringt (vgl. Abschnitt 3.1.2.1) sowie die thermische Verdampfung mittels einer direkt beheizten Widerstandsquelle [158]: Hierbei befindet sich das Targetmaterial in einem elektrisch kontaktierten Schiffchen aus einem sehr wärmebeständigen Material, durch den ein starker Strom geschickt wird, der für eine Erhitzung und schließlich Verdampfung des Targets sorgt. Da hierbei nur das Target verdampft werden soll, empfiehlt sich als Material des Schiffchens Wolframblech. Wolfram hat einen Schmelzpunkt von ca. 3700 K, weitaus höher als bei den in dieser Arbeit verwendeten Targetsubstanzen (Bild 3.8).
Der Vorteil der PVD-Methode besteht in ihrer Fähigkeit, mit relativ wenigen Prozessparametern (Aufdampfrate, Prozessdauer) Metallschichten definierter Dicke im Vakuum auf die Einkristalle aufzubringen. In der vorliegenden Arbeit kam hierfür eine Leybold Heraeus Univex 300 PVD-Anlage zum Einsatz (Bild 3.9). Mit Hilfe eines Stroms von mehreren Ampere durch ein Wolframschiffchen (Umicore Materials AG) wurden die metallischen Targetmaterialien verdampft in einer Vakuumglocke, in der mittels Turbopumpe ein Druck von unter 10^{-4} mbar einstellbar war. Die zu beschichtenden Proben (Substrate) waren an einem mittels Drehmotor schwenkbaren Probenhalter befestigt, der die Bedampfung von Ober- sowie Unterseite der Proben in einem Arbeitsschritt ermöglichte. Die durch Zufuhr thermischer Energie aus dem Festkörperverband herausgeschleuderten Targetteilchen (Atome) prallen mit der Energie von etwa 0,1 eV ($\frac{3}{2}kT$) auf das ca. 10 cm entfernte Substrat und kondensieren.

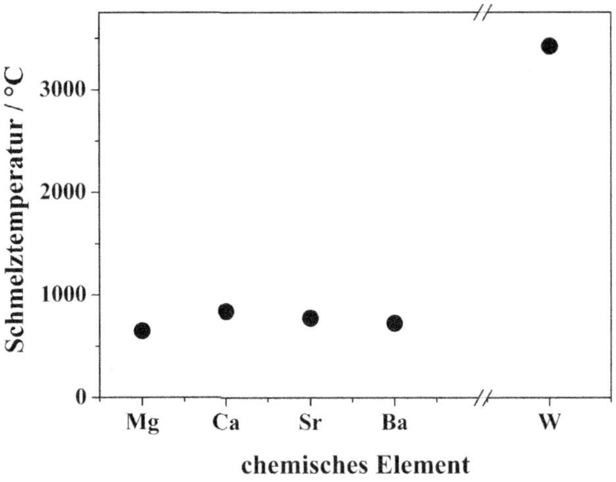

Bild 3.8: Schmelztemperaturen der verwendeten Metalle [141]

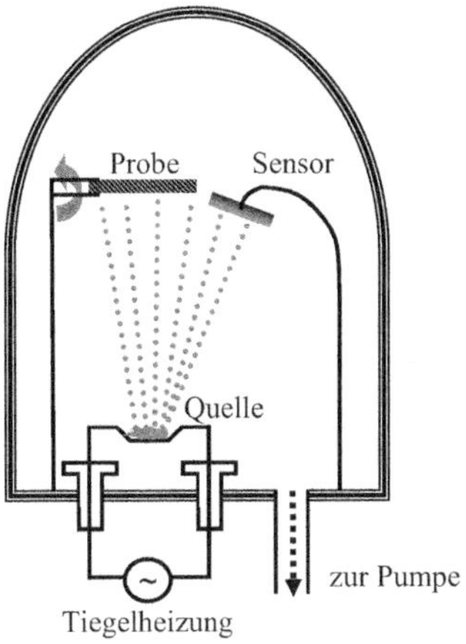

Bild 3.9: Leybold Heraeus Univex 300 PVD-Anlage mit Steuereinheit (rechts); links der Aufbau innerhalb der Vakuumglocke

Es wurde stets darauf geachtet, mit vergleichbaren Aufdampfraten (ca. 0,2...0,4 nm/s) bei den durchgeführten Versuchen zu arbeiten, da Schwankungen in der Aufdampfrate naheliegenderweise die Morphologie des sich abscheidenden Films beeinflussen können. Die Kontrolle der erzielten Schichtdicke erfolgte über die durch die angelagerte Masse Δm hervorgerufene Resonanzfrequenzverschiebung Δf eines Schwingquarzes im AT-Schnitt (goldkontaktierter Quarzkristall 6 MHz (Umicore) für Inficon XTC-Sensor). Um hieraus die Dicke d errechnen zu können, ist eine Kenntnis der Dichte ρ des angelagerten Materials vonnöten [184]:

$$\frac{\Delta f}{f} = -\frac{\Delta m}{m} = -\frac{d \cdot \rho}{m} \tag{3.2}$$

Zur Vermeidung von durch das Kosinusgesetz[7] hervorgerufenen Abweichungen zwischen Schichtdicke auf der Probe und auf dem Schwingquarz wurde der Sensor in unmittelbarer Nähe zur Probe positioniert. Ferner muss der Abstand zur Verdampfungsquelle hinreichend groß sein (etwa 20...40 cm), um Temperatureinflüsse auf f zu vermeiden. Zu beachten ist weiterhin, dass die angezeigte Dicke auch durch Druckschwankungen in der Vakuumglocke beeinflusst werden kann.

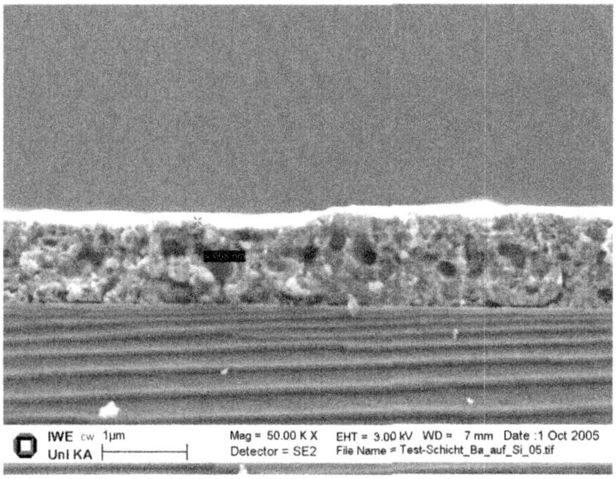

Bild 3.10: Rasterelektronenmikroskopische Aufnahme (Bruch) einer Ba-PVD-Beschichtung auf einem einkristallinen Si-Substrat unmittelbar nach Beschichtung (ohne thermische Behandlung). Die mittels Schwingquarz (im Vakuum) zu ca. 500 nm bestimmte Schichtdicke des aufgebrachten Metalls wurde im REM zu knapp 1 μm bestimmt

Nach Belüften der Probenkammer finden chemische Reaktionen der reaktiven Erdalkalimetallschichten mit der Umgebungsluft statt, die zu einem Aufquellen der Schicht führen. Bild 3.10 zeigt beispielhaft, wie der angegebene Vakuumwert für die Metallschichtdicke mit der realen Schichtdicke unter Atmosphärenbedingungen korreliert. Typischerweise entstehen so Schichten, die die Proben zwar makroskopisch homogen bedecken, aber infolge ihrer Porosität dennoch Dreiphasengrenzen zwischen Schicht, Probe und Gasphase aufweisen.

[7] Für den Teilchenstrom in Richtung des Raumwinkels Ω gilt: $J_\Omega \propto \cos\Theta$, wenn Θ der Winkel zur Flächennormalen der Ebene des Verdampfungsschiffchens ist [141].

Im Falle der aufgebrachten Platinbeschichtungen (Kapitel 4) musste auf das Elektronenstrahlverfahren zurückgegriffen werden, bei dem ein Elektronenstrahl aus einer Glühkathode durch Ablenkung in einem Magnetfeld auf das massive Target (Pt-Metallklotz) gelenkt wird und das Aufdampfgut durch die hohe Energiezufuhr verdampft. Der weitere Prozessablauf entspricht dem weiter oben (Abschnitt 3.1.2.1) beschriebenen.

3.2 Elektrische Messverfahren

3.2.1 Chemische Kinetikmessungen („Kinetikanlage")

Zur grundlegenden Untersuchung der Kinetik schneller Sauerstoffsensoren wurde von Tragut [239] und anderen am IWE eine Methode entwickelt, die über periodische Sauerstoffpartialdruckänderungen die Messung der daraus resultierenden Leitfähigkeitsänderungen bis in den Millisekundenbereich bei Temperaturen bis zu 1000 °C ermöglicht. Mit dieser Methode lässt sich die Übertragungsfunktion zwischen der harmonischen Partialdruckerregung und der Leitfähigkeitsantwort über einen weiten Frequenzbereich bestimmen. Eine Analyse des Frequenzverlaufs dieser Funktion erlaubt zum einen, auch eine sehr schnelle Einbaukinetik nachzuverfolgen, und gibt zum anderen Aufschlüsse über die kinetikbestimmenden Prozesse des Sauerstoffeinbaus (vgl. Abschnitt 2.3.5.4).

3.2.1.1 Aufbau der Kinetikanlage

Bild 3.11 zeigt schematisch den Aufbau der Anlage: Die zu vermessende Probe befindet sich in einer beheizbaren Probenkammer aus Al_2O_3. Mittels eines Rohrofens mit Kanthalwicklung können Temperaturen bis 1000 °C eingestellt werden. Der Ofen wird mit einem Zweipunkt-PID-Regler (West 2073) angesteuert und mit Gleichstrom betrieben, um Störungen des Sensorsignals durch die Heizung während der Messung zu vermeiden. Die Temperatur wird erfasst mittels eines Thermoelements (Pt/PtRh 10 %), das sich in wenigen Millimetern Abstand von der Probe befindet.

Aufgrund der Hochohmigkeit der in dieser Arbeit vermessenen Proben (die Probenwiderstände sind um mehrere Größenordnungen höher als die Widerstände der elektrischen Kontakte und Zuleitungen) wurde ausschließlich in Zweipunktkontaktierung gemessen. Der Probe wird ein konstanter Strom mit einer vom Messrechner gesteuerten Stromquelle (Keithley 224) eingeprägt und der Spannungsabfall zwischen den Elektroden gemessen mittels einer Messverstärker- und einer A/D-Wandlerkarte, woraus der Leitwert bestimmt wird. Die Spannung, die über den Pro-

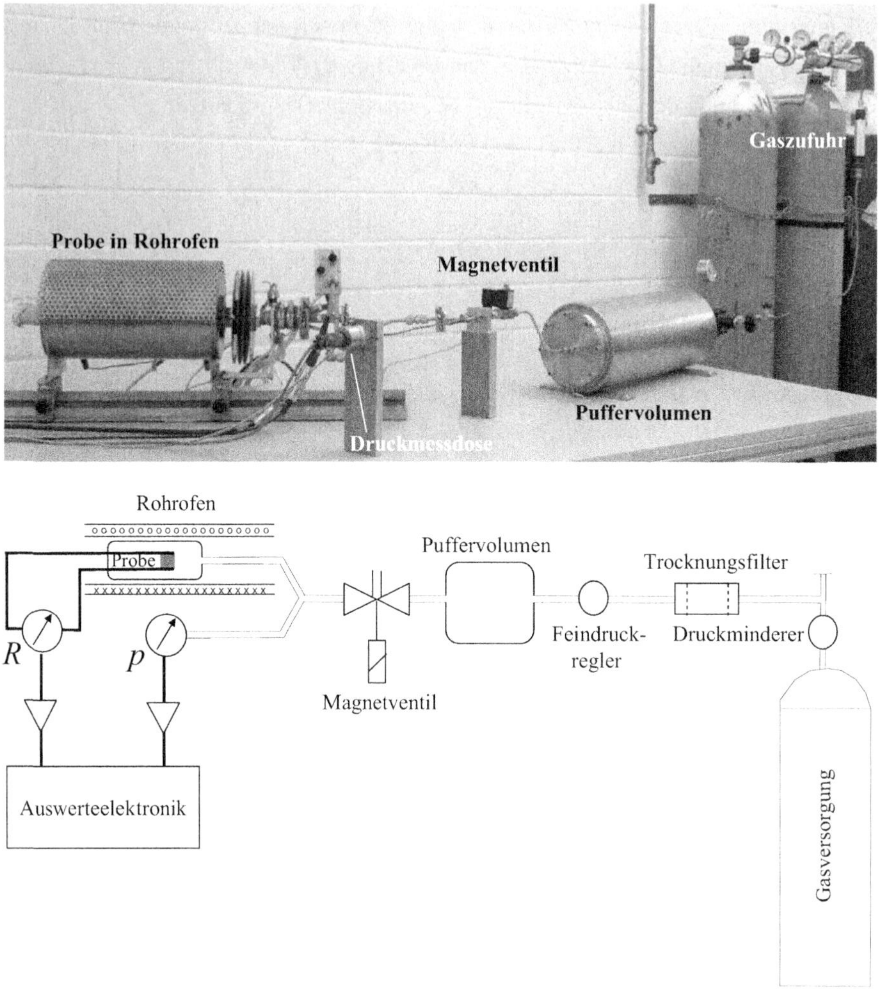

Bild 3.11: Kinetikanlage: Bild des verwendeten Versuchsaufbaus (oben); Prinzipskizze (unten)

ben abfiel, war unter 3 V, um die elektrischen Felder gering zu halten und Degradationen zu vermeiden, wie sie von Baiatu et al. [3, 253] an STO-Einkristallen in Feldern von mehreren kV/cm – bei weitaus tieferen Temperaturen – beobachtet wurden.

Den Aufbau des Probenträgers zeigt schematisch Bild 3.12. Die Probenkammer umfasst ein Volumen von wenigen Kubikzentimetern am Ende eines Aluminiumoxidkapillarrohrs mit gasdichten elektrischen Zuleitungen, das sich im Innern eines äußeren Al_2O_3-Rohrs befindet, welches sich wiederum fest im Innern des Rohrofens befindet. Durch das geringe Volumen (ca. 4 cm^3) wird eine ausreichende Druckamplitude am Ort der Probe gewährleistet. Im Gegensatz zu Tragut [239] erfolgte die Gaszuführung jedoch nicht durch die zylindrische Öffnung (4 mm Durchmesser) in der Mitte des Probenträgers, da Vorversuche darauf schließen ließen, dass der direkt auf die Probe gerichtete Gasstrom, der über eine Länge von ca. 250 mm von Raumtemperatur auf Messtemperatur erhitzt werden muss, Temperaturschwankungen an der Probe mit sich bringen kann, die das empfindliche Messsignal merklich stören können. Daher wurde der Gasstrom außen am Probenträger (vgl. Bild 3.12), der nicht passgenau am Außenrohr anliegt, vorbeigeleitet, was eine bessere Vorheizung des Gasstroms gewährleistete im Vergleich zur Tragutschen Anordnung mit mittiger Durchströmung. Die durch die modulierte Kompression bzw. Expansion des Gases hervorgerufenen periodischen Temperaturschwankungen wurden von Tragut [239] zu weniger als 1 K abgeschätzt.

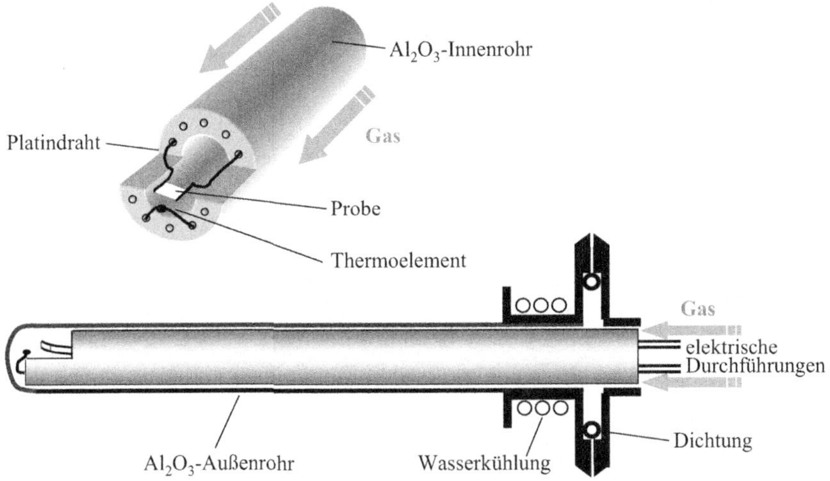

Bild 3.12: Probenträger in Kinetikanlage (schematisch)

Die Messung des Gasdrucks am Probenort erweist sich als schwierig, da kommerzielle Drucksensoren bei Temperaturen von nahezu 1000 °C nicht mehr eingesetzt werden können. Deshalb realisierte Tragut [239] die Gasdruckmessung in einem separaten, „kalten“ Zweig der Anla-

ge, der parallel zur Probenmesskammer positioniert ist (Burster-8206-R-Drucksensor). Hierfür war eine akustische Anpassung beider Zweige nötig, um zu gewährleisten, dass der gemessene Druckverlauf im kalten Zweig „in Phase“ mit dem tatsächlichen Druck in der Probekammer ist. Wie Blase [17] und Zacher [267] anhand der Messungen an kinetisch sehr schnellen Lanthankuprat-Dickschichtsensoren zeigen konnten, treten jedoch bei hohen Frequenzen (im Bereich ab ca. 30 Hz) akustische Resonanzen in der Anlage auf, die für Laufzeitunterschiede in den beiden Zweigen sorgen, so dass die Anlage einen eigenen Frequenzgang aufweist, der den gemessenen Frequenzgang der Probe verfälscht. Bei den hier untersuchten Proben wurde aber ausschließlich im Bereich niedrigerer Frequenzen gemessen.
Die Druckmodulation erfolgte in dieser Arbeit durch Magnetventile, da deren maximale Schaltfrequenz von ca. 50 Hz oberhalb der Frequenzen lag, die für die kinetische Vermessung der in dieser Arbeit untersuchten, relativ trägen Proben nötig waren. (In diesem Frequenzbereich lassen sich Proben mit Ansprechzeiten oberhalb ca. 30 ms problemlos untersuchen.) Insofern wurde auf die bei Tragut [239] verwendete Lochsirene für höhere Frequenzen (bis in den Kilohertzbereich) verzichtet. Dadurch entfiel auch die ansonsten notwendige akustische Korrektur der Frequenzgänge, die insbesondere bei Modulationsfrequenzen oberhalb 100 Hz, wenn die Wellenlänge der Schallausbreitung in den Bereich der Rohrabmessungen kommt und für unterschiedliche Resonanzen im „heißen“ und „kalten“ Zweig der Anlage sorgt, notwendig würde, wie Tragut mittels akustischer Betrachtungen [239] zeigen konnte.

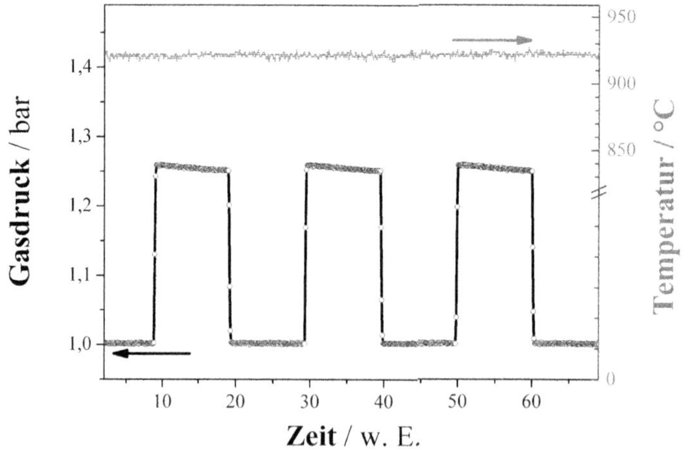

Bild 3.13: Zeitverlauf der Druckanregungssignale und (simultan dazu) Temperatur (920 °C) in der Kinetikmessanlage: Üblicherweise lag der periodisch beaufschlagte Überdruck bei ca. 0,3 bar, entsprechend einem Sauerstoffpartialdruckhub um ca. 60 mbar.

3.2.1.2 Gasversorgung

Als Quelle für Gase zum Betrieb der Kinetikanlage dienten:

- die im Gebäude[8] vorhandene Druckluft (bei der Vermessung der undotierten Einkristalle). Hierbei handelte es sich um Druckluft, die durch Herabkühlen auf einen Drucktaupunkt von 3 °C in einem Kältetrockner (Boge D31) so weit getrocknet wurde, dass eine Restfeuchte von ca. 5,95 g pro Betriebs-m^3 Druckluft verblieb [14]. Er ist ausgelegt für einen Volumenstrom von 185 m^3/h bei Standard-Parametern (7 bar, Umgebungstemperatur 25 °C und Lufteintrittstemperatur 35 °C). Daraus ergibt sich bei Raumtemperatur (Sättigungsfeuchte ca. 24 g/m^3 [213]) eine relative Feuchte von ca. 25 %. Ebenfalls gereinigt wurde die Druckluft durch einen Ölfilter (Boge F30), der bei 7 bar einen Volumenstrom von 180...200 m^3/h und einen Abscheidegrad von 99,9999 % aufwies. Dieser Filter scheidet Partikel bei einer Trenngröße von 0,01 μm ab. Gleichzeitig werden Ölaerosole abgeschieden und die Druckluft auf einen Restölaerosolgehalt von ca. 0,01 mg/m^3 gebracht[9]. Diese Absolutmengen an Feuchte bzw. Verunreinigung verblieben in der zum Messbetrieb verwendeten Druckluft, die vor der Anlage mit Druckminderern auf ca. 1 bar Überdruck geregelt wurde. Dabei kam ein Druckluft-Puffervolumen zum Einsatz, das zusätzlich dafür sorgte, dass im Betrieb ein vom Durchfluss idealerweise unabhängiger konstanter Druck gehalten werden konnte.

- kommerzielle Druckgasflaschen (Air Liquide) mit verschiedenen Sauerstoffanteilen: synthetische Luft (21 % O_2 in N_2), reiner Sauerstoff 4.5 (99,995 % Reinheit) und 1 % O_2 in N_2. Diese waren durchweg kohlenwasserstofffrei und wurden für die Messungen an den Fe-dotierten Einkristallen und Dickschichten aus STF35 verwendet. Die Gase befanden sich in 50-l-Flaschen bei einem Druck von 150...200 bar, der mittels einstufigem Druckminderer auf ca. 1 bar Überdruck ausgangsseitig reduziert wurde. Im Anschluss wurde das Gas durch einen Trocknungsfilter geleitet (Air Liquide Hydrosorb bzw. H_2O-Free). Durch Verwendung dieser Patrone (Material Aluminium, Belegung Helium), die mittels Physisorption an poröser Masse dem durchströmenden Gas Wasserdampf entzieht, konnte – bei ausreichender Trockenheit des Ausgangsgases – eine Restfeuchte von maximal 20 ppb garantiert werden[10].

Mit Hilfe eines Feindruckreglers (Bellofram Type 41), der im Bereich von 0...2 bar Eingangsdruck diesen präzise nach oben auf einen voreingestellten Wert begrenzte, wurde der Einfluss

[8] Geb. 50.40, Universität Karlsruhe (TH)

[9] Herstellerangaben Fa. Boge (J. Hütter) im Nov. 2005

[10] Herstellerangaben Air Liquide (J. Lautenschläger) im Okt. 2005

eventueller Gasdruckschwankungen vermieden. Im Allgemeinen wurde bei den Versuchen mit einem Überdruck von 0,3 bar gearbeitet (vgl. Bild 3.13). Das vor den Magnetventilen befindliche Puffervolumen (etwa zehn Liter Kammervolumen) sorgte für eine zusätzliche Stabilität des Gasdrucks im Messbereich der Anlage.

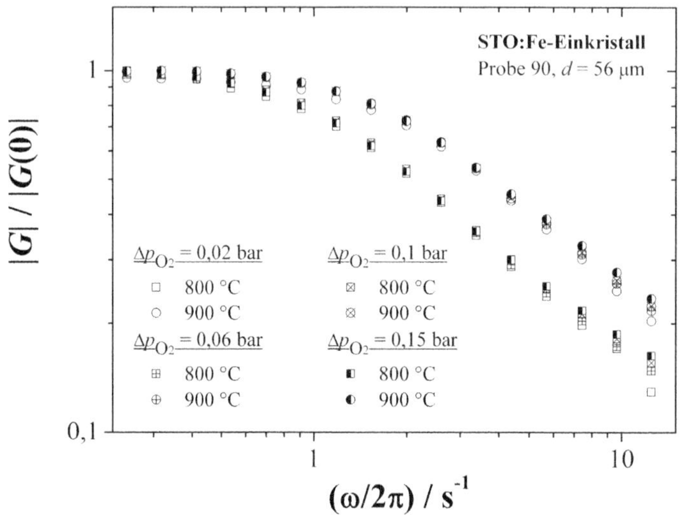

Bild 3.14: Kinetische Vermessung eines STO-Einkristalls bei verschiedenen p_{O_2}-Anregungsamplituden

Die kinetische Vermessung eines STO-Einkristalls bei verschiedenen an der Anlage einstellbaren p_{O_2}-Anregungsamplituden (Bild 3.14) zeigt überdies, dass der Frequenzgang davon unbeeinflusst bleibt, denn die jeweiligen p_{O_2}-Änderungen stellen nur geringe Störungen des Gleichgewichtszustandes dar, so dass die Annahme eines linearen Modells nach Tragut [239] (vgl. Abschnitt 2.3.5.4) gerechtfertigt ist.

3.2.1.3 Akustisches Verhalten der Kinetikanlage

Zur Untersuchung des kinetischen Verhaltens der Anlage wurde diese mit Hilfe eines schnellen Sauerstoffsensors untersucht, um verfälschende Einflüsse der Anlage, wie etwa eine mangelhafte akustische Abstimmung des heißen mit dem kalten Zweig, auf die Kinetikmessungen an STO- und STF-Proben ausschließen zu können. Dazu wurde ein schneller resistiver Sauerstoffsensor ($La_2CuO_{4+\delta}$-Dickschicht mit Korngrößen im μm-Bereich auf Standard-YSZ-Substrat gedruckt) kinetisch vermessen. Nach Blase [17] hat ein solcher Sauerstoffsensor äußerst kurze Ansprechzeiten (bei 700 °C im Bereich von wenigen Millisekunden, bei 900 °C bereits im Sub-Millisekunden-Bereich).[11] Der ermittelte Frequenzgang ist in Bild 3.15 wiedergegeben. Wie sich deutlich zeigt, ergeben sich im betrachteten Modulations-Frequenzbereich unterhalb von ca. 20 Hz keine anlagenspezifischen Phänomene (Dämpfung, Reflexionen oder Resonanzen); der Frequenzgang des schnellen Lanthankuprat-Sensors ist wie erwartet konstant. Daher müssen bei kinetischen Messungen in diesem Frequenzbereich keine anlagenbedingten Korrekturen berücksichtigt werden.

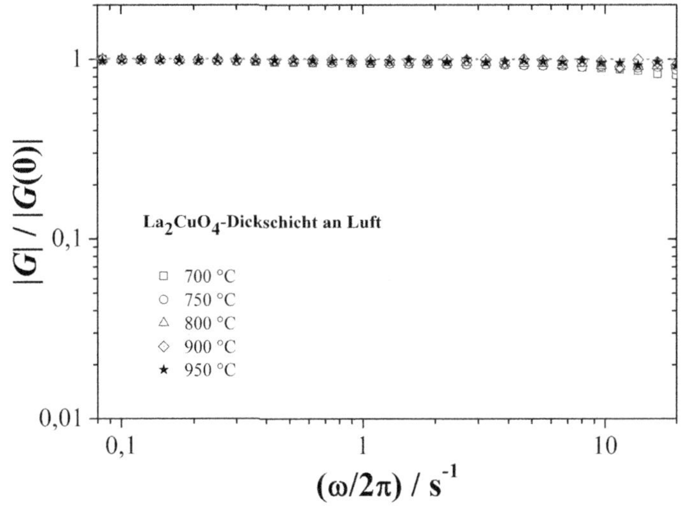

Bild 3.15: Frequenzgang eines Lanthankuprat-Dickschichtsensors an Luft (p_{O_2}-Hub der Modulation ca. 0,15 bar)

3.2.2 Leitfähigkeitsmessungen

Die elektrische Leitfähigkeit ausgewählter Proben wurde in einem Leitfähigkeitsmessplatz (LF2) untersucht, der mit Hilfe eines Rohrofens und Eurotherm-Reglers im Temperaturbereich von 20...1000 °C betrieben werden konnte. Aufgrund der hohen Widerstände der untersuchten Proben (Kilo- bis Megaohmbereich) konnten diese Messungen durchweg in Zweipunktkontaktierung durchgeführt werden. Dabei wurde eine Agilent 34970A Data Acquisition Switch Unit verwendet; die Steuerung der Geräte erfolgte über einen Messrechner mit einer am IWE entwickelten Software.

[11] Eine Anwendung dieses Materials für Abgassensoren ist jedoch aufgrund der unzureichenden Stabilität in sauerstoffarmen Atmosphären nicht möglich [17].

3.2.3 Sauerstoffpumpe

In einer Festelektrolyt-Sauerstoffpumpe nach Beetz [5], in der sich der Sauerstoffpartialdruck mit Hilfe einer sogenannten Pumpzelle aus Yttrium-stabilisiertem Zirkondioxid (YSZ) einstellen lässt, wurden Leitfähigkeitsmessungen in Abhängigkeit vom Sauerstoffpartialdruck durchgeführt, die über den Sauerstoffein- und -ausbau des betrachteten Materials im thermischen und elektrochemischen Gleichgewicht Aufschluss geben.
Durch Stabilisierung von Zirkonoxid mittels Yttriumoxid entsteht der kubische Mischkristall 8YSZ (ZrO_2 mit 8 Gew.-% Y_2O_3), der eine beträchtliche Sauerstoffionenleitfähigkeit (bei gleichzeitig vernachlässigbarer elektronischer Leitfähigkeit) aufweist [63], was ihn unter anderem als Sauerstoffpermeationsmembran auszeichnet: Mittels coulometrischer Titration kann über eine zwischen großflächigen Arbeitselektroden aus porösem Platin[12] angelegte Nernstspannung ($U_{\mathrm{Nernst}} \propto kT \cdot \ln \sqrt{p_{\mathrm{O_2,innen}}/p_{\mathrm{O_2,au\beta en}}}$) Sauerstoff durch den Festelektrolyten aus der gasdicht geschlossenen Probenkammer gepumpt werden, so dass sich im Temperaturbereich $T = 600...1000$ °C mittels einer zweiten, stromlosen Nernstzelle, die nach dem Lambdasondenprinzip den tatsächlichen $p_{\mathrm{O_2}}$ erfasst, ein Sauerstoffpartialdruck von $p_{\mathrm{O_2}} = 10^{-20}...1$ bar lückenlos einregeln lässt, was durch reine Gasmischungen so nicht möglich ist [5].

3.3 Sekundärionenmassenspektrometrie

Die Sekundärionenmassenspektrometrie (SIMS) ist eine Analysemethode, die auf dem Beschuss von Festkörperoberflächen mit energiereichen Primärionen und anschließender massenspektrometrischer Untersuchung der aus der Oberfläche herausgeschlagenen Sekundärionen beruht [82]. Aufgrund des Masse/Ladungsverhältnisses und einer Intensitätsmessung können die abgetragenen Sekundärionen aus der Probe identifiziert werden, was einen Rückschluss auf die Konzentrationen der in der Probe vorhandenen Elemente ermöglicht. Mit Hilfe eines „Linescans“ ins Innere der Probe kann dabei ein eindimensionales Tiefenprofil erstellt werden.
In Kombination mit der sogenannten ^{18}O-Tracer-Methode, bei der der reguläre Sauerstoff in der zu untersuchenden Oxidprobe durch das Sauerstoffisotop ^{18}O ersetzt wird, lässt sich so der Einbau des Sauerstoffs und insbesondere seine Kinetik nachverfolgen[13] [120, 27]. Dazu wurden die in Abschnitt 3.1.1 beschriebenen einkristallinen STO-Proben, die mittels PVD-Methode (Abschnitt 3.1.2.3) beschichtet waren, für eine Zeitdauer (mindestens das Zehnfache der späteren Diffusionsdauer) in einer Atmosphäre von 200 mbar $^{16}O_2$ ausgelagert, ehe innerhalb weniger Sekunden die Atmosphäre bei konstantem Druck von $^{16}O_2$ zu $^{18}O_2$ geändert wurde. Nach

[12] Pt ist für die Sauerstoffinkorporation aus der Gasphase katalytisch sehr aktiv

[13] Diese Methode wird auch als IEDP-Methode („isotopic exchange depth profile“) bezeichnet.

der Diffusionszeit wurden die ^{18}O-Diffusionsprofile in der Probe eingefroren durch Herausziehen der Probe aus der heißen Zone des Rohrofens. Die Diffusionsprofile wurden anschließend mit SIMS (Cameca IMS 5f SIMS mit Cs^+-Primärionen) untersucht. Die Kratertiefen wurden im Anschluss an die SIMS-Experimente mit Hilfe eines Alpha Step 500 Surface-Profilers bestimmt.
Diese Messungen wurden am Institut für Metallurgie der Technischen Universität Clausthal in der Arbeitsgruppe Thermochemie und Mikrokinetik (Prof. Dr.-Ing. G. Borchardt) von Herrn Dr.-Ing. C. Argirusis und Mitarbeitern durchgeführt.

3.4 Chemische und mikrostrukturelle Charakterisierung

3.4.1 Röntgendiffraktometrie (XRD)

Zur Gewinnung von Daten zur chemischen Zusammensetzung der beschichteten Proben bei höheren Temperaturen erweist sich die Röntgendiffraktometrie in Kombination mit einer Hochtemperaturkammer als wertvolles Hilfsmittel. Dabei lassen sich die verschiedenen chemischen Phasen, aus denen sich die Oberflächenschichten als Funktion der Temperatur zusammensetzen können, in situ beobachten und anhand von Referenzdiffraktogrammen aus der Literatur identifizieren. Hierzu wurde ein Siemens-D-5000-Röntgendiffraktometer in Bragg-Brentano-Anordnung eingesetzt [227] in Verbindung mit einer HTK-16-Temperaturkammer (Bühler), in der ein aufheizbares Platinband auf Temperaturen von Raumtemperatur bis über 1200 °C gebracht werden konnte.
Auf einen polierten STO-Einkristall wurde mittels PVD die jeweilige Erdalkalischicht nach dem unter Abschnitt 3.1.2.3 beschriebenen Procedere aufgebracht. Die Schichtdicke betrug dabei zwischen 100 nm und 500 nm. An Luft wurden anschließend XRD-Messungen von Raumtemperatur bis ca. 1200 °C durchgeführt mittels des heizbaren Pt-Heizbandes, auf das die Probe positioniert und für einen besseren Wärmeübergang mit Pt-Paste fixiert wurde. Dabei wurde die asymmetrische Methode des „streifenden Einfalls“[14] verwendet, d.h. der Röntgenstrahl streift wegen der geringen Schichtdicken unter einem sehr kleinen Glanzwinkel ($\Theta \approx 1...3°$) die beschichtete Probenoberfläche. Auf diese Weise gewinnt man Information nur aus der Oberflächenschicht, die starken Reflexe des einkristallinen Substrats, die sonst alles überdecken würden, werden nicht bzw. nur stark abgeschwächt registriert (Bild 3.16).
Gearbeitet wurde mit einer Beschleunigungsspannung von 40 kV und einem Strahlstrom von 30 mA; die von der Cu-Kα_1-Strahlung hervorgerufenen Wechselwirkungen mit der Materie wur-

[14] Diese Methode wird auch als „grazing incidence diffraction“ (GID) bezeichnet.

den vom Detektor registriert; andere Peaks wurden softwaremäßig ausgeblendet. Dem Szintillationsdetektor war ein Sollerspalt vorgeschaltet.
Das so gemessene XRD-Spektrum wurde anschließend im Auswerteprogramm EVA[15] mit Spektren aus der Datenbank[16] verglichen, um auf diese Weise Rückschlüsse auf die chemische Zusammensetzung der Oberflächenschicht (Phasenidentifikation) zu gewinnen.

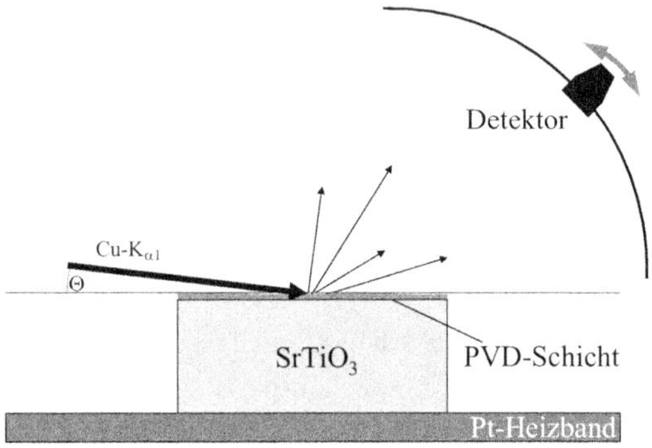

Bild 3.16: XRD-Messung in „streifendem Einfall" (schematisch)

3.4.2 Thermogravimetrie (TG)

Bei der Thermogravimetrie wird die Massenänderung einer Probe in Abhängigkeit von einem vorgegebenen Temperatur-Zeit-Profil gemessen. Dies setzt im Allgemeinen stoffliche Umwandlungen mit der Beteiligung flüchtiger Komponenten wie entweichender Gase voraus [92]. In einer Netzsch-Thermo-Balkenwaage TG 439 wurden sowohl kommerzielle Carbonatpulver[17] als auch Pulver, die durch Luftoxidation der zuvor mechanisch zerkleinerten, metallischen (Ca, Sr, Ba) PVD-Targets unter Umgebungsatmosphäre erhalten wurden, untersucht. Dazu wurden Pt-Tiegel, die mit der Pulverprobe befüllt waren, an Luft mit konstanter Heizrate bis zu Temperaturen oberhalb 1000 °C aufgeheizt und der Masseverlust (Empfindlichkeit: 0,1 μg im 10-mg-Wägebereich) registriert, der gegenüber einem mit Aluminiumoxid von annähernd gleicher Masse befüllten Platintiegel auftrat. Da das Al_2O_3 gegenüber dem Luftsauerstoff in dem be-

[15] EVA Application 9.0.0.2 ©SOCABIM 1996-2003
[16] JCPDS-ICDD: Joint Committee on Powder Diffraction Standards – International Centre for Diffraction Data
[17] $SrCO_3$ (Merck Selectipur Artikel-Nr. 107861), $BaCO_3$ (Merck pro analysi Artikel-Nr. 101714) bzw. $CaCO_3$ (Merck pro analysi Artikel-Nr. 102066)

trachteten Temperaturbereich inert ist, ist der beobachtete Masseverlust ein Indiz für chemische Umwandlungen der Pulverprobe.
Die Thermowaage war mittels Versuchen an geeigneten magnetischen Substanzen [92] temperaturkalibriert, eventuelle Störeinflüsse der Wägung wurden durch eine Blindmessung mit einer inerten Substanz (Al_2O_3) ausgeschlossen.

3.4.3 Rasterelektronenmikroskopie

Um Aussagen über die Oberflächenbeschaffenheit der beschichteten Proben (Bedeckungsgrad, Morphologie) im nanoskaligen Bereich treffen zu können, ist eine mikroskopische Oberflächenanalyse von großer Bedeutung. Dazu wurden die Probenoberflächen in einem Rasterelektronenmikroskop (REM) mit einer Feldemissionskathode und variabler Beschleunigungsspannung im kV-Bereich vom Typ LEO GEMINI 1530 charakterisiert. Dieses Mikroskop ist zusätzlich mit einem energiedispersiven Röntgenspektrometer (EDX) ausgestattet.
Aufgrund der kürzeren Wellenlängen der Elektronen gegenüber den Photonen des sichtbaren Lichts (klassische Lichtmikroskopie) ist gemäß den Gesetzen der Optik eine Abbildung der Oberfläche mit höherer Ortsauflösung (bis in den Nanometerbereich) möglich. Im REM wird die Probe im Vakuum mit einem fokussierten Primär-Elektronenstrahl abgetastet, der aus einer Feldemissionskathode emittiert und mit Spannungen von bis zu 30 kV beschleunigt wurde. Dabei treten Wechselwirkungen zwischen dem Primärstrahl und der Materie der Probe auf. Innerhalb eines gewissen Volumens in der Probe finden elastische und inelastische Streuprozesse statt. Die inelastisch gestreuten, energiearmen Sekundärelektronen (SE) werden durch ein seitliches elektrisches Feld abgelenkt und mit Hilfe eines Szintillators/Photomultipliers registriert (SE-Detektor, geeignet für topographische Abbildungen). Alternativ können nach oben in die elektronenoptische Säule gestreute Sekundärelektronen mit einem InLens-Detektor registriert werden (ideal für hochauflösende Abbildungen) oder nach oben in die Säule gestreute Rückstreuelektronen mittels eines BSE-Detektors („back scattered electrons") erfasst werden. In allen Fällen wird die Anzahl der erfassten Elektronen (Intensität) durch ein geeignetes System in Grauwerte skaliert und liefert so beim lateralen Abtasten der Probenoberfläche ein zweidimensionales Bild. Dadurch lässt sich ein topographisches Bild der Probe mit hoher Tiefenschärfe erreichen [199].
Die aus der Atomhülle der Probe herausgeschlagenen Elektronen hinterlassen unbesetzte Plätze in der Atomhülle, die anschließend durch Elektronen aus äußeren Schalen aufgefüllt werden. Dabei wird charakteristische Röntgenstrahlung emittiert. Prinzipiell könnten mit dem vorliegenden Gerät auch EDX-Analysen (energiedispersive Röntgenanalysen) im REM vorgenommen werden, bei denen aus dieser charakteristischen Röntgenstrahlung auf das chemische Ele-

ment geschlossen werden kann. Dieses Verfahren ist jedoch in seiner Ortsauflösung dadurch begrenzt, dass die durch den Primärelektronenstrahl hervorgerufene Strahlungsemission zu vielen Wechselwirkungen in unmittelbarer räumlicher Nachbarschaft innerhalb der Probe führt, so dass letztlich die EDX-Information aus einem tropfenförmigen Volumen von etwa 1 μm Größe unterhalb der Probenoberfläche stammt. Im vorliegenden Falle dünner nanoskaliger Schichten auf einem ausgedehnten STO-Substrat würden die der EDX-Analyse zugrundeliegenden Röntgensignale also zum weitaus überwiegenden Teil aus dem Substrat stammen und somit über die chemische Struktur der Schicht keine auflösbaren Erkenntnisse liefern können.

Kapitel 4

Ergebnisse und Diskussion

4.1 Gleichgewichtsmessungen (O_2-Pumpe)

Zur defektchemischen Charakterisierung der untersuchten Einkristalle wurden elektrische Messungen in Abhängigkeit vom Sauerstoffpartialdruck der Umgebungsatmosphäre im elektrochemischen und thermischen Gleichgewicht bei Temperaturen oberhalb von 700 °C durchgeführt. Hieraus lässt sich die tatsächliche Akzeptorkonzentration der Proben bestimmen. Für das Anfitten der Messdaten wurde das in Kap. 2.1 dargestellte Defektmodell verwendet. Die Ergebnisse für die untersuchten nominell undotierten (Bild 4.1) sowie für die nominell mit 0,06 Gew.-% Fe dotierten Kristalle (Bild 4.2) sind unten dargestellt.[1]
Damit kann die Konzentration der natürlichen Akzeptoren im „undotierten" Kristall auf ca. $1 \cdot 10^{18}$ cm^{-3} abgeschätzt werden, wohingegen die für die eisendotierten Einkristalle angegebene Akzeptordotierung von $c_{Fe} = 0,06$ Gew.-% $\cong 3,3 \cdot 10^{19}$ cm^{-3} leicht nach unten korrigiert werden muss. Dies kann mit einem nicht vollständigen Einbau der vorgegebenen Akzeptorenkonzentration ins Kristallgitter zusammenhängen, aber auch mit eventuellen Inhomogenitäten der Eisenkonzentration in der kristallographisch gezogenenen Boule, aus der beim Hersteller später die fertigen Proben vereinzelt und gedünnt wurden.
Die Dotierungskonzentrationen bewegen sich im Rahmen der von anderen Gruppen untersuchten einkristallinen Proben mit und ohne Akzeptordotierung, vgl. die Arbeiten von Bieger [11], Denk [44] oder Tragut [239].

[1]Die starken Abweichungen im Bereich der Minima der „Badewannenkurven" sind mit erhöhten ionischen Leitfähigkeitsanteilen zu deuten; möglicherweise sind die Literaturwerte für die Sauerstoffionenbeweglichkeit zu niedrig, was sich erst beim Fehlen der elektronischen Leitfähigkeitsanteile bemerkbar macht.

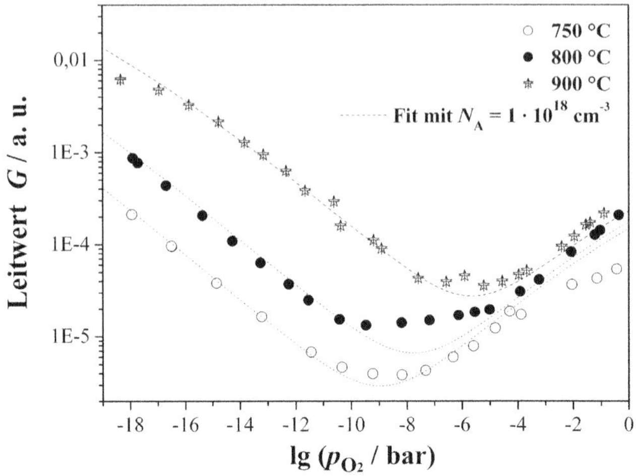

Bild 4.1: Gemessene $G(p_{O_2})$-Kurve für einen nominell undotierten STO-Einkristall. Der Leitwert G ist in willkürlichen Einheiten angegeben.

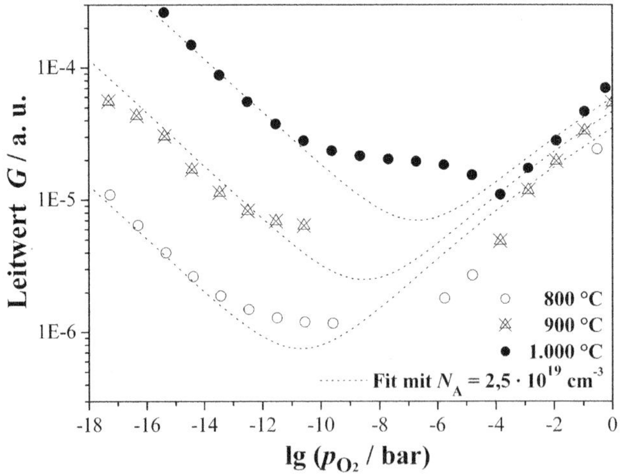

Bild 4.2: Messung der $G(p_{O_2})$-Kurve für einen nominell mit 0,06 Gew.-% Fe dotierten STO-Einkristall. Der Leitwert G ist in willkürlichen Einheiten angegeben.

4.2 Elektrische Messungen zur chemischen Kinetik

4.2.1 Diffusionskoeffizienten

Zur Bestimmung der chemischen Oberflächenaustauschkoeffizienten benötigt man gemäß Gl. 2.55 die chemischen Diffusionskoeffizienten als Fit-Parameter. Theoretisch ließen sich diese, wie in Kapitel 2 dargelegt, zwar direkt aus Messungen an sehr dicken Proben aus demselben Material experimentell ermitteln; ein Beispiel für eine solche Bestimmung von D^{δ} aus einem gemessenen Frequenzgang ist in Bild 4.3 wiedergegeben.

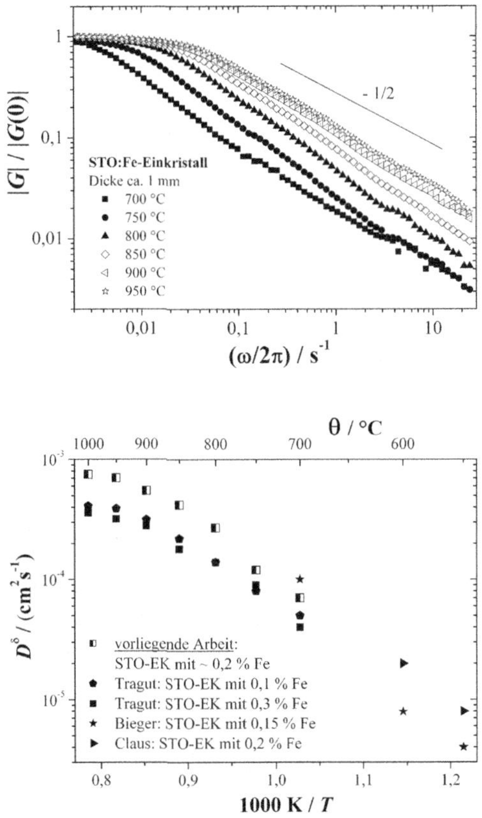

Bild 4.3: Übertragungsverhalten eines dicken Fe-dotierten STO-Einkristalls (oben): Der Abfall mit einer Steigung nahe $-\frac{1}{2}$ im Bode-Plot deutet auf ein überwiegend diffusionskontrolliertes Verhalten hin. Unten sind die hieraus ermittelten Diffusionskoeffizienten aufgetragen, im Vergleich zu Literaturwerten für die chemischen Diffusionskoeffizienten D^{δ} in Strontiumtitanat-Einkristallen mit vergleichbarer Eisendotierung [11, 37, 44, 46, 239].

Zwar ergeben sich hieraus Werte für den chemischen Diffusionskoeffizienten des Sauerstoffs, die im Rahmen der Messgenauigkeiten weitgehend im Bereich der aus der Literatur für ähnlich dotierte Systeme bekannten Werte liegen, jedoch erwiesen sich die in den in dieser Arbeit durchgeführten Versuchen zur Verfügung stehenden dicken STO-Einkristalle als nicht ausreichend dick, um eine *reine* Diffusionskontrolle bei der Sauerstoffeinbaukinetik zu gewährleisten: Die Steigung im Frequenzgang von Bild 4.3 (oben) ist nahe bei $-\frac{1}{2}$, nimmt aber nicht genau diesen Wert an, so dass ein leichter Störeinfluss der Probenoberflächen nicht auszuschließen ist. Daher wurde auf Literaturwerte zurückgegriffen (vgl. Bild 4.4).

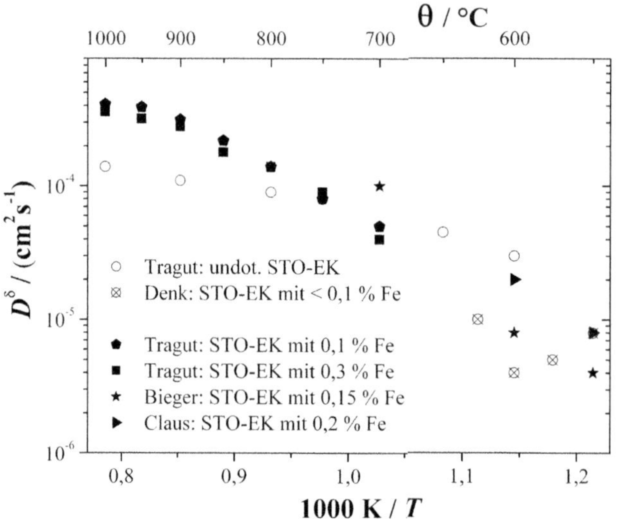

Bild 4.4: Literaturwerte für die chemischen Diffusionskoeffizienten D^{δ} in Strontiumtitanat-Einkristallen ohne Dotierung bzw. mit Eisendotierung im Temperaturbereich von 550...1.000 °C. In der vorliegenden Arbeit wurde auf die von Tragut [239] bestimmten Werte zurückgegriffen, die hier mit Werten von Bieger [11], Claus [37] und Denk [44, 46] verglichen werden.

In dem in Kapitel 3 beschriebenen Kinetik-Messplatz, dem das in Kapitel 2.3.5.4 vorgestellte Modell zugrundeliegt, wurden die Frequenzgänge der Proben aufgenommen. Aus den experimentell bestimmten Frequenzgängen lassen sich unter Zugrundelegung eines bekannten Diffusionskoeffizienten die chemischen Oberflächendurchtrittsratenkonstanten k^{δ} gewinnen. Es ist dabei jedoch generell festzuhalten, dass der Einfluss von D^{δ} (und damit auch möglicher Schwankungen von D^{δ}) beim Vorliegen von oberflächenkontrollierter Kinetik (wie in den allermeisten der in vorliegender Arbeit betrachteten Fällen) sehr gering ist, so dass die exakte Kenntnis von D^{δ} keine zwingende Voraussetzung für die Untersuchung des Oberflächenaustauschs mit der Methode nach Tragut ist[2]. Dies lässt sich am Beispiel eines praktischen Fits (Bild 4.5) verdeutlichen.

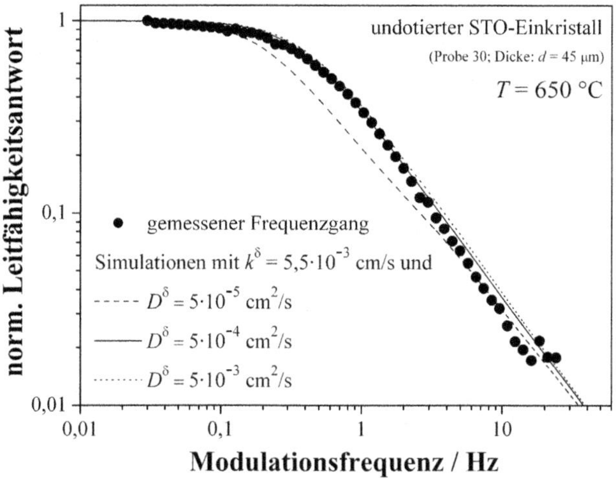

Bild 4.5: Beispielhaftes Anfitten von gemessenen Frequenzgängen mit verschiedenen Diffusionskoeffizienten: Mit dem Literaturwert $D^\delta = 5 \cdot 10^{-4}$ cm²/s (–) lässt sich ein guter Fit erzielen. Höhere Werte ($D^\delta = 5 \cdot 10^{-3}$ cm²/s; ····) haben keinen Einfluss mehr auf die Form des Frequenzganges (reine Oberflächenkontrolle liegt vor, so dass beschleunigte Diffusion am Systemverhalten nichts ändert); mit zu geringen D^δ-Werten ($D^\delta = 5 \cdot 10^{-5}$ cm²/s; - - -) ist hingegen überhaupt kein Fit mehr möglich (Diffusion zu langsam $\Rightarrow$ Diffusionskontrolle $\Rightarrow$ andere Steigung des Frequenzgangs).

Die elektrisch kontaktierten Proben wurden jeweils im unbeschichteten Zustand kinetisch vermessen. Dabei zeigte sich, dass der Sauerstoffeinbau – wie bei hinreichend dünnen Kristallen mit Dicken im Bereich von 50 μm zu erwarten – in allen Fällen (d.h. sowohl für un- als auch eisendotierte Proben im gesamten Temperaturbereich $600 < T/\ °\mathrm{C} < 1000$) überwiegend oberflächenkontrolliert war (Steigung nahe -1 im Bode-Diagramm).

[2]Dies ist ein großer Unterschied zu alternativen Methoden wie etwa dem Isotopenaustausch mit anschließender SIMS-Messung, bei denen nur eine simultane Bestimmung von k, D-Wertepaaren möglich ist.

4.2.2 Undotierte STO-Einkristalle

Bei den Messungen an nominell undotierten $SrTiO_3$-Einkristallen wurde für die Gasphasen-Druckmodulation auf vorgereinigte und getrocknete Druckluft zurückgegriffen (vgl. Kapitel 3). Die verwendeten Proben wurden zunächst (nach Auslagerung und elektrischer Kontaktierung) mit unbehandelter Oberfläche kinetisch vermessen. Nach PVD-Beschichtung mit dem jeweiligen Erdalkalimetall wurde die kinetische Messung jeweils ein zweites Mal wie oben beschrieben durchgeführt. Nachfolgend dargestellt sind jeweils die Beschichtungsdicken, bei denen der größtmögliche Effekt zu beobachten war.

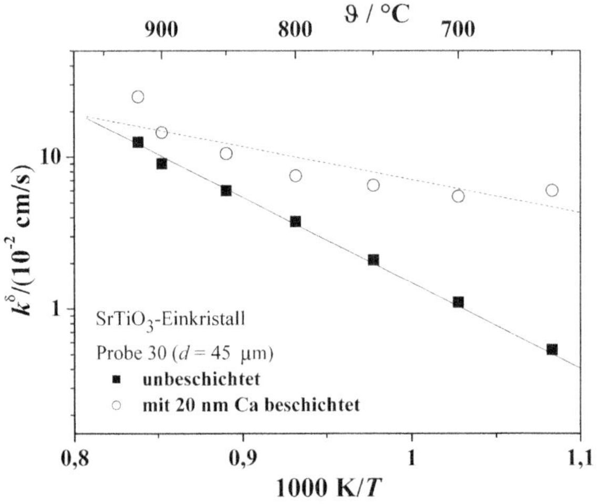

Bild 4.6: Arrhenius-Diagramm der chemischen Ratenkonstanten k^δ für Sauerstoffaustausch an einem mit 20 nm Ca (Dicke im Vakuum bestimmt) PVD-beschichteten undotierten $SrTiO_3$-Einkristall (offene Messpunkte) im Vergleich zur unbeschichteten Oberfläche desselben Kristalls.

Bild 4.6 zeigt das Ergebnis für eine kalziumbedampfte Probe. Man erkennt deutlich den kinetiksteigernden Effekt der Beschichtung, der besonders bei tieferen Temperaturen ($T < 800$ °C ausgeprägt ist. Für das Aktivierungsverhalten gemäß der Beziehung $k^\delta = k_0^\delta \cdot \exp \frac{-\Delta H}{k_B T}$ ließen sich die folgenden Aktivierungsenthalpien ΔH bestimmen: $\Delta H = (1,12 \pm 0,03)$ eV (unbeschichtet) bzw. $\Delta H = (0,43 \pm 0,08)$ eV (Ca-beschichtet). Die Untersuchungen wurden bei variierter Beschichtungsdicke durchgeführt; eine Übersicht bietet Bild 4.7. Zu erkennen ist hierbei, dass für alle Beschichtungen eine Verringerung der ansonsten durchgängig zu beobachtenden kinetiksteigernden Wirkung mit ansteigender Temperatur zu beobachten ist.

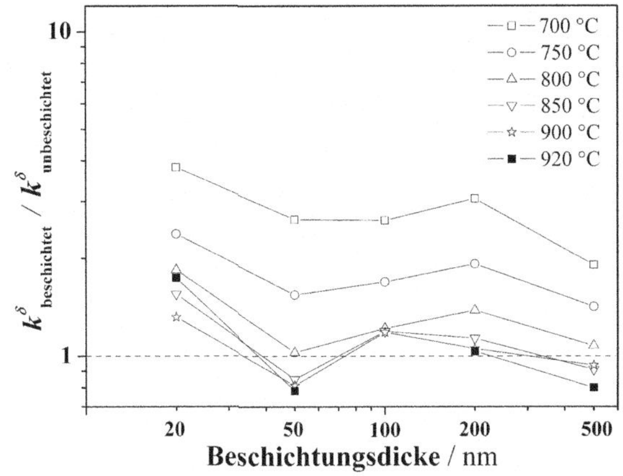

Bild 4.7: Abhängigkeit des kinetikbeeinflussenden Effekts von der Schichtdicke für Calcium-Beschichtungen im Bereich zwischen 20...500 nm (Dicken im Vakuum bestimmt) an undotierten STO-Einkristallen.

Bild 4.8 zeigt das Ergebnis für eine strontiumbedampfte Probe. Man erkennt auch hier deutlich den kinetiksteigernden Effekt der Beschichtung für tiefere Temperaturen ($T < 800$ °C).

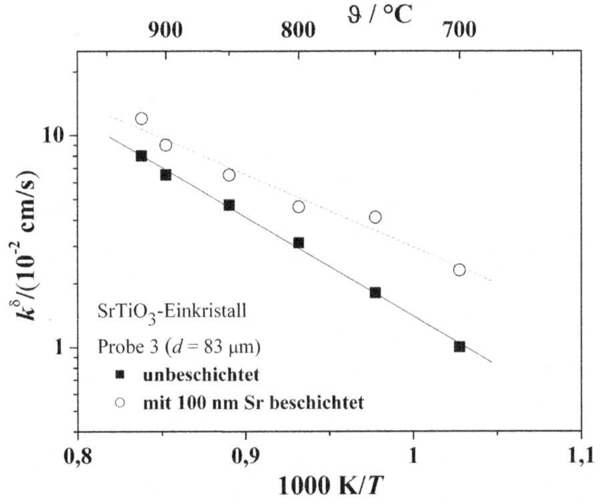

Bild 4.8: Arrhenius-Diagramm der chemischen Ratenkonstanten k^{δ} für Sauerstoffaustausch an einem mit 100 nm Sr (Dicke im Vakuum bestimmt) PVD-beschichteten undotierten $SrTiO_3$-Einkristall (offene Messpunkte) im Vergleich zur unbeschichteten Oberfläche desselben Kristalls.

Für das Aktivierungsverhalten gemäß der Beziehung $k^\delta = k_0^\delta \cdot \exp \frac{-\Delta H}{k_B T}$ ließen sich hierbei die folgenden Aktivierungsenthalpien ΔH bestimmen: $\Delta H = (0,93 \pm 0,03)$ eV (unbeschichtet) bzw. $\Delta H = (0,68 \pm 0,06)$ eV (Sr-beschichtet). Die Untersuchungen wurden bei variierter Beschichtungsdicke durchgeführt; eine Übersicht bietet Bild 4.9. Zu erkennen ist hierbei, dass für alle Beschichtungen eine Verringerung der ansonsten durchgängig zu beobachtenden kinetiksteigernden Wirkung mit ansteigender Temperatur zu beobachten ist.

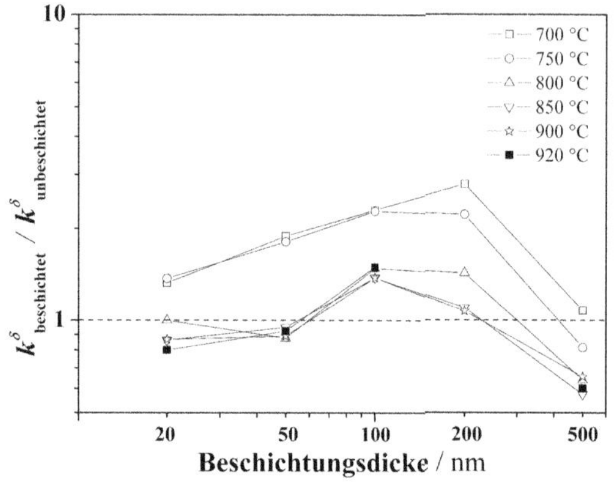

Bild 4.9: Abhängigkeit des kinetikbeeinflussenden Effekts von der Schichtdicke für Strontium-Beschichtungen im Bereich zwischen 20...500 nm (Dicken im Vakuum bestimmt) an undotierten STO-Einkristallen.

Bild 4.10 zeigt das Ergebnis für eine bariumbedampfte Probe. Man erkennt hier ebenfalls deutlich den kinetiksteigernden Effekt der Beschichtung bei tieferen Temperaturen ($T < 800$ °C). Für das Aktivierungsverhalten gemäß der Beziehung $k^\delta = k_0^\delta \cdot \exp \frac{-\Delta H}{k_B T}$ ließen sich die folgenden Aktivierungsenthalpien ΔH bestimmen: $\Delta H = (1,19 \pm 0,04)$ eV (unbeschichtet) bzw. $\Delta H = (0,60 \pm 0,09)$ eV (Ba-beschichtet). Die Untersuchungen wurden bei variierter Beschichtungsdicke durchgeführt; eine Übersicht bietet Bild 4.11. Zu erkennen ist hierbei ebenfalls die Verringerung der ansonsten durchgängig zu beobachtenden kinetiksteigernden Wirkung mit ansteigender Temperatur für alle Beschichtungen.

Vergleichsmessungen mit elektronenstrahlbedampften Pt-Schichten (Bild 4.12) zeigen, dass beispielsweise eine 20 nm dick aufgebrachte CaO-Schicht einen ähnlich günstigen Effekt auf die Sauerstoffaustauschkinetik besitzt wie der bekannte katalytische Einfluss einer gleich dicken Pt-Oberflächenschicht[3], dessen Wirkungsmechanismus aus der Literatur gut bekannt ist. Für

[3]Da eine durchgehende Platinbedeckung der Oberfläche zum einen keine Leitfähigkeitsmessung des STO-Kristalls, zum anderen keinen Gastransport zur Kristalloberfläche ermöglichen würde, wurde der Pt-bedampfte

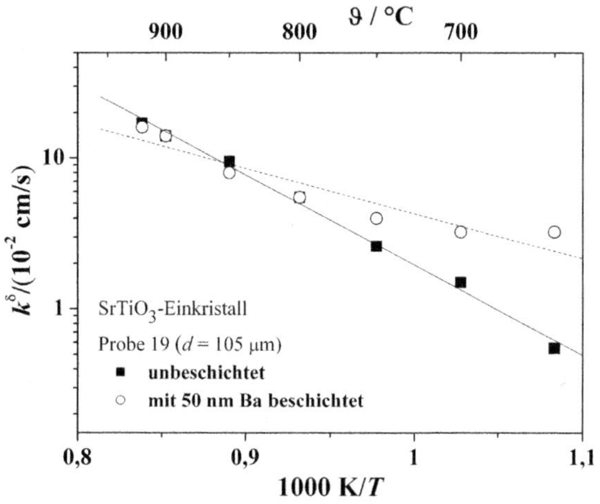

Bild 4.10: Arrhenius-Diagramm der chemischen Ratenkonstanten k^δ für Sauerstoffaustausch an einem mit 50 nm Ba (Dicke im Vakuum bestimmt) PVD-beschichteten undotierten $SrTiO_3$-Einkristall (offene Messpunkte) im Vergleich zur unbeschichteten Oberfläche desselben Kristalls.

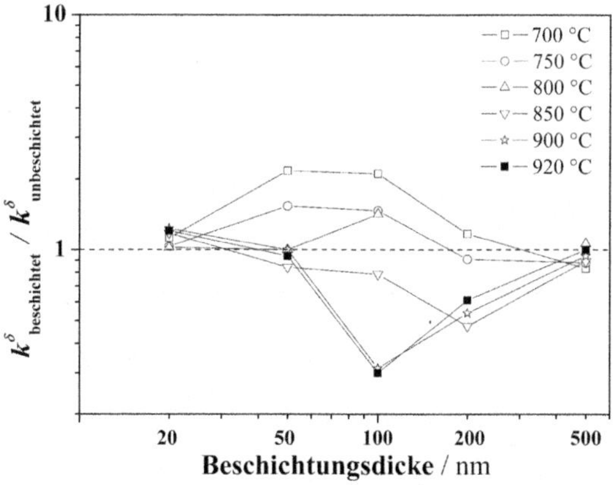

Bild 4.11: Abhängigkeit des kinetikbeeinflussenden Effekts von der Schichtdicke für Barium-Beschichtungen im Bereich zwischen 20...500 nm (Dicken im Vakuum bestimmt) an undotierten STO-Einkristallen.

Kristall zunächst für 12 Stunden bei 1100 °C ausgelagert, was zu einem (im Rasterelektronenmikroskop beobachtbaren) Aufbrechen der Platinschicht mit Agglomeration zu Platin*inseln* und mithin einer großen Anzahl an Dreiphasengrenzen Luft/Pt/STO führte (vgl. Bild 4.13).

das Aktivierungsverhalten gemäß der Beziehung $k^\delta = k_0^\delta \cdot \exp\frac{-\Delta H}{k_B T}$ ließen sich in diesem Fall die folgenden Aktivierungsenthalpien ΔH bestimmen: Für Probe 30 ist $\Delta H = (1,12 \pm 0,03)$ eV (unbeschichtet) bzw. $\Delta H = (0,43 \pm 0,08)$ eV (Ca-beschichtet), für Probe 43 ist $\Delta H = (1,52 \pm 0,09)$ eV (unbeschichtet) bzw. $\Delta H = (0,68 \pm 0,08)$ eV (Pt-beschichtet).

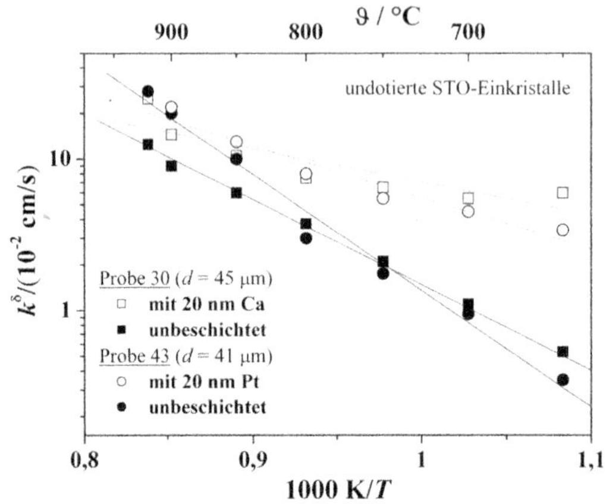

Bild 4.12: Vergleich der chemischen Ratenkonstanten k^δ für Sauerstoffaustausch an zwei undotierten Kristallen: der eine wurde mit 20 nm Ca thermisch bedampft, der andere mit 20 nm Pt elektronenstrahlbeschichtet. Im Rahmen der Messgenauigkeit ist der kinetiksteigernde Effekt in beiden Fällen von gleicher Größenordnung.

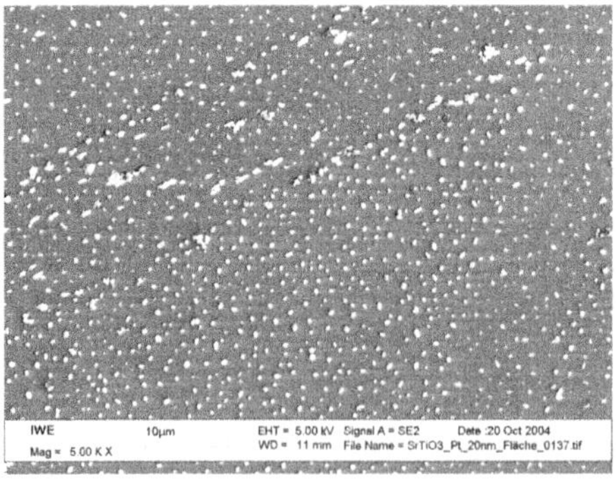

Bild 4.13: Oberfläche von STO-Einkristall Nr. 43 nach PVD-Beschichtung mit 20 nm Pt und Auslagerung bei 1100 °C für 12 h und anschließender kinetischer Vermessung. Die Agglomeration des aufgebrachten Platin zu kleinen Inseln ist deutlich zu erkennen, so dass sich eine Vielzahl von Dreiphasenlinien ausbildet, an denen der Sauerstoffeinbau ins STO beschleunigt wird.

4.2.3 Einfluss der Probenkontaktierung auf die Kinetikmessungen

Aufgrund der Kenntnis des wirksamen katalytischen Einflusses von Platin auf die Sauerstoffeinbaureaktion in STO wurde einem möglichen Störeinfluss der Pt-Kontaktierung, der möglicherweise auch Einfluss auf die im vorigen Abschnitt erhaltenen Ergebnisse (Kinetiksteigerung) haben könnte, aufmerksam begegnet. Hierzu wurde die nicht gänzlich vernachlässigbare Porosität der Pt-Kontaktierung näher untersucht (obwohl die Kontaktfläche deutlich weniger als 10 % der Kristalloberfläche ausmacht). Wie Bild 4.14 zeigt, ändert sich die Struktur der Paste infolge thermischer Behandlungen bei bis zu 1000 °C: Es ist ein Fließen und eine scheinbare Verdichtung mit der Zeit zu beobachten, die – wenn überhaupt – mit einer Verringerung der eventuell vorhandenen Dreiphasengrenzlänge Pt/STO/Luft einherginge.

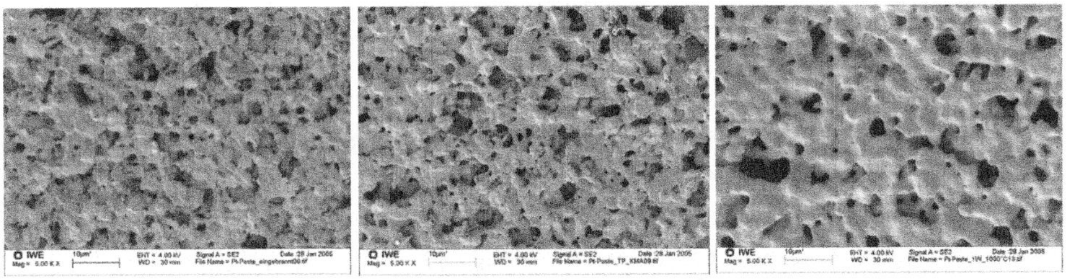

Bild 4.14: Rasterelektronenmikroskopische Aufnahmen der Platinpaste (el. Kontaktierung) auf einem STO-Einkristall unmittelbar nach dem Einbrennen (links), nach einmaliger elektrischer Messung der Kinetik (Mitte) und nach einwöchiger Auslagerung an Luft bei 1000 °C (rechts)

Auch zeigen Mehrfachvermessungen an derselben (unbeschichteten) Probe keinen nennenswerten Einfluss (im Rahmen der Genauigkeit der eingesetzten Methode) auf die Kinetik der Probe (Bild 4.15). Vergleichsweise wurde ein STO-Kristall goldkontaktiert (Au ist katalytisch inaktiv auf den Sauerstoffeinbau) und mehrfach vermessen; hier bietet sich dasselbe Bild einer gewissen Streuung (Messgenauigkeit) ohne erkennbare Drift. Zusammenfassend kann gesagt werden, dass ein Anstieg der Sauerstoffeinbaukinetik infolge der Veränderung der Pt-Kontaktierung ausgeschlossen werden kann.

4.2.4 Untersuchungen zu Degradationserscheinungen an STO-Einkristallen

Die Untersuchungen von Baiatu [2] zeigten, dass STO-Einkristalle in elektrischen *dc*-Feldern bereits innerhalb kurzer Zeit ein Degradationsverhalten aufweisen dergestalt, dass ihr elektrischer Widerstand sich signifikant verändert. Baiatu untersuchte dieses Phänomen typischerwei-

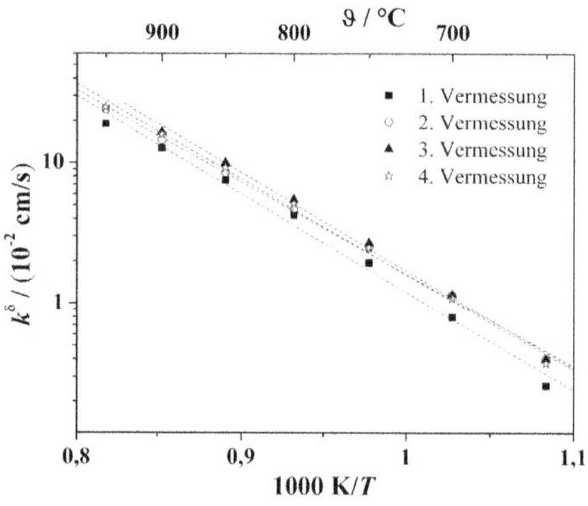

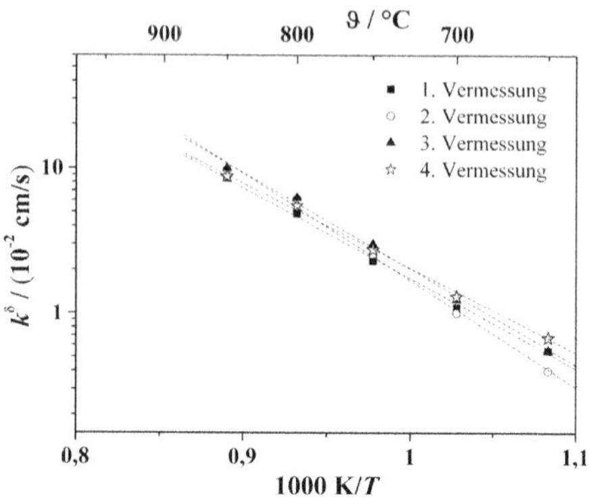

Bild 4.15: Vergleich zwischen Reproduktionsmessungen an einem platin- (links; Probe 58) und einem goldkontaktierten (rechts; Probe 62) STO-Einkristall. Aufgrund des geringeren Schmelzpunktes von Au (ca. 1060 °C gegenüber 1770 °C bei Pt) wurde die Temperatur bei den kinetischen Vermessungen mit Au-Kontaktierung verringert, um plastische Verformungen der Goldkontakte in Schmelzpunktnähe zu vermeiden.

se bei Temperaturen um 200 °C in hohen elektrischen Feldern mit Feldstärken um $E \approx 100$ V/mm. Hier beobachtete er innerhalb weniger Minuten bis Stunden Widerstandsänderungen um bis zu mehreren Dekaden. (Andererseits waren diese Effekte bei hohen Temperaturen wieder „ausheilbar".) Grund für diese Degradation waren Leitfähigkeitsinhomogenitäten (Divergenzen im Sauerstoffleerstellenstrom), die sich etwa bei dotiertem STO auch in einer „Elektrokoloration" bemerkbar machen [16]. Rodewald et al. untersuchten dieses Phänomen in jüngerer Zeit [200, 201, 202] mittels Mikroelektroden und konnten so Leitfähigkeitsprofile in akzeptordotierten STO-Polykristallen ortsaufgelöst bestimmen.

Da die Polarität des angelegten elektrischen Feldes bei den elektrischen Messreihen zur chemischen Sauerstoffaustauschkinetik stets unverändert blieb, die Proben also über mehrere Stunden hinweg einer konstanten Gleichspannung im Bereich von 1...5 V ausgesetzt waren, zudem bei Temperaturen, die weitaus höher lagen und mithin den ionischen Transport wesentlich erleichterten gegenüber dem Niedertemperaturbereich in Baiatus Arbeiten, war eine mögliche Probendegradation keineswegs auszuschließen. Dieses Phänomen wurde in vorliegender Arbeit mittels Leitfähigkeitsmessungen untersucht.

Zu diesem Zwecke wurde ein STO-Einkristall in Zweipunktkontaktierung im Leitfähigkeitsmessplatz unter Ausschaltung der Polaritätswechsel[4] vermessen. Die Ergebnisse sind in Bild

[4]Üblicherweise werden diese gerade gezielt eingesetzt, um Verfälschungen des jeweiligen Messergebnisses durch Polarisationserscheinungen in der Probe zu vermeiden.

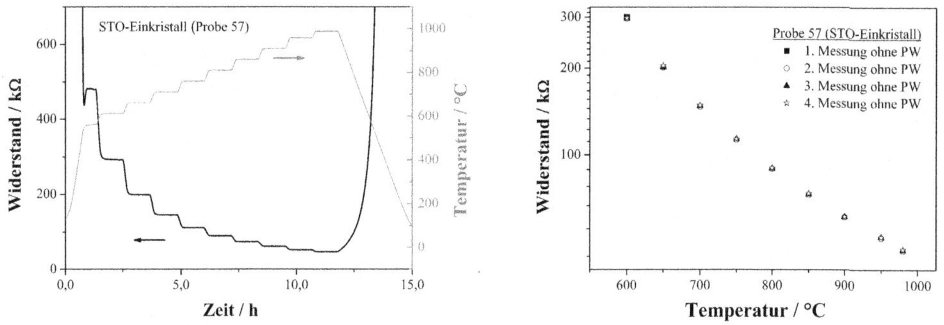

Bild 4.16: Leitfähigkeitsmessung eines STO-Einkristalls als Funktion eines vorgegebenen Temperaturprofils (links); rechts der über jede Temperaturstufe gemittelte Widerstandswert bei viermaliger (Reproduktions-)Messung: Die Widerstandswerte bleiben unverändert.

4.16 wiedergegeben: Der elektrische Widerstand des STO-Einkristalls zeigt in vier aufeinanderfolgenden Messungen, bei denen ein stufenförmiges Temperaturprofil vorgegeben wurde, das der Temperaturbehandlung bei den elektrischen Messungen zur chemischen Kinetik entspricht, stets – im Rahmen der Messgenauigkeit – denselben Temperaturverlauf. Somit ist davon auszugehen, dass keine nennenswerten elektrischen Degradationsphänomene während der kinetischen Messungen auftreten.

4.2.5 Fe-dotierte STO-Einkristalle

Wie anhand der kinetischen Messungen an den unbeschichteten nominell undotierten Einkristallen festgestellt werden konnte, war die Streuung der experimentell bestimmten k^{δ}-Werte innerhalb der Chargen, vermutlich von Schwankungen der natürlichen Akzeptorkonzentration herrührend, relativ stark (vgl. Bild 4.17). Um diese Störgröße gering zu halten, wurden die Untersuchungen anschließend an einem wohldefinierten defektchemischen System (definiert akzeptordotiertes $SrTiO_3$) wiederholt. Bild 4.18 zeigt die Streuung der k^{δ}-Werte im Temperaturbereich von 650...950 °C für eisendotierte STO-Einkristalle ($x_{\mathrm{Fe}} = 0,2$ %) aus einer Charge des Lieferanten CrysTec GmbH, Berlin, die zuvor für 24 h an Luft bei 1000 °C ausgelagert worden waren und anschließend mit unbeschichteter Oberfläche kinetisch vermessen wurden. Die Ergebnisse der Messungen an eisendotierten Einkristallen ($c_{\mathrm{Fe}} = 3,3 \cdot 10^{19}$ cm^{-3}) sind nachfolgend wiedergegeben. Auch hier ist derselbe Effekt zu beobachten wie im Abschnitt zuvor: eine Erhöhung der Kinetik der Durchtrittsreaktion durch die aufgebrachten Schichten, die in Verbindung mit einer Änderung der thermischen Aktivierung bei hohen Temperaturen schwächer wird.

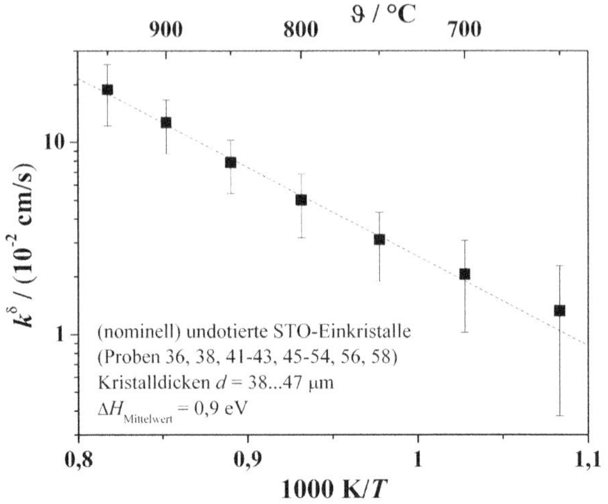

Bild 4.17: Statistische Auswertung der kinetischen Vermessung von 18 nominell undotierten STO-Einkristallen des Lieferanten CrysTec GmbH, Berlin. Die Streuung der experimentell bestimmten k^{δ}-Werte ist beträchtlich; die Aktivierungsenthalpie ΔH bewegt sich zwischen 0,78 eV (Probe 38) und 1,38 eV (Probe 58).

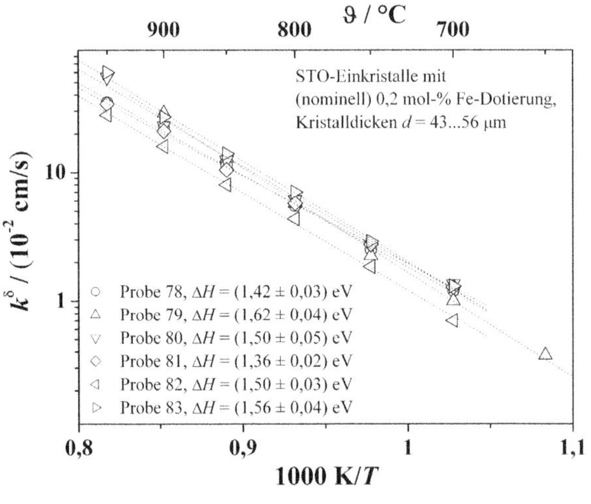

Bild 4.18: Vergleich der in der Kinetik-Messanlage ermittelten k^{δ}-Werte für verschiedene eisendotierte STO-Einkristalle ($x_{\mathrm{Fe}} = 0,2$ %) aus einer Charge des Lieferanten CrysTec GmbH, Berlin.

Bild 4.19 zeigt das Ergebnis der Kinetikmessungen für eine calciumbedampfte Probe. Man erkennt hier ebenfalls deutlich den kinetiksteigernden Effekt der Beschichtung bei tieferen Temperaturen ($T < 800$ °C). Für das Aktivierungsverhalten gemäß der Beziehung $k^\delta = k_0^\delta \cdot \exp \frac{-\Delta H}{k_B T}$ ließen sich die folgenden Aktivierungsenthalpien ΔH bestimmen: $\Delta H = (1,32 \pm 0,08)$ eV (unbeschichtet) bzw. $\Delta H = (0,92 \pm 0,03)$ eV (Ca-beschichtet).

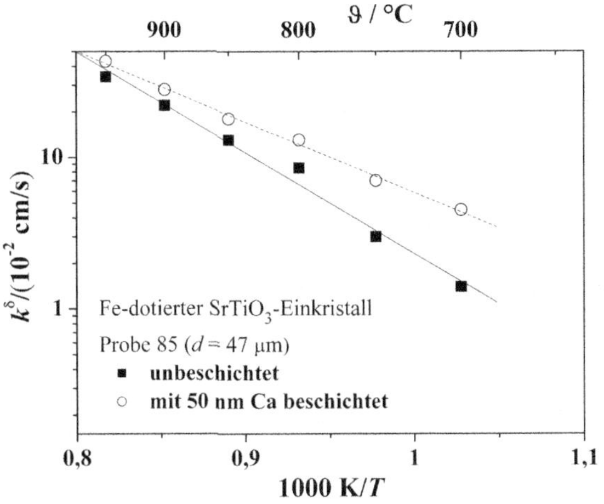

Bild 4.19: Arrhenius-Diagramm der chemischen Ratenkonstanten k^δ für Sauerstoffaustausch an einem mit 50 nm Ca (Dicke im Vakuum bestimmt) PVD-beschichteten eisendotierten $SrTiO_3$-Einkristall (offene Messpunkte) im Vergleich zur unbeschichteten Oberfläche desselben Kristalls.

Die Untersuchungen wurden unter einer Variation der Beschichtungsdicke durchgeführt; eine Übersicht bietet Bild 4.11. Zu erkennen ist hierbei ebenfalls die Verringerung der ansonsten durchgängig zu beobachtenden kinetiksteigernden Wirkung mit ansteigender Temperatur für alle Beschichtungen. Ähnliche Ergebnisse sind auch für Sr- und Ba-beschichtete Proben zu beobachten (Bild 4.20 und 4.21).

Für das Aktivierungsverhalten der Sr-beschichteten Probe ließen sich gemäß der Beziehung $k^\delta = k_0^\delta \cdot \exp \frac{-\Delta H}{k_B T}$ die folgenden Aktivierungsenthalpien ΔH bestimmen: $\Delta H = (1,62 \pm 0,04)$ eV (unbeschichtet) bzw. $\Delta H = (1,29 \pm 0,04)$ eV (Sr-beschichtet).

Für die Ba-beschichtete Probe ergaben sich die folgenden Aktivierungsenthalpien ΔH gemäß der Beziehung $k^\delta = k_0^\delta \cdot \exp \frac{-\Delta H}{k_B T}$ mit $\Delta H = (1,38 \pm 0,05)$ eV (unbeschichtet) bzw. $\Delta H = (0,65 \pm 0,06)$ eV (Ba-beschichtet).

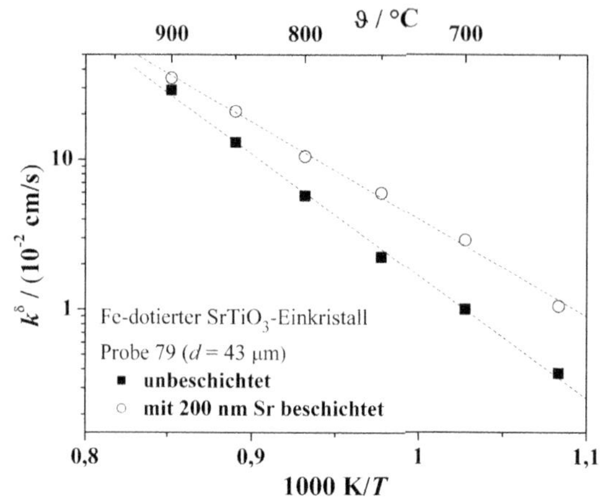

Bild 4.20: Arrhenius-Diagramm der chemischen Ratenkonstanten k^δ für Sauerstoffaustausch an einem mit 200 nm Sr (Dicke im Vakuum bestimmt) PVD-beschichteten eisendotierten $SrTiO_3$-Einkristall (offene Messpunkte) im Vergleich zur unbeschichteten Oberfläche desselben Kristalls.

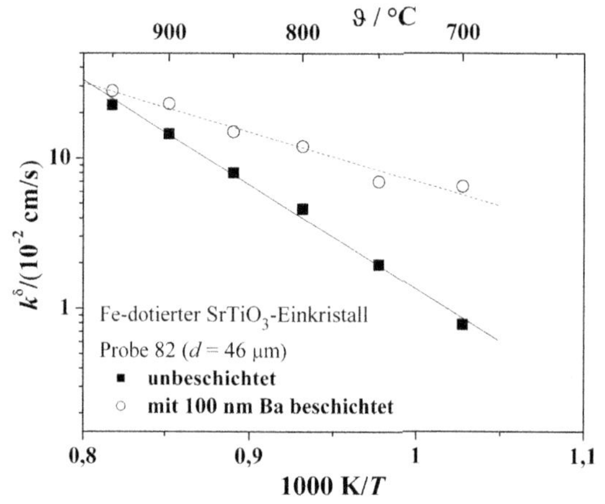

Bild 4.21: Arrhenius-Diagramm der chemischen Ratenkonstanten k^δ für Sauerstoffaustausch an einem mit 100 nm Ba (Dicke im Vakuum bestimmt) PVD-beschichteten eisendotierten $SrTiO_3$-Einkristall (offene Messpunkte) im Vergleich zur unbeschichteten Oberfläche desselben Kristalls.

Die Dickenabhängigkeit wurde für die definiert akzeptordotierten Systeme nur stichprobenartig untersucht, da hier kein wesentlicher Erkenntnisgewinn gegenüber den im vorigen Abschnitt dargestellten Ergebnissen zu erwarten war. Einen Überblick über die verschiedenen aufgebrachten Schichtdicken bietet Bild 4.22.

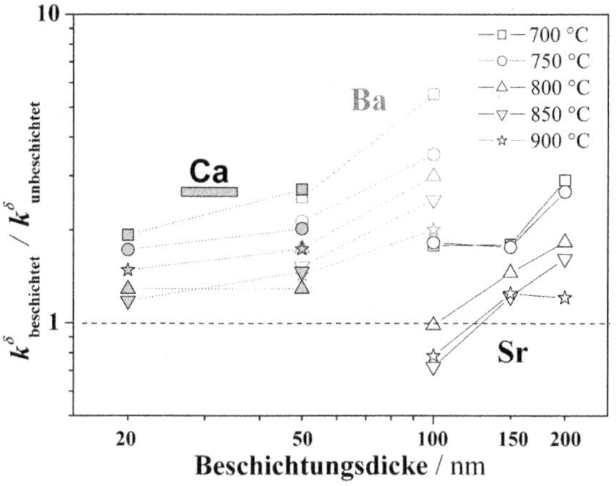

Bild 4.22: Abhängigkeit des kinetikbeeinflussenden Effekts von der Schichtdicke für die drei Erdalkali-PVD-Beschichtungen im Bereich zwischen 20...200 nm (Dicken im Vakuum bestimmt) an Fe-dotierten STO-Einkristallen.

4.2.6 Keramiken

Beim Übergang vom physikalisch-geometrischen Modellsystem des STO-Einkristalls auf das praxisrelevante System STF35-Dickschichtsensor (vgl. Bild 4.23) ist die Analyse des kinetischen Verhaltens einer Bulkkeramik der erste naheliegende Schritt. Zu diesem Zweck wurden dichte keramische Bulks soweit wie möglich chemomechanisch gedünnt, um möglichst in den Bereich der kinetischen Oberflächenkontrolle zu gelangen. Aus Gründen der mechanischen Stabilität konnte jedoch keine der Proben auf Dicken unterhalb von ca. 100 μm präpariert werden, so dass – wie Bild 4.25 deutlich zeigt – das kinetische Ansprechverhalten (normierter Frequenzgang) keinen Oberflächeneinfluss aufwies, sondern diffusionskontrolliert war. Insofern war auch mit keinem Einfluss einer eventuellen Oberflächenbehandlung durch Erdalkalibeschichtungen zu rechnen, so dass diese an jenem Materialsystem unterblieben.

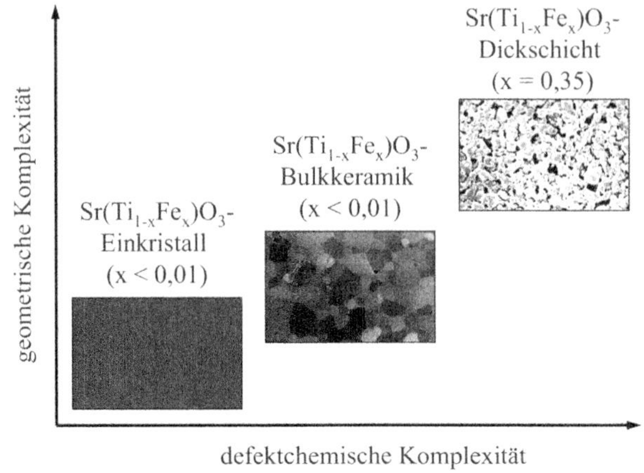

Bild 4.23: Übersicht über Materialsysteme auf STO-Basis

Versuche an offenporösen selbsttragenden STF-Bulkkeramiken, wie sie etwa Hippauf [98] untersuchte, unterblieben des Weiteren ebenfalls, da dieses Materialsystem durch den Dickschichtsensor (nächster Abschnitt) behandelt wurde.

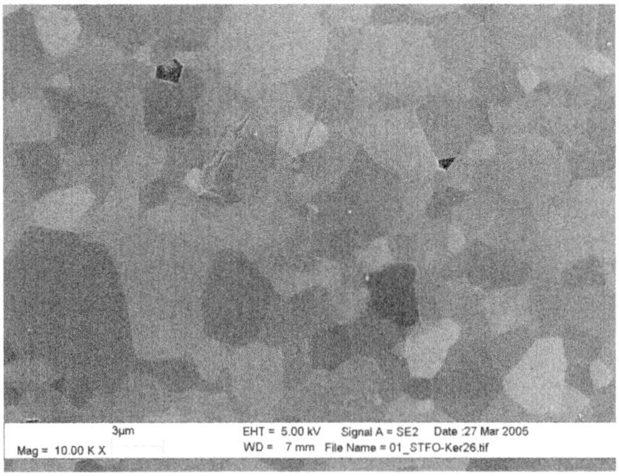

Bild 4.24: REM-Aufnahme (Schliffbild) der Gefügestruktur einer dichten Bulkkeramik aus $SrTi_{0,998}Fe_{0,002}O_3$, die 20 h bei 1400 °C gesintert wurde.

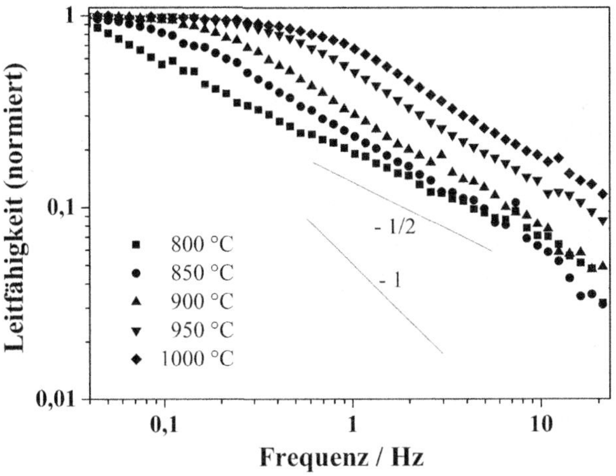

Bild 4.25: Normierter Frequenzgang einer dichten $SrTi_{0,998}Fe_{0,002}O_3$-Bulkkeramik. Der Verlauf der Systemantwort weist auf keinen Oberflächeneinfluss hin (Steigung -1 im Bodeplot); vielmehr impliziert die Steigung nahe $-\frac{1}{2}$ eine durch Bulkdiffusion bestimmte Kinetik.

4.2.7 STF35-Dickschichten

Im Gegensatz zu dichten Keramiken, wo der Transport über die Korngrenzen die Gewinnung von Oberflächendurchtrittskonstanten mittels der Kinetikanlage verhindert, können bei hochporösen Dickschichten aufgrund der sehr schnellen Gasdiffusion in den Poren die kinetischen Daten des Oberflächendurchtritts bestimmt werden.

An STF35-Dickschichten, die auf Standard-YSZ-Substrate gedruckt waren, wurden folglich ebenfalls kinetische Messungen durchgeführt. Dazu wurden die offenporösen Sensoren ebenfalls in der PVD-Anlage beschichtet. Wie Bild 4.26 zeigt, penetriert das Erdalkalitarget im Verlaufe des PVD-Aufdampfprozesses die Poren des Sensors. Eine vollständige Durchdringung der ca. 10 μm dicken STF35-Schicht ist durch dieses Prozedere zwar nicht mit Sicherheit gewährleistet, aber die Bilder 4.27 und 4.28 zeigen dennoch deutlich einen signifikanten Einfluss der Beschichtungen auf die Kinetik: Sowohl im Falle einer Bedampfung mit 60 nm Calcium als auch mit 50 nm Barium[5] beschleunigt sich der Sauerstoffeinbau etwa bei 650 °C um nahezu eine Größenordnung, wie Bild 4.29 für den Fall der Ca-beschichteten STF35-Dickschicht anhand der entsprechenden Ansprechzeiten t_{90} zeigt. Die Kinetiksteigerung ist bei der Ba-bedampften Dickschicht ebenfalls deutlich ausgeprägt.

[5] Dicken unter Vakuumbedingungen bestimmt

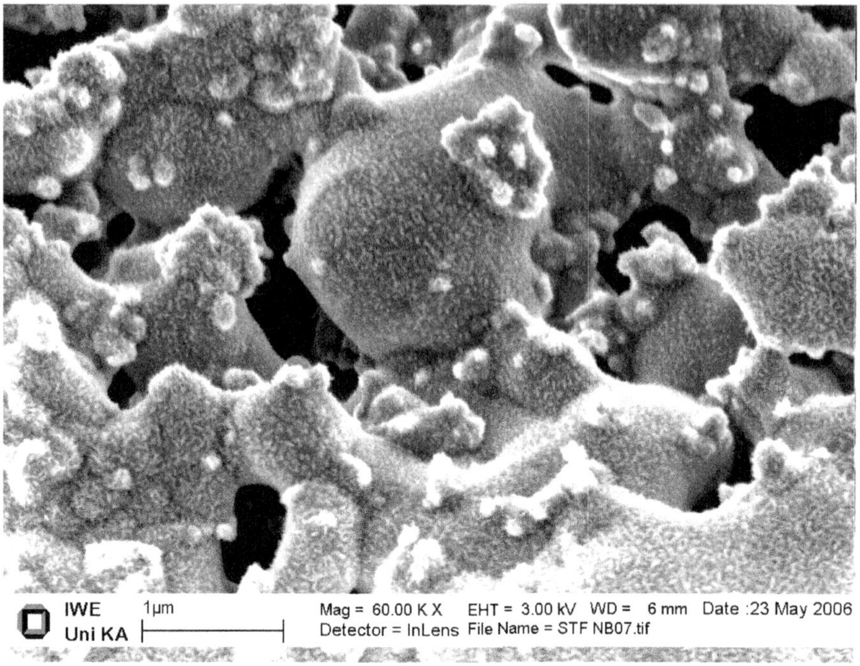

Bild 4.26: Mit ca. 50 nm Ca PVD-beschichtete offenporöse STF35-Dickschicht im REM (Aufsicht)

Eine Analyse der Dickschichten anhand ihrer t_{90}-Zeiten anstelle der k^{δ}-Werte ist in diesem Fall vorzuziehen, da zum einen die Probengeometrie stark vom Idealfall des Tragut-Modells abweicht (vgl. Abschnitt 2.3.5.6), weiters die genaue Diffusionskonstante von STF35 nicht bekannt ist[6], zum anderen jedoch in Gl. 2.55 die Systemdicke d empfindlich eingeht. Über die Korngrößen des Sensors lassen sich jedoch nur ungefähre Schätzangaben anhand von REM-Bildern machen, die für eine wirklich verlässliche Systemanalyse anhand von k^{δ}-Werten viel zu grob sind.

[6]was bei Vorliegen von reiner Oberflächenkontrolle allerdings vernachlässigbar wäre, vgl. die Anmerkungen zu Bild 4.5 weiter oben

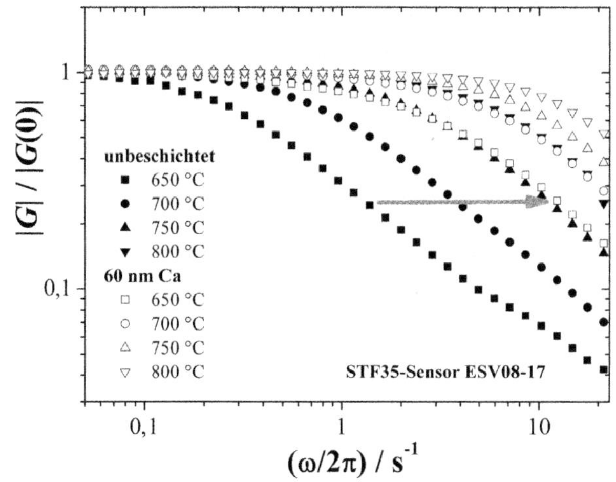

Bild 4.27: Frequenzgang eines mit ca. 60 nm Ca PVD-beschichteten offenporösen STF35-Dickschichtsensors in der Kinetikanlage im Vergleich zur zuvor unbeschichteten kinetischen Vermessung: Eine Verschiebung der Frequenzgänge zu höheren Frequenzen (s. Pfeil) entspricht einer Beschleunigung des Systemverhaltens.

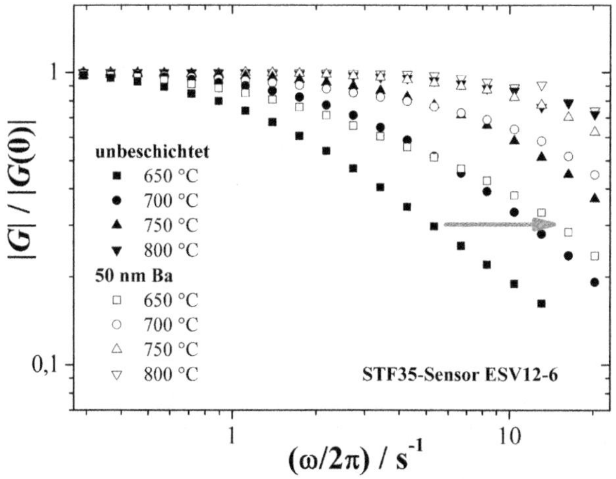

Bild 4.28: Frequenzgang eines mit ca. 50 nm Ba PVD-beschichteten offenporösen STF35-Dickschichtsensors in der Kinetikanlage im Vergleich zur zuvor unbeschichteten kinetischen Vermessung: Eine Verschiebung der Frequenzgänge zu höheren Frequenzen (s. Pfeil) entspricht einer Beschleunigung des Systemverhaltens.

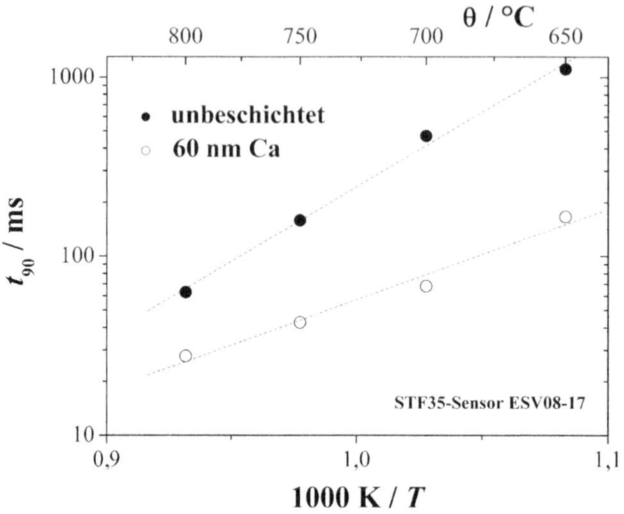

Bild 4.29: Aktivierungsverhalten der Sensor-Ansprechzeiten t_{90} für eine mit 60 nm Ca beschichtete STF35-Dickschicht (offene Punkte) im Vergleich zur reinen Dickschicht

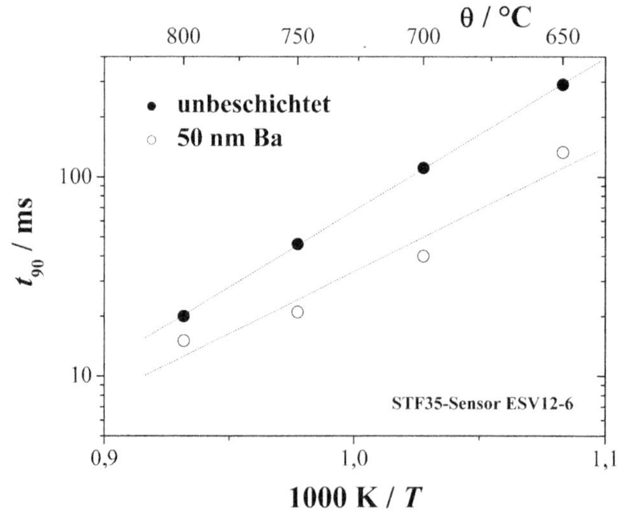

Bild 4.30: Aktivierungsverhalten der Sensor-Ansprechzeiten t_{90} für eine mit 50 nm Ba beschichtete STF35-Dickschicht (offene Punkte) im Vergleich zur reinen Dickschicht

4.3 SIMS/Tracer-Messungen

Wie in Abschnitt 3.3 dargestellt, wurden am Institut für Metallurgie der Technischen Universität Clausthal in der Arbeitsgruppe Thermochemie und Mikrokinetik (Prof. Dr.-Ing. G. Borchardt) von Herrn Dr.-Ing. C. Argirusis und Mitarbeitern Experimente zum Sauerstoffisotopenaustausch (^{18}O-Tracer) mit anschließender Sekundärionenmassenspektrometrie durchgeführt. Die mittels PVD-Methode beschichteten einkristallinen STO- und keramischen STF35-Proben wurden unmittelbar nach der PVD-Beschichtung jeweils zunächst an Umgebungsluft ausgelagert gemäß einem Temperaturprofil, das dem Verlauf der elektrischen kinetischen Messungen entspricht (Bild 4.31). Anschließend wurden sie am IMET für eine Zeitdauer (mindestens das Zehnfache der späteren Diffusionszeit („diffusion annealing time“)) in einer Atmosphäre von 200 mbar $^{16}O_2$ ausgelagert, ehe innerhalb weniger Sekunden die Atmosphäre bei konstantem Druck von $^{16}O_2$ zu $^{18}O_2$ geändert wurde[7]. Nach dieser Diffusionszeit[8] wurden die ^{18}O-Diffusionsprofile in der Probe eingefroren und bei Raumtemperatur mittels SIMS untersucht.

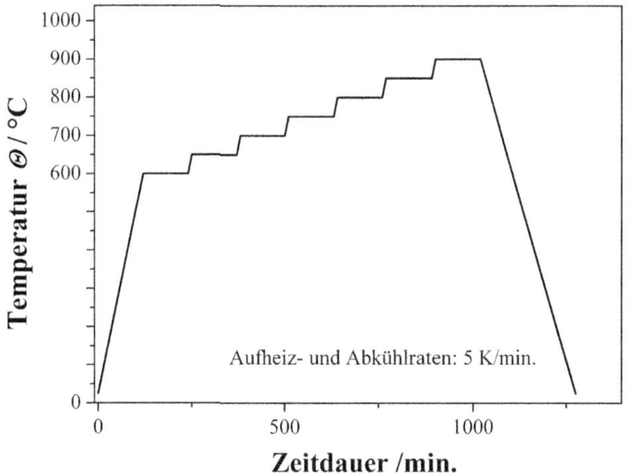

Bild 4.31: Temperaturprofil, das dem Verlauf der elektrischen kinetischen Messungen entspricht, für die Auslagerung der PVD-beschichteten Proben für SIMS-Untersuchungen

Ein typisches Tiefenprofil für die Sauerstoffdiffusion in $SrTiO_3$ zeigt Bild 4.32. Das Anfitten der Linescan-Messpunkte geschieht nach der Gleichung 4.1, die die Lösung des Zweiten Fickschen Gesetzes für eine Diffusion in ein halbunendliches Medium darstellt [40]. Durch diesen Fit

[7]Die natürliche $^{18}O_2$-Konzentration liegt bei etwa 0,2 % der Konzentration von $^{16}O_2$ [67].

[8]Zur genaueren Bedeutung dieser Zeitdauer siehe die Untersuchung von Fielitz und Borchardt [67].

lassen sich die kinetischen Transportparameter D^* und k^* bestimmen. Beide Werte werden gemeinsam aus den ^{18}O-Tiefenprofilen ermittelt. Fielitz und Borchardt haben in einer Arbeit [67] mögliche Fehlerquellen dieser Methode kritisch analysiert und sind zu klaren Aussagen bezüglich der einzuhaltenden experimentellen Parametern gelangt, um verlässliche k^*-D^*-Wertepaare aus einem Diffusionsexperiment zu erhalten.

$$\frac{c(x,t)-c_0}{(c_S-c_0)} = \mathrm{erfc}\left(\frac{x}{2\sqrt{D^*t}}\right) - e^{\frac{k^*x}{D^*}+\frac{k^{*2}t}{D^*}} \cdot \mathrm{erfc}\left(\frac{x}{2\sqrt{D^*t}} + \frac{k^*}{D^*}\sqrt{D^*t}\right) \tag{4.1}$$

Hierin ist c_0 die natürliche Häufigkeit von ^{18}O, und c_S bedeutet die Gasphasenkonzentration von ^{18}O. Bei diesen Versuchen ist die Vergleichbarkeit am ehesten gewährleistet, wenn alle Proben unter denselben Versuchsbedingungen ausgelagert werden (am besten in demselben Auslagerungsversuch). Daraus ergibt sich der Nachteil, dass bei manchen Proben der Oberflächenaustauschkoeffizient k^* so niedrig ist, dass eine Auswertung der Diffusionsprofile praktisch nicht möglich ist. Dies war der Fall bei den unbeschichteten STO-Proben.

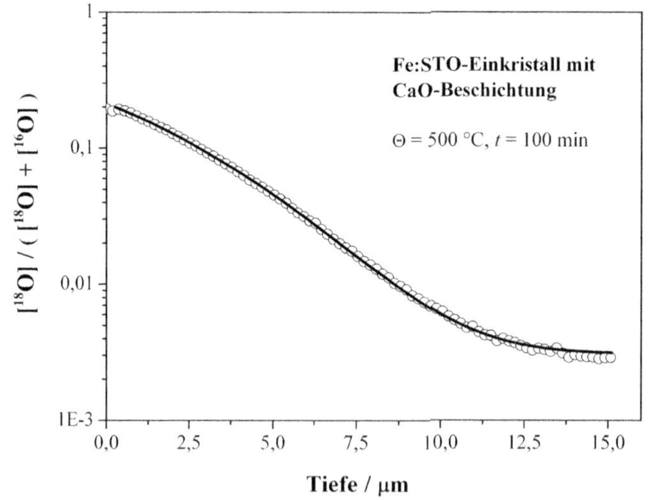

Bild 4.32: Typisches Tiefenprofil für die Sauerstoffdiffusion in $SrTiO_3$, am Beispiel eines Ca-beschichteten eisendotierten STO-Einkristalls, der bei 500 °C für 100 min. in einer ^{18}O-Atmosphäre ausgelagert worden war. Die Fitkurve (durchgezogene Linie) folgt Gl. 4.1.

4.3.1 Undotierte STO-Einkristalle

Die ermittelten SIMS-Tiefenprofile für drei Chargen undotierter STO-Einkristalle mit jeweils verschiedenen Oberflächenbehandlungen (unbeschichtet, 100 nm Sr bzw. 100 nm Ba thermisch aufgebracht[9]) sind in Bild 4.33 wiedergegeben. Von jeder Charge waren vier identische Proben angefertigt, um den Sauerstoffaustausch bei insgesamt vier Temperaturen im Bereich zwischen 458 °C und 600 °C zu untersuchen. Der Einfluss der Beschichtung auf den ^{18}O-Sauerstoffeinbau ist deutlich zu erkennen. Bei den unbeschichteten Proben ist die Austauschreaktion vergleichsweise sehr langsam, so dass sehr flache Diffusionsprofile beobachtet wurden, die sich nur relativ schlecht mit Gl. 4.1 fitten ließen. In einzelnen Fällen war das Anfitten gar nicht möglich, was als Indiz für eine oberflächenkontrollierte Kinetik gilt: Die zur Äquilibrierung der Oberfläche benötigte Zeitdauer ist groß im Vergleich zur Zeit, die nötig ist, um den Konzentrationsgradienten zwischen Oberfläche und Bulk mittels Diffusion abzubauen [135]. Die Bariumbeschichtung scheint bei tieferen Temperaturen aktiver zu sein. Der Sauerstoffaustausch mit der Gasphase findet hier schon bei Temperaturen unterhalb von ca. 480 °C statt, bei denen die Sauerstoffaustauschreaktion am reinen Strontiumtitanat sonst eingefroren ist [37]. Die Sauerstoff-Tracer-Austauschkoeffizienten sind in einem Arrhenius-Diagramm (Bild 4.34) zusammen mit Literaturdaten für Fe-dotiertes $SrTiO_3$ von Leonhardt et al. [135] aufgetragen. Dabei wird deutlich, dass trotz der niedrigeren Temperaturen in den vorliegenden Untersuchungen die daraus bestimmten Oberflächenaustauschkoeffizienten der Ba- bzw. Sr-beschichteten Kristalle um ca. zwei Zehnerpotenzen höher liegen als im Falle des unbeschichteten $SrTiO_3$. Aus den ^{18}O-Diffusionsprofilen konnten die Oberflächenaustauschkoeffizienten k^* ermittelt werden:

$$\ln(k^*_{\mathrm{SrO}}/(\mathrm{cms}^{-1})) = (21,8 \pm 4,2) - \frac{(2,85 \pm 0,3)\ \mathrm{eV}}{kT} \tag{4.2a}$$

$$\ln(k^*_{\mathrm{BaO}}/(\mathrm{cms}^{-1})) = (7,5 \pm 4,9) - \frac{(1,82 \pm 0,34)\ \mathrm{eV}}{kT} \tag{4.2b}$$

4.3.2 Fe-dotierte STO-Einkristalle

Analog zum vorhergehenden Abschnitt wurden SIMS-Untersuchungen an den definiert akzeptordotierten Proben durchgeführt. Dazu wurden Fe-dotierte STO-Einkristalle einseitig thermisch mit Ca (50 nm), Sr (100 nm) bzw. Ba (100 nm) bedampft[10]. Die experimentell bestimmten SIMS-Tiefenprofile nach Auslagerung in einer ^{18}O-Atmosphäre sind in Bild 4.35 für ei-

[9] Dicken unter Vakuumbedingungen bestimmt

[10] Dicken unter Vakuumbedingungen bestimmt

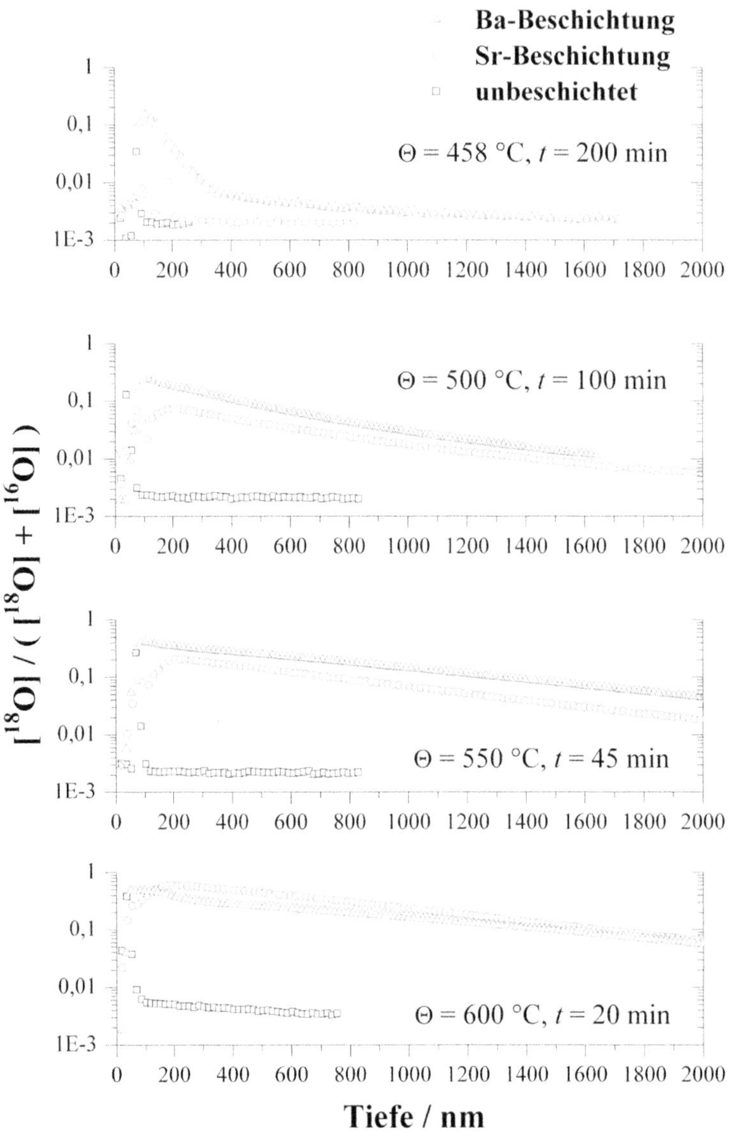

Bild 4.33: SIMS-Tiefenprofile der relativen Sauerstoffisotopenkonzentration $\left[{}^{18}O\right]$ von undotierten STO-Einkristallen nach Äquilibrierung in einer ^{18}O-Atmosphäre bei verschiedenen Temperaturen und entsprechenden Zeitdauern (wie angegeben) und anschließender Abschreckung auf Raumtemperatur. Quadrate: unbeschichtete STO-Kristalloberfläche, Kreise: Sr-Beschichtung, Dreiecke: Ba-Beschichtung.

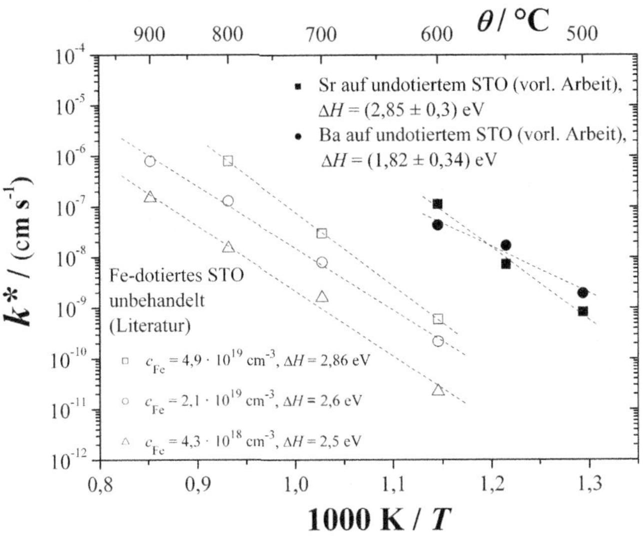

Bild 4.34: Arrhenius-Diagramm der k^*-Werte an beschichtetem undotiertem STO (volle Symbole) mit entsprechenden Literaturdaten für Fe-dotiertes STO [135] zum Vergleich.

ne Temperatur (650 °C) wiedergegeben, um den Einfluss der Schichtart zu verdeutlichen. Die Sauerstoff-Oberflächenkonzentration nimmt mit zunehmendem Atomgewicht bzw. Ionenradius des Schichtkations ab. Dieses Verhalten wird bei allen Temperaturen beobachtet und deutet darauf hin, dass die chemische Zusammensetzung der Schicht eine wesentliche Rolle spielt.

Die Oberflächenreaktion ist auch hier thermisch aktiviert, wie Bild 4.36 für den Fall der Sr- bzw. Ba-Beschichtungen zeigt. Die aus diesen Diffusionsprofilen mittels Gl. 4.1 extrahierten Oberflächenaustauschkoeffizienten k^* sind im Arrhenius-Diagramm 4.37 zu sehen. Die Aktivierungsenthalpien betragen für SrO: $\Delta H_{\mathrm{SrO}} = (2,1 \pm 0,4)$ eV, für BaO: $\Delta H_{\mathrm{BaO}} = (2,4 \pm 0,5)$ eV und für CaO: $\Delta H_{\mathrm{CaO}} = (2,1 \pm 0,3)$ eV. Sie sind somit für alle drei Erdalkalimetalloxide vergleichbar, was auf einen ähnlichen reaktionsbestimmenden Schritt hinweist. Die Tatsache, dass die k^*-Werte (außer bei BaO-Beschichtungen) bei sonst gleichen Parametern und experimentellen Bedingungen für Fe-dotiertes $SrTiO_3$ eine bis zwei Zehnerpotenzen höher als im undotierten Material sind, deutet daraufhin, dass bei mit Erdalkalioxiden beschichtetem $SrTiO_3$ die Sauerstoffleerstellen am ratenbestimmenden Schritt beteiligt sein könnten. Dieser könnte dann etwa ein Sprung des Sauerstoffions in die an der Oberfläche bereitstehende Sauerstoffleerstelle sein und nicht eine Adsorptions- bzw. Dissoziationsreaktion, wie sie für andere Beschichtungen [135] und Anregungsmethoden [159] angegeben wurde. Die Leerstellenkonzentration war in dem in dieser Untersuchung eingesetzten Fe-dotierten STO um mindestens einen Fak-

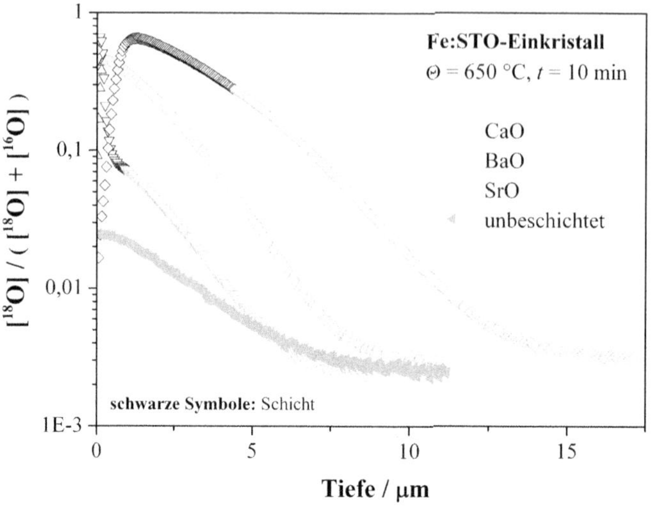

Bild 4.35: Einfluss der Schichtart auf die Oberflächenkonzentration des Sauerstoffs in beschichteten Fe-dotierten STO-Einkristallen, die bei 650 °C für 10 min. einer ^{18}O-Atmosphäre ausgesetzt waren.

tor 40 höher als im undotierten Material und korrelierte somit mit der beobachteten Erhöhung der Oberflächenaustauschkoeffizienten um eine bis zwei Zehnerpotenzen. (Bei mit BaO beschichteten Proben ist jedoch kein Unterschied zwischen undotiertem und dotiertem STO zu beobachten.)

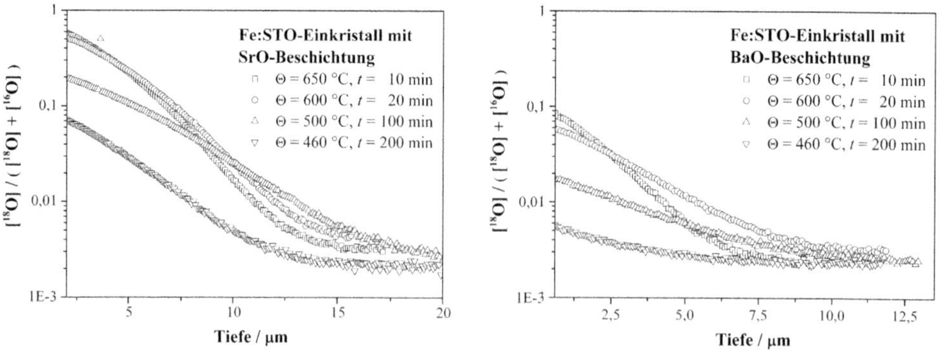

Bild 4.36: Einfluss der Temperatur sowie der Schichtart auf die Oberflächenkonzentration in beschichteten Fe-dotierten STO-Einkristallen

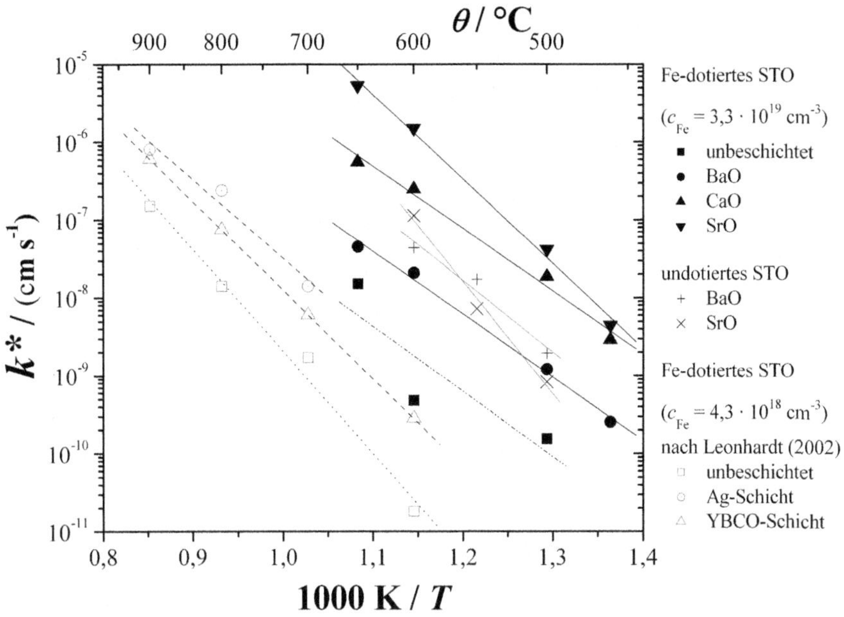

Bild 4.37: Vergleich der Tracer-Oberflächenaustauschkoeffizienten k^* für undotiertes und Fe-dotiertes STO mit Werten von Leonhardt et al. [135]. Die entsprechenden Aktivierungsenthalpien wurden zu $\Delta H = (1,66 \pm 0,94)$ eV (Fe-dotiert und unbeschichtet), $\Delta H = (1,61 \pm 0,09)$ eV (Fe-dotiert und Ba-beschichtet), $\Delta H = (1,60 \pm 0,13)$ eV (Fe-dotiert und Ca-beschichtet), $\Delta H = (2,16 \pm 0,11)$ eV (Fe-dotiert und Sr-beschichtet); $\Delta H = (1,83 \pm 0,35)$ eV (undotiert und Ba-beschichtet), $\Delta H = (2,85 \pm 0,30)$ eV (undotiert und Sr-beschichtet) bestimmt bzw. sind für die Literaturwerte $\Delta H = (2,6 \pm 0,2)$ eV (unbeschichtet), $\Delta H = (2,0 \pm 0,4)$ eV (Ag) und $\Delta H = (2,26 \pm 0,05)$ eV (YBCO) [135].

Für die unter Verwendung von Gl. 4.1 aus den ^{18}O-Diffusionsprofilen ermittelten Tracer-Oberflächenaustauschkoeffizienten k^* im Temperaturbereich 460 ... 650 °C gelten die Beziehungen:

$$\ln(k^*_{\text{unbeh.STO}}/(\text{cms}^{-1})) = (-0,58 \pm 0,85) - \frac{(0,95 \pm 0,16)\ \text{eV}}{kT} \tag{4.3a}$$

$$\ln(k^*_{\text{CaO}}/(\text{cms}^{-1})) = (6,37 \pm 1,54) - \frac{(2,08 \pm 0,25)\ \text{eV}}{kT} \tag{4.3b}$$

$$\ln(k^*_{\text{SrO}}/(\text{cms}^{-1})) = (6,47 \pm 2,52) - \frac{(2,10 \pm 0,41)\ \text{eV}}{kT} \tag{4.3c}$$

$$\ln(k^*_{\text{BaO}}/(\text{cms}^{-1})) = (8,42 \pm 2,9) - \frac{(2,44 \pm 0,48)\ \text{eV}}{kT} \tag{4.3d}$$

Die Tracer-Diffusionskoeffizienten in den STO-Substraten (Fe-dotiert sowie undotiert), die durch Auswertung der Diffusionsprofile erhalten wurden, sind in Bild 4.38 dargestellt. Sie sind in der für diesen Temperaturbereich (500...650 °C) erwarteten Größenordnung von $10^{-12}...10^{-10}$ cm^2/s, vgl. z. B. [37].

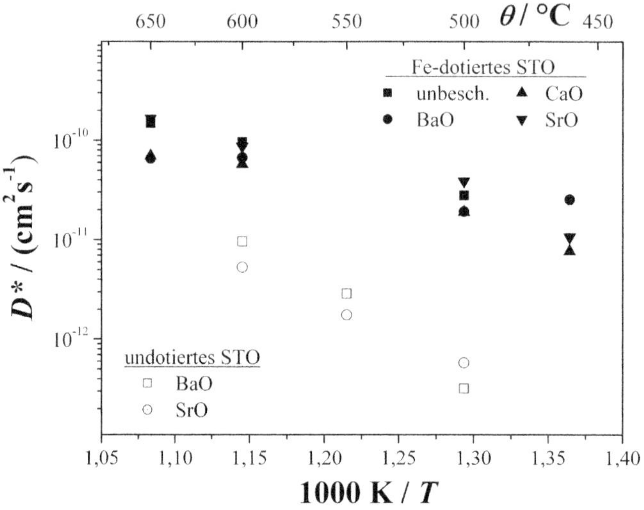

Bild 4.38: Tracer-Diffusionskoeffizienten D^* von Sauerstoff in Fe-dotiertem und undotiertem $SrTiO_3$ in Abhängigkeit von der Oberflächenbeschichtung

4.3.3 STF35-Bulkkeramiken

An dichten STF35-Bulkkeramiken, die wie in Abschnitt 3.1.1.2 beschrieben hergestellt worden waren, wurden am IMET ebenfalls einzelne SIMS-Messungen durchgeführt. Die Ergebnisse sind in Bild 4.39 wiedergegeben. Auch hier zeigt sich der kinetiksteigernde Einfluss einer Ca-Beschichtung. Insbesondere fällt hier ein sehr steiles Aktivierungsverhalten auf, auf welches jedoch nur begrenzt Gewicht gelegt werden darf angesichts der Tatsache, dass es sich um lediglich drei Messtemperaturen handelte. Es ist jedoch auch bei diesem Materialsystem eine Kinetikerhöhung bei tieferen Temperaturen festzustellen (bei 660 °C um eine gute Dekade), die zu höheren Temperaturen hin stark nachlässt – ein Ergebnis, das sich in diesem Temperaturbereich sehr stark mit den Ergebnissen aus den elektrischen Messungen deckt.

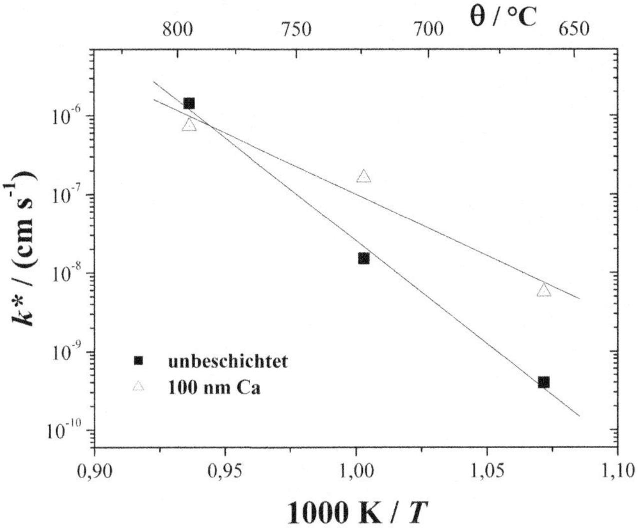

Bild 4.39: Tracer-Oberflächenaustauschkoeffizienten k^* von Sauerstoff in einem Ca-beschichteten STF35-Bulk im Vergleich zum unbeschichteten Bulk

4.4 Chemie und Mikrostruktur der aufgebrachten Schichten

4.4.1 MALT-Simulationen

Mit Hilfe der thermodynamischen Datenbank MALT[11] und der Anwendungssoftware *gem*[12] lassen sich, ausgehend von aus der einschlägigen Literatur bekannten thermodynamischen Datensätzen zu bekannten chemischen Verbindungen (freie Bildungsenthalpien, Wärmekapazitäten und Enthalpieänderungen bei eventuellen Phasenänderungen), die Zusammensetzungen eines Gemischs aus vorgegebenen Elementen oder Verbindungen durch Minimierung der freien Enthalpie errechnen. Es handelt sich hierbei jedoch um reine Gleichgewichtsberechnungen, so dass das tatsächliche Auftreten der vorausgesagten Phasen im Experiment aufgrund fehlender reaktionskinetischer Betrachtungen nicht als gesichert gelten kann.
Um die chemische Zusammensetzung der aufgebrachten Oberflächenschichten zu simulieren, wurde bei der Simulation angenommen, dass sich 1 mol des jeweiligen reinen Erdalkalimetalls in Kontakt mit feuchter Umgebungsluft befindet ($p_{O_2} = 0,21$ bar, $p_{N_2} = 0,78$ bar, $p_{CO_2} = 0,0003$ bar, $p_{H_2O} = 0,015$ bar (entsprechend 75 % rel. Feuchte bei Raumtemperatur)). Nun wurde der Verlauf der Aktivitäten möglicher daraus entstehender Verbindungen als Funktion der Temperatur im Bereich von 400...1000 °C mittels *gem* mit Hilfe der MALT-Datensätze errechnet. Das Ergebnis ist in Bild 4.40 dargestellt: In allen drei Fällen findet sich der erwartete Übergang von Carbonaten zu Oxiden, der allerdings keinen direkten Einfluss auf die Kinetik haben sollte, da er für jede der drei Schichten bei verschiedenen Temperaturen auftritt und somit nach dieser Vorhersage nicht mit den Kinetikmessungen korreliert werden kann. Zu beachten ist hierbei aber, dass es sich um reine Gleichgewichts-Berechnungen handelt (s.o.); in welchem Zeitraum ein solches Gleichgewicht sich einstellt, bleibt unberücksichtigt. Zum anderen ist evident, dass die chemischen Reaktionsraten durch mehrere Faktoren wie etwa die genaue Modifikation der Schicht (eine nanoskalige Schicht zersetzt sich viel schneller als eine grobkörnige Schicht oder eine dichte Massivprobe) oder eine Variation der Umgebungsatmosphäre beeinflussbar sind. In der chemischen Standardliteratur werden für die Carbonate teils deutlich höhere Zerfallstemperaturen angegeben (vgl. z. B. [192]); L'vov et al. [139, 140] geben aus thermoanalytischen Messungen Werte von ca. 550...750 °C für $CaCO_3$ an, 630...820 °C für $SrCO_3$ und 800...970 °C für $BaCO_3$, abhängig von dem CO_2-Gehalt der Umgebung.
Höchstwahrscheinlich sind aber zur Interpretation der vorliegenden Messungen komplexere Betrachtungen nötig: Reine Oberflächenphänomene wie beispielsweise die Existenz sehr dünner Peroxid- oder Hydroxidschichten, die den ratenbestimmenden Schritt beschleunigen, scheinen

[11] **Ma**terials-oriented **L**ittle **T**hermodynamic Database, s. z. B. [263]
[12] **G**ibbs **E**nergy **M**inimizer

denkbar. Die Carbonate können MALT zufolge während der kinetischen Messungen offenbar zu geringen Anteilen bereits bei tieferen Temperaturen zu Gunsten der Bildung von Peroxiden und Hydroxiden zerfallen.

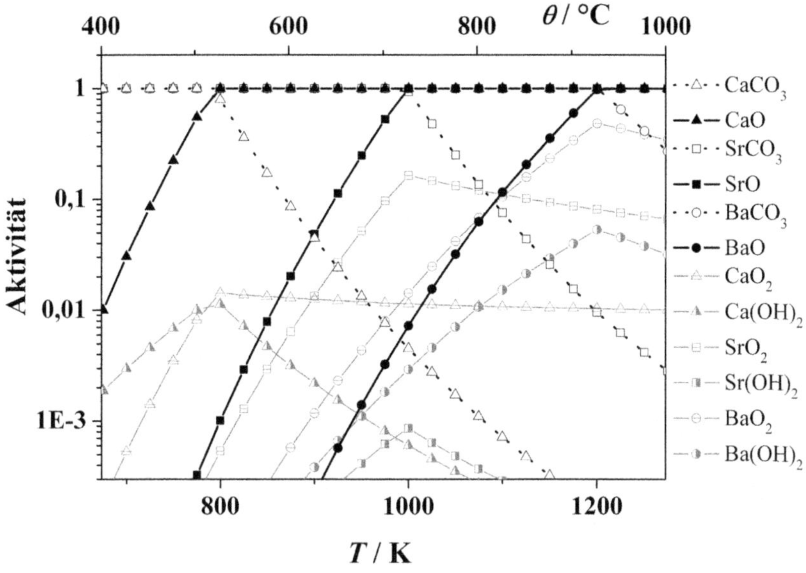

Bild 4.40: Simulation des Systems Me-O-C-H-N (Me = Ca, Sr, Ba) mittels MALT/*gem* als Funktion der Temperatur

4.4.2 Röntgendiffraktometrie

Zum Zwecke einer experimentellen Validierung dieser MALT-Vorhersagen wurden Hochtemperatur-Röntgendiffraktometrie-(HT-XRD)-Messungen an beschichteten Einkristallen in situ durchgeführt. Um nur Aufschluss über die dünne Oberflächenschicht zu erhalten, wurde dabei die Methode des streifenden Einfalls eingesetzt. Dabei ergaben sich Erkenntnisse über die chemische Zusammensetzung der jeweiligen Schichten.

Bild 4.41 zeigt die Ergebnisse von HT-XRD-Messungen mit streifendem Einfall (2...3°) an einem mit Ca PVD-beschichteten STO-Einkristall. Nach der Präparation wurde die Probe bei Raumtemperatur an Luft vermessen (Messdauer pro Einzelmessung ca. 30 min.), anschließend mit 0,1 K/s (einer Heizrate, die etwa den Heizraten bei den kinetischen Messungen entspricht, um auch im Hinblick auf die chemische Umwandlungskinetik einigermaßen korrespondierende

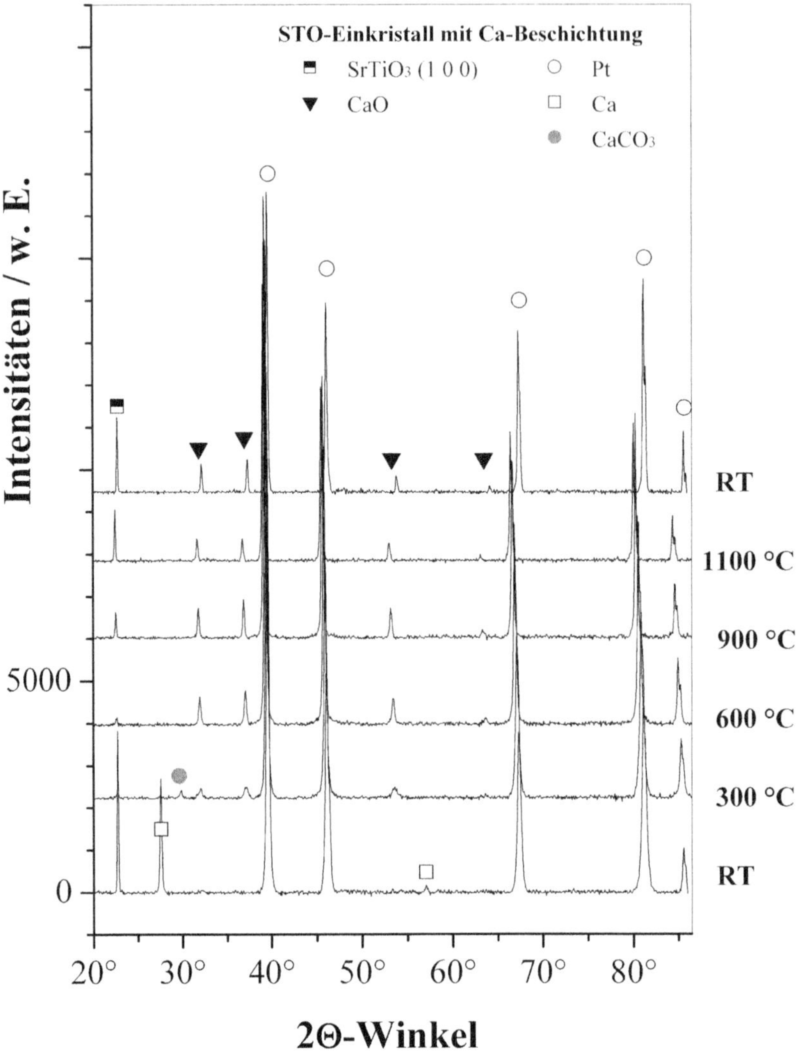

Bild 4.41: HT-XRD-Messungen mit streifendem Einfall an einem mit Ca PVD-beschichteten STO-Einkristall für Temperaturen zwischen Raumtemperatur (unten) und 1100 °C und abschließendem Abkühlen zurück auf Raumtemperatur (oberste Messkurve). Die verwendeten Spektren aus der JCPDS-ICDD-Datenbank sind: Tausonit (35-0734), CaO (48-1467), Platin (65-2868), Calcium (89-3683) und $CaCO_3$ (29-0305); die beobachtbaren leichten Horizontalshifts einiger Peaks sind (trotz entsprechender Korrekturen) auf die Temperaturänderungen zurückzuführen.

Ergebnisse zu erhalten) aufgeheizt auf 300 °C, anschließend in 100-K-Schritten bis auf 1100 °C, ehe sie mit derselben Heizrate auf Raumtemperatur abgekühlt wurde, um abschließend erneut vermessen zu werden. Bild 4.41 ist deutlich zu entnehmen, wie unmittelbar nach Beschichtung noch metallisches Ca in der PVD-Schicht vorhanden ist (ein Ergebnis, das sich mit dem Augenschein deckt, dass das Ca-Metall bei Raumtemperatur weniger reaktiv ist), das erst nach Beginn der thermischen Behandlung ein Carbonat bildet. Die CaO-Peaks sind relativ früh im XRD-Spektrum nachweisbar, bereits bei 300 °C sind sie im Entstehen begriffen. Ab 600 °C (was dem Beginn der kinetischen Messungen entspricht) sind sie deutlich ausgeprägt und bleiben auch bis zu den höchsten Temperaturen (1100 °C) und selbst nach dem Abheizen auf Raumtemperatur bestehen. Ihr Wachstum deutet dabei auch auf einen zunehmenden Kristallisationsprozess hin. Das Anwachsen des STO-Substrat-Peaks ($2\Theta = 22,75°$) zwischen 600 °C und den abschließenden Messungen ist ein Indiz dafür, dass die CaO-Schicht aufzubrechen scheint und somit vom Detektor mehr röntgenographische Strukturinformation aus dem Substrat registriert wird.

Unter denselben experimentellen Bedingungen wurden auch HT-XRD-Messungen mit streifendem Einfall an einem mit Sr PVD-beschichteten STO-Einkristall durchgeführt (Bild 4.42). Hier ergibt sich ein ähnliches Bild: Bei Raumtemperatur liegt offensichtlich ein Carbonat vor (vgl. auch die in Bild 3.7 erkennbare Reaktivität des Strontium in der Umgebungsatmosphäre bei Raumtemperatur). Bei 600 °C, also entsprechend dem Beginn der kinetischen Vermessungen, liegt deutlich ein Oxid vor (SrO), das bis zu hohen Temperaturen stabil zu sein scheint. Selbst nach dem Abkühlen bleibt das Oxid bestehen, wenngleich sich wieder leichte Carbonatpeaks ausbilden.

Etwas anders liegen die Verhältnisse beim Barium (Bild 4.43): Hier vollzieht sich der Umwandlungsprozess nach Bedampfung langsamer, so dass bei Raumtemperatur verschiedene Verbindungen vorzuliegen scheinen, selbst metallische und (infolge der Feuchte) Hydroxid-Anteile, ehe sich beim Aufheizen das sehr stabile Bariumcarbonat bildet, das bei 700 °C, also nahe dem unteren Ende des Temperaturbereichs der elektrischen Messungen, deutlich vorliegt. Dieses zersetzt sich allmählich beim weiteren Aufheizen, und es werden ab etwa 900 °C Oxidpeaks sichtbar. Bei sehr hohen Temperaturen (deutlich oberhalb 1000 °C) treten etliche Peaks im Spektrum auf, über deren Ursprung nur Vermutungen angestellt werden können. Tatsächlich scheinen sich viele dieser Peaks mit einer BST-Mischphase der Stöchiometrie $(Ba,Sr)_2TiO_4$ erklären zu lassen.

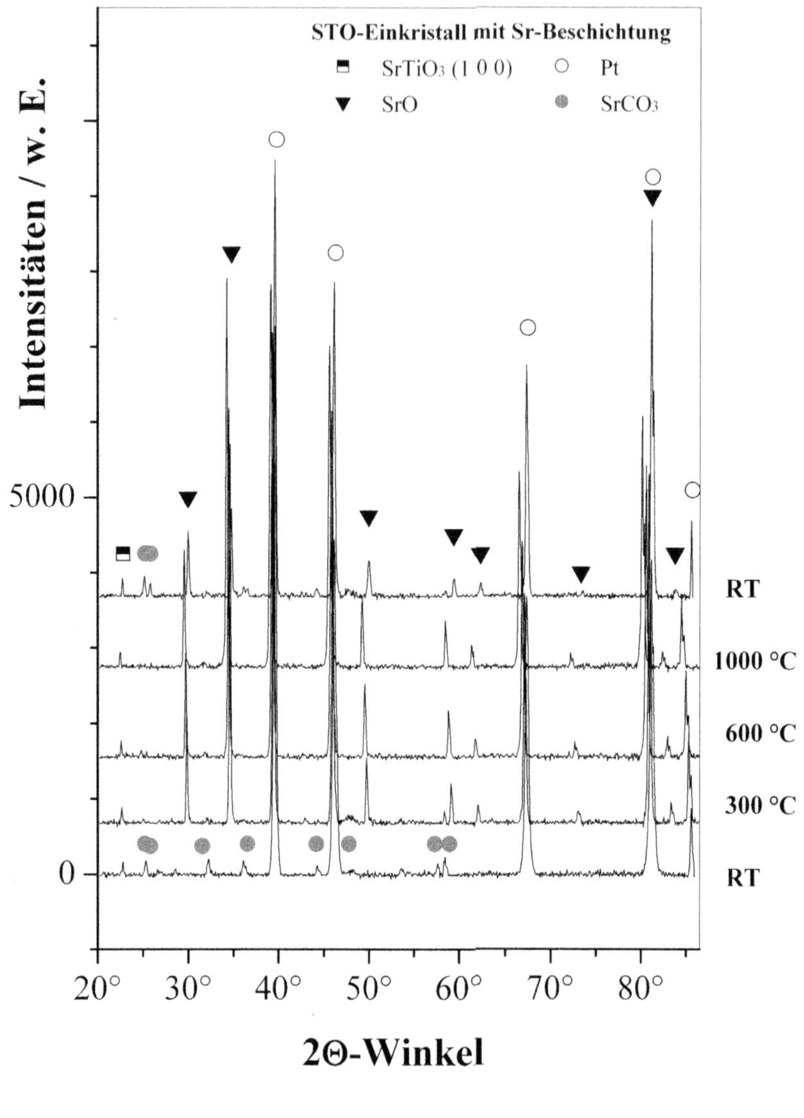

Bild 4.42: HT-XRD-Messungen mit streifendem Einfall an einem mit Sr PVD-beschichteten STO-Einkristall für Temperaturen zwischen Raumtemperatur (unten) und 1100 °C und abschließendem Abkühlen zurück auf Raumtemperatur (oberste Messkurve). Die verwendeten Spektren aus der JCPDS-ICDD-Datenbank sind: Tausonit (35-0734), SrO (48-1477), Platin (65-2868), und Strontianit (84-1778); die beobachtbaren leichten Horizontalshifts einiger Peaks sind (trotz entsprechender Korrekturen) auf die Temperaturänderungen zurückzuführen. Eine metallische Strontiumphase konnte nicht nachgewiesen werden.

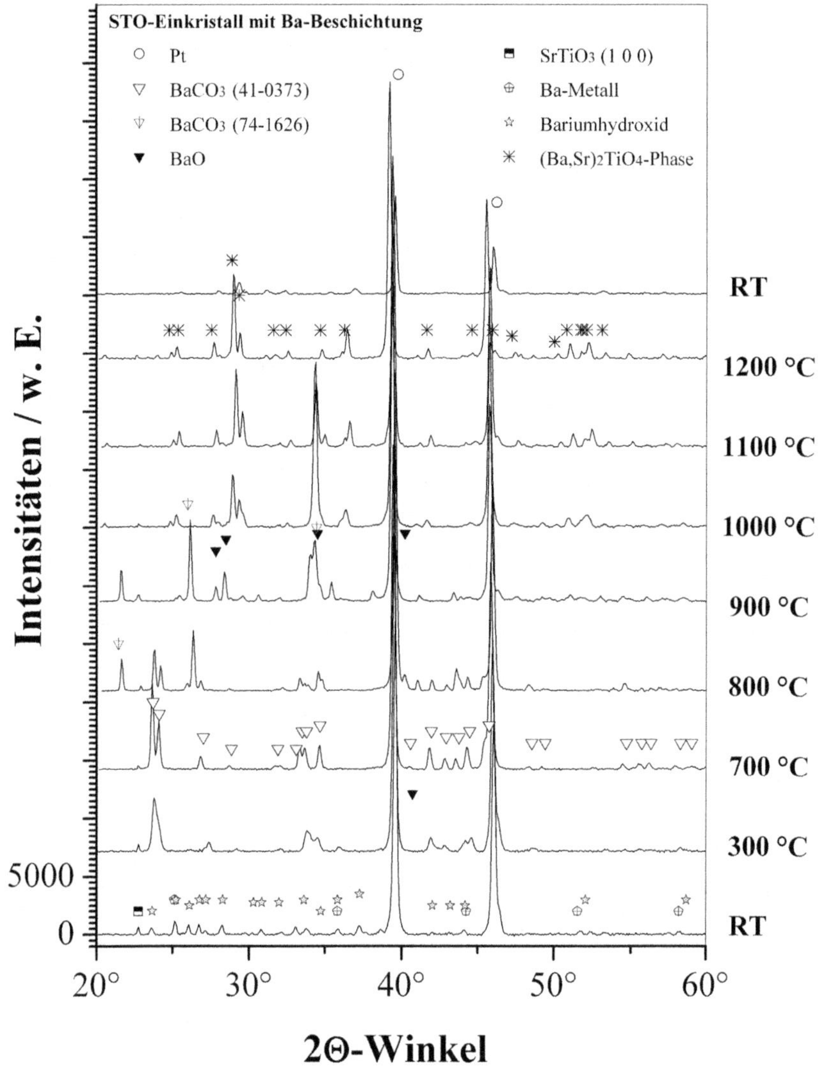

Bild 4.43: HT-XRD-Messungen mit streifendem Einfall an einem mit Ba PVD-beschichteten STO-Einkristall für Temperaturen zwischen Raumtemperatur (unten) und 1200 °C und abschließendem Abkühlen zurück auf Raumtemperatur (oberste Messkurve). Die verwendeten Spektren aus der JCPDS-ICDD-Datenbank sind: Platin (65-2868), zwei Modifikationen von $BaCO_3$ (74-1626 bzw. 41-0373), BaO (85-0418), Tausonit (35-0734), Bariummetall (89-4043), Bariumhydroxid-Hydrat (24-0104) und eine $(Ba,Sr)_2TiO_4$-Phase (13-0522). Die beobachtbaren leichten Horizontalshifts einiger Peaks sind (trotz entsprechender Korrekturen) auf die Temperaturänderungen zurückzuführen.

An einer bereits kinetisch vermessenen Ba-beschichteten Probe (die also bereits auf Temperaturen von 950 °C erhitzt worden war) wurde eine Ex-situ-Analyse mit dem Transmissionselektronenmikroskop (TEM) durchgeführt[13]. Im Rahmen einer EDXS-Analyse der Elementzusammensetzung an zwei Punkten der Probe (Substrat sowie Schicht) wurde dabei festgestellt, dass eine Interdiffusion zwischen STO-Substrat und Bariumschicht stattgefunden haben muss, denn die semiquantitative Analyse ergab die folgende kationische Zusammensetzung im Punkt sp2 (Bild 4.44): Ba 20,1 Atom-%, Sr 6,2 Atom-%, Ti 15,8 Atom-%. Diese Zusammensetzung würde eher auf eine Verbindung der Stöchiometrie A_2TiO_4 hindeuten [25]. (Die Elementzusammensetzung im Punkt sp1 weist eindeutig auf stöchiometrisches $SrTiO_3$ hin.[14])

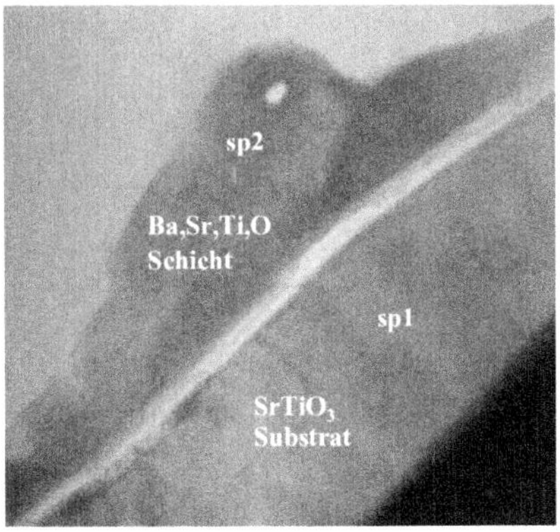

Bild 4.44: TEM-Aufnahme eines Ba-beschichteten STO-Einkristalls (Probe N3, Dicke 52 μm, Schichtdicke 50 nm). An den markierten Punkten sp1 und sp2 wurden EDXS-Analysen durchgeführt, s. Text.

Insgesamt liefern diese XRD-Ergebnisse nur Aussagen über die jeweiligen Hauptbestandteile der Schichten; sehr dünne Oberflächenanteile anderer Verbindungen wie etwa Hydroxide oder Peroxide (vgl. Bild 4.40), die möglicherweise für den beschleunigten Sauerstoffeinbau entscheidend sind, wären nur sehr schwer nachzuweisen. Hier könnten möglicherweise höherauflösende Oberflächenanalysemethoden, wie etwa XPS, UPS oder etwa die Hochtemperatur-IR-Spektroskopie, mit deren Hilfe die Peroxidverbindungen anhand ihrer charakteristischen Schwingungsfrequenzen detektiert werden können, weiterführende Erkenntnisse liefern.

[13]von Herrn Dr. Miran Čeh, Jožef-Stefan-Institut, Ljubljana, Slowenien, mit Mitarbeitern des Centre for Electron Microscopy

[14]Eine analoge TEM/EDXS-Untersuchung an einer Ca-beschichteten einkristallinen STO-Probe (Probe 85) ließ hingegen keinerlei Interdiffusion erkennen [25], obschon diese bei Calcium angesichts seines kleineren Ionenradius' eher zu erwarten gewesen wäre.

4.4.3 Thermogravimetrie

Ebenfalls zum Zwecke einer experimentellen Überprüfung der MALT-Vorhersagen wurden thermogravimetrische Untersuchungen an den Beschichtungsmaterialien durchgeführt. Dazu wurde zunächst eine entsprechende Menge des Targetmetalls aus der PVD-Anlage an Luft zermörsert, um möglichst kleine Partikelgrößen (große reaktive Oberflächen) zu erhalten, anschließend ca. 30 mg des Pulvers in einem Platintiegel an Umgebungsluft in der Thermowaage gegen eine chemisch inerte Probe (Al_2O_3) von entsprechender Masse relativ langsam (ca. 3 K/min.) auf Temperaturen oberhalb 1000 °C aufgeheizt und die relativen Massenänderungen registriert.

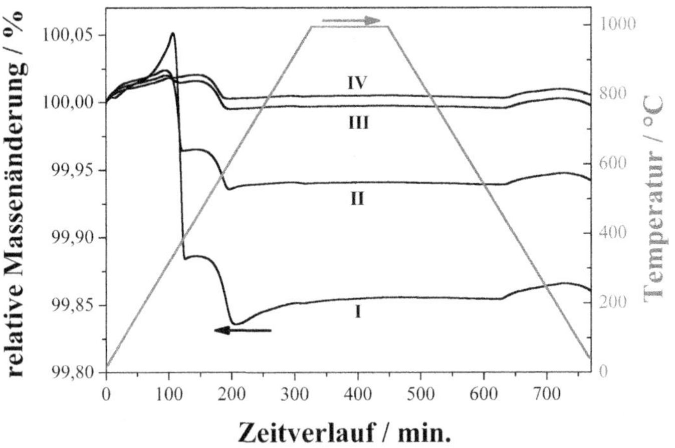

Bild 4.45: Thermogravimetrische Messungen an einem zermörserten Ca-PVD-Target (vier Messungen an derselben Probe innerhalb weniger Tage)

Im Falle des Calcium (Bild 4.45) wurde die Pulverprobe viermal auf- und abgeheizt. Man stellt zu Beginn eine Massenzunahme fest (die einer Carbonatbildung aus dem noch teils metallischen Anfgangszustand entsprechen könnte), dann einen zweistufigen Zerfallsprozess: Ab etwa 300 °C tritt ein deutlicher Masseverlust auf, gefolgt von einem weiteren ab etwa 550 °C. Oberhalb dieser Temperatur bleibt das Massensignal konstant, so dass sich hier offensichtlich ein relativ stabiles Oxid ausgebildet hat, das auch beim Abheizen eine gewisse Stabilität zu besitzen scheint (in Einklang mit den XRD-Messungen). Dass dennoch sowohl im Hochtemperaturbereich der ersten Messung als auch beim wiederholten Aufheizen (Messungen II bis IV in Bild 4.45) erneut oxidative Prozesse ablaufen, lässt sich damit erklären, dass die Pulverpartikel aufgrund ihrer Größe im Inneren noch nicht vollständig durchoxidiert gewesen sind. Dem entsprechen sowohl die immer geringer werdenden Massenänderungen wie auch die allgemein geringen relativen Masseänderungen (nur Oberflächenreaktionen im Verhältnis zum relativ großen Bulk).

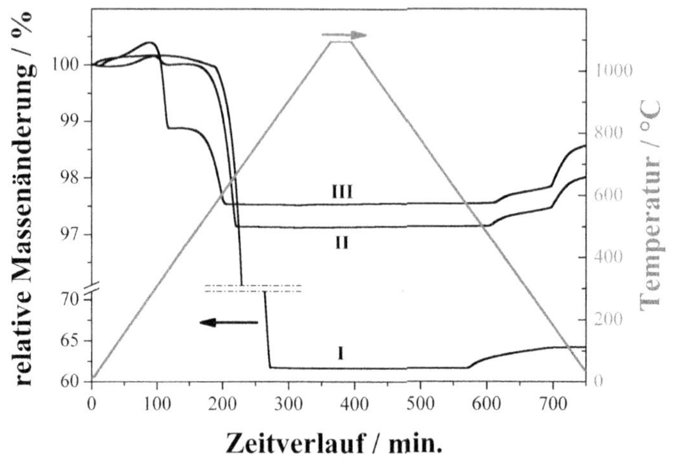

Bild 4.46: Thermogravimetrische Messungen an kommerziellem Calciumcarbonat-Pulver (drei Messungen an derselben Probe innerhalb weniger Tage) Merck pro analysi Artikel-Nr. 102066 mit Korngröße $d_{50} = 14\ \mu$m

Wenn man demgegenüber Bild 4.46 betrachtet, welches das thermogravimetrische Verhalten von kommerziellem $CaCO_3$-Pulver wiedergibt, so zeigt sich sofort eine Ähnlichkeit zur Kurve mit dem PVD-Target. Zu Beginn ist interessanterweise nur ein einziger Zerfall zu sehen: die Umwandlung des Carbonats zum Oxid ab ca. 550 °C, entsprechend einem Massenverlust auf ca. 60 % der Ursprungspulvermasse, der ziemlich gut dem theoretischen Wert ($M_{CaCO_3} = 100,1$ g/mol, $M_{CaO} = 56,1$ g/mol) entspricht; erst bei der zweiten und dritten Messung tritt auch ein vorausgehender Zerfall bei tieferer Temperatur (im Bereich von 300...400 °C) auf, der mit der Reaktion weiterer Calciumverbindungen gedeutet werden muss, möglicherweise infolge der Feuchtigkeit der Umgebungsluft. So liegt etwa die Zersetzungstemperatur für $Ca(OH)_2$ nach [30] im Temperaturbereich 300...550 °C, und Sawada und Ito [212] fanden bei der thermischen Zersetzung von Hydroxidteilchen mit Carbonatanteilen einen ähnlichen zweistufigen TG-Verlauf, so dass neben dem Zerfall $CaCO_3 \rightarrow CaO + CO_2 \uparrow$ auch noch eine zwischenzeitliche Bildung von Hydroxid in feuchten Atmosphären ($CaCO_3 + H_2O \rightarrow Ca(OH)_2 + CO_2 \uparrow$) und anschließendem Zerfall denkbar ist. Auch hier sind die Prozesse nicht vollständig umkehrbar; das gebildete Calciumoxid besitzt eine ausgeprägte Stabilität (s. insbesondere den Endzustand der ersten Messung; der letzte Hub dürfte mit der Aufnahme von Wasser erklärbar sein), so dass der relative Oxidgehalt der Probe zu Beginn jeder Messung größer geworden ist. Insgesamt spiegelt also das Verhalten des kommerziellen Carbonatpulvers recht gut das des verwendeten PVD-Targetmaterials wider.

In Bild 4.47 ist das thermogravimetrische Verhalten von analog präpariertem Sr-PVD-Pulver wiedergegeben. Wie Bild 3.7 zeigte, ist das Sr-Target bereits bei Raumtemperatur an Luft sehr reaktiv. Auch in diesem Fall ist eine zweistufige Umwandlung mit steigender Temperatur an Umgebungsluft zu beobachten: Ein erster Zersetzungsprozess knapp oberhalb von 400 °C wird gefolgt von einem zweiten oberhalb von 800 °C, was wie im Falle des Calcium mit der Existenz eines Carbonats mit Hydroxidanteil [57, 41] gedeutet wird. Auch hier fällt auf, dass der Endzustand sich in der Masse vom Anfangszustand unterscheidet, was auf eine Stabilität der entstandenen Hochtemperatur-Reaktionsprodukte hindeutet. Dass bei den beiden Folgemessungen erneut Zerfälle zu beobachten sind, deutet wiederum auf eine nur partielle Durchoxidation der zermörserten Partikel während der ersten Messung hin. Diesem Ergebnis gegenübergestellt ist in Bild 4.48 die entsprechende Messreihe für kommerziell erhältliches $SrCO_3$-Pulver. Hier gibt es beim ersten Aufheizen nur *einen* Zerfall (oberhalb von 800 °C) – den des Carbonats –, bei den weiteren Messungen an derselben Pulverprobe jedoch ebenfalls einen zweistufigen Zerfallsprozess (bei etwa 400 °C und oberhalb von etwa 850 °C), was auf das Vorhandensein von Hydroxiden hindeutet.

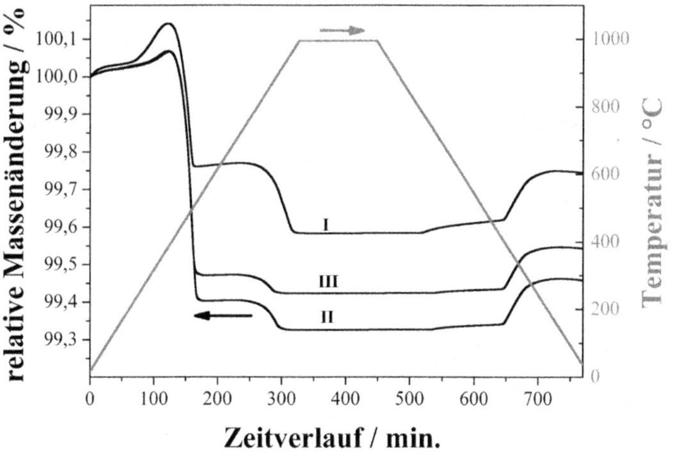

Bild 4.47: Thermogravimetrische Messungen an einem zermörserten Sr-PVD-Target (drei Messungen an derselben Probe innerhalb weniger Tage)

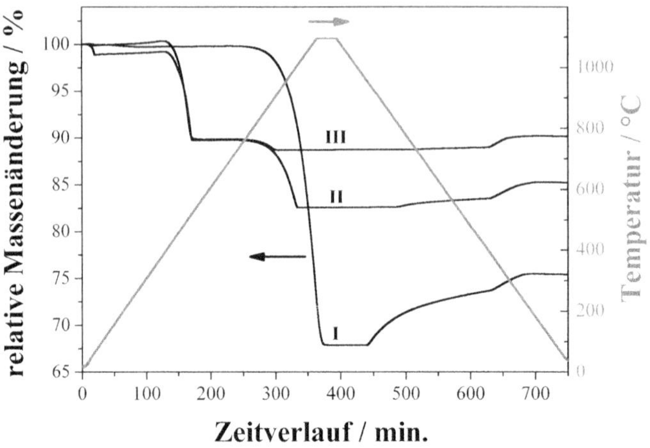

Bild 4.48: Thermogravimetrische Messungen an kommerziellem Strontiumcarbonat-Pulver Merck Selectipur Artikel-Nr. 107861 (drei Messungen an derselben Pulverprobe innerhalb weniger Tage)

Im Falle des Bariums (Bild 4.49) ist ein sehr großer Zerfall, der erst bei sehr hohen Temperaturen (oberhalb von 1000 °C) einsetzt und langsam vonstatten geht, zu beobachten. Die Messungen an kommerziellem Bariumcarbonat-Pulver (Bild 4.50) zeigen das völlig analoge Verhalten eines um 1000 °C einsetzenden Zerfalls, der sich ebenfalls beim Abkühlen als nur wenig reversibel erweist. Bei tiefen Temperaturen konnte im XRD ein Hydroxid nachgewiesen werden; das möglicherweise komplexe Reaktionsschema hydroxilierter Bariumverbindungen [86] im Niedertemperaturbereich spiegelt sich in Bild 4.49 nicht wider. Wie erwartet, ist das Bariumcarbonat die stabilste der drei Erdalkalicarbonatverbindungen und zersetzt sich erst bei Temperaturen merklich oberhalb des Wirkungsbereichs der elektrisch bzw. per Tracermessungen bestimmten Sauerstoffkinetikerhöhung.

Die Zerfallstemperaturen, die in der Literatur für die Zersetzung von Carbonaten zu Oxiden angegeben werden, sind oftmals deutlich höher als die von MALT vorhergesagten bzw. die experimentell an den vorliegenden Schichten bzw. Pulvern bestimmten. Beispielsweise geben Phillips und Williams [192] die Zerfalls-Temperaturen von $MeCO_3$-Bulkproben (Me = Ca, Sr, Ba), bei denen also die chemische Reaktion

$$MeCO_3 \rightarrow MeO + CO_2 \qquad (4.4)$$

stattfindet, zu 900 °C (Ca), 1280 °C (Sr) bzw. 1360 °C (Ba) an. Es ist jedoch damit zu rechnen, dass dieser Zerfall auch von der Struktur der zerfallenden Substanz abhängt und somit

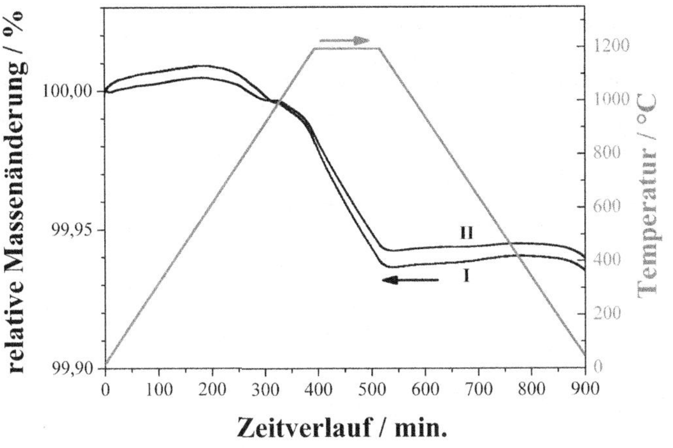

Bild 4.49: Thermogravimetrische Messungen an einem zermörserten Ba-PVD-Target (zwei Messungen an derselben Probe innerhalb weniger Tage)

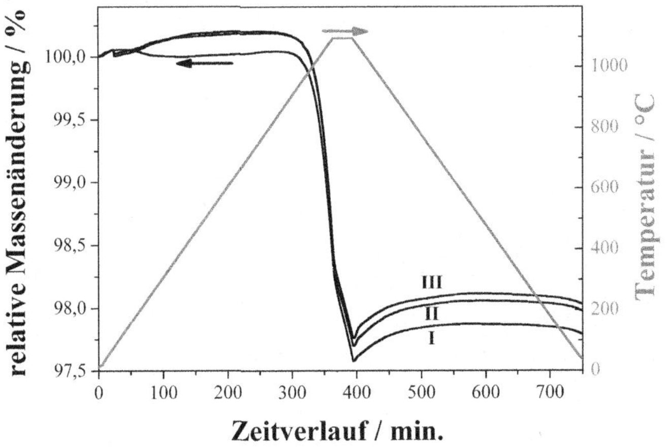

Bild 4.50: Thermogravimetrische Messungen an kommerziellem Bariumcarbonat-Pulver Merck pro analysi Artikel-Nr. 101714 (drei Messungen an derselben Pulverprobe innerhalb weniger Tage)

bei dünnen Oberflächenschichten bzw. bei feinkörnigen Pulverproben ein schnellerer Zerfall stattfindet. Insofern muss auch berücksichtigt werden, dass der thermogravimetrisch nachgewiesene Gesamtumsatz des Probenmaterials teils erst bei Temperaturen erfolgt, die weit oberhalb der Phasenumwandlungstemperaturen dünner Oberflächenlayer auf den Oxidschichten im XRD bzw. bei den Kinetikmessungen liegen können.

4.4.4 Schichtmorphologie

In der Literatur existieren Arbeiten, in denen elektrische Messungen an CaO-, SrO- und BaO-Keramiken und -Einkristallen [58, 208, 233, 38, 126] durchgeführt wurden. Dabei wurden etwa bei 1000 K von Rudolph [208] Leitfähigkeitswerte im Bereich von $10^{-6...-5}$ S/cm für keramische Proben an Luft bestimmt. Surplice [233] fand für einkristalline Proben unter reduzierenden Bedingungen Werte im Bereich von $10^{-8...-7}$ S/cm, Dolloff [58] Werte im Bereich von 10^{-4} S/cm. Copeland und Swalin [38] ermittelten an einer SrO-Bulkkeramik an Luft eine Leitfähigkeit von ca. 10^{-5} S/cm, Kovalev und Krasin'kova [126] bestimmten Werte um 10^{-8} (CaO), 10^{-7} (SrO) bzw. 10^{-5} S/cm (BaO) für kristalline Proben bei 1000 K unter leicht reduzierenden Bedingungen. In allen Fällen sind dies Leitfähigkeitswerte, die deutlich unterhalb denen für akzeptordotiertes STO oder gar STF35 liegen.
Die von Kovalev und Krasin'kova [126] bestimmten thermischen Bandabstände stimmen gut mit Literaturwerten aus optischen Messungen für CaO ($E_g \approx 7,7$ eV) [78], SrO ($E_g \approx 6,1$ eV) und BaO ($E_g \approx 4$ eV) [270] überein. Neuere Messungen von Rao und Kearney [198] ergaben ebenfalls Bandlücken im Bereich von ca. 4 eV (BaO), 6 eV (SrO) bzw. 7 eV (CaO). Angesichts der Tatsache, dass also die aufgebrachten Erdalkalioxide Wide-band-gap-Materialien sind und somit nur eine sehr niedrige Leitungsbandelektronenkonzentration aufzuweisen haben, ist davon auszugehen, dass mit einer – im Vergleich zum STO-Substrat – stark verlangsamten Sauerstoffinkorporation in die Oxidschicht zu rechnen ist (vgl. Abschnitt 2.3.5).
Aufgrund der Schwierigkeit, auf geeignete Proben der betreffenden Erdalkalimetalloxide zurückzugreifen[15], konnten an diesen Materialien zwar weder direkt Transportparameter (Sauerstoffdiffusionskoeffizienten bzw. Sauerstoffoberflächenaustauschkoeffizienten) experimentell bestimmt werden[16], doch gilt es angesichts der großen Bandlücke der reinen Erdalkalimetalloxide als sicher, dass die für die Reduktion des Sauerstoffes benötigten Elektronen unter den vorliegenden Bedingungen (Temperatur, Atmosphärenzusammensetzung, Defektkonzentrationen) nicht zur Verfügung stehen.

Für den beobachteten Effekt der Kinetikerhöhung können demzufolge nicht die Flächen, an denen die PVD-Schichten den STO-Kristall bedecken, entscheidend sein. Auch die Schichtdicke der aufgebrachten Schicht kann ebenfalls per se keine entscheidende Einflussgröße darstellen, da – wie oben diskutiert – die Dickenmessungen im Vakuum erfolgten, die Schichten jedoch

[15] Leider ist die Verfügbarkeit einkristalliner Proben der betreffenden Materialien, wie sie für solche Untersuchungen benötigt würden, ausgesprochen gering und die Präparation dichter Tabletten für Tracerdiffusionsversuche aufgrund der sehr hohen Schmelzpunkte der Erdalkalimetalloxide ($T > 2000$ °C) sehr schwierig.

[16] Aufgrund der methodischen Zwänge der Isotopenaustauschmethode wäre es hierzu notwendig, sowohl k^* als auch D^* in den reinen Oxiden bestimmen zu können.

nach der Entnahme aus der Vakuumglocke bei Raumtemperatur an der Umgebungsluft rasch zu oxidieren und aufzubrechen begannen, dabei die Kristalle jedoch makroskopisch homogen bedeckend. Beim Aufheizen und der dabei erfolgenden kinetischen In-situ-Vermessung veränderte sich die Morphologie der Schichten (beginnende Kristallisation und Inselbildung), so dass die Kinetiksteigerung mit der Schichtdicke nicht notwendigerweise korreliert. (Um dies quantitativ verlässlich zu untermauern, bedürfte es Daten aus Experimenten, in denen Dicke und Morphologie der verschiedenen Oxidschichten *definiert* identisch sind.) Vielmehr müssen die Dreiphasengrenze Gasphase/STO/Oxidschicht und/oder Reaktionen, welche die chemische Natur der Schicht verändern, für die Erhöhung der Durchtrittskinetik verantwortlich sein.

Um die Änderungen der Oberflächentopologie beschichteter Proben zu untersuchen, wurde daher eine Messreihe an undotierten einkristallinen STO-Substraten durchgeführt. Dabei wurden vier Kristalle aus einer Charge in einem Beschichtungsschritt simultan mit 23 nm Ca beschichtet (die Schichtdicke wurde absichtlich so gering wie möglich gewählt, um eine signifikante Morphologieveränderung der Oberfläche nicht durch zu große aufgebrachte Materialmengen optisch zu verdecken). Die Proben erfuhren anschließend verschiedene Temperaturbehandlungen (vgl. Bild 4.51), die in Anlehnung an die bei den Kinetikmessungen auftretenden Temperaturprofile gewählt wurden. Dabei wurden die jeweiligen Verweildauern überhöht, um der Tatsache Rechnung zu tragen, dass mikrostrukturelle Änderungen, auf die elektrische Messungen bereits sehr empfindlich reagieren, oftmals erst nach wesentlich längeren Zeitdauern auch im Gefügebild sichtbar werden.
Anschließend wurden die Probenoberflächen im Rasterelektronenmikroskop (REM) untersucht. Die Ergebnisse sind in Bild 4.52 wiedergegeben. Hier ist zu erkennen, wie unmittelbar nach Beschichtung (oberstes Bild) eine homogene Bedeckung der Kristalloberfläche vorliegt. Zu Beginn der kinetischen Messreihen (also nach Aufheizen der Probe auf 650 °C) ist ein Aufbrechen der Schicht beobachtbar (zweites Bild von oben), das zum Entstehen einer Vielzahl von Drei-Phasen-Grenzen führt. Nach weiterer Temperaturbehandlung bis 800 °C (drittes Bild von oben) hat sich der Bedeckungsgrad der Kristalloberfläche (und mithin auch die Dreiphasengrenzlänge) sichtbar geändert. Das Erdalkalioxidmaterial hat deutlich zu agglomerieren begonnen, ferner ist (im Falle des untersuchten CaO) bereits ein Fortschreiten der Kristallisation zu beobachten. In dem Stadium der thermischen Behandlung, das dem Endzustand nach einer Kinetikmessung bis 950 °C entspricht (unterstes Bild), ist ein Fortschreiten der Partikelagglomeration zu beobachten, das mit einer Änderung der Oberflächenbedeckung und Dreiphasengrenzlänge einhergeht.

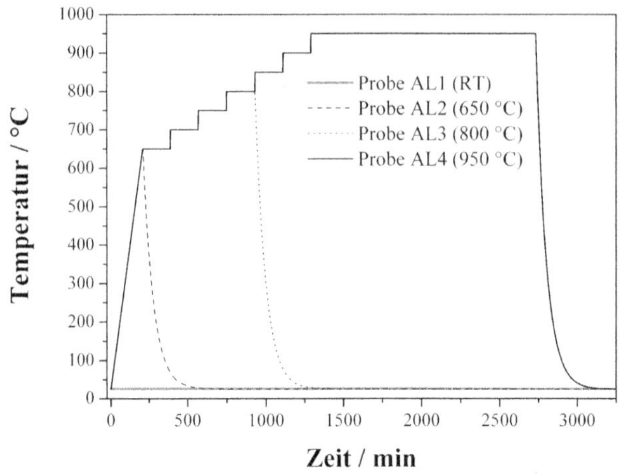

Bild 4.51: Temperaturprofile für vier mit 23 nm Ca PVD-beschichtete undotierte STO-Einkristalle (Dicke unter Vakuumbedingungen bestimmt) zwecks nachfolgender REM-Oberflächenanalyse: Probe AL1 („as prepared") wurde beschichtet und bei Raumtemperatur im Exsikkator aufbewahrt, die übrigen drei Proben wurden mit 3 K/min auf 650 °C aufgeheizt. Probe AL2 wurde anschließend auf Raumtemperatur abgeschreckt, Probe AL3 erfuhr ein der kinetischen Messreihe entsprechendes Temperaturprofil bis 800 °C und wurde anschließend auf Raumtemperatur abgeschreckt, Probe AL4 durchlief das komplette Temperaturprofil einer kinetischen Messreihe und wurde noch 24 h auf 950 °C gehalten, ehe sie ebenfalls auf Raumtemperatur abgeschreckt wurde.

Diese augenscheinlichen Ergebnisse wurden mit Hilfe der Bildanalysesoftware SPIP[17] quantitativ untermauert. Dabei wurden repräsentative Bildausschnitte der drei Probenoberflächen bei 650 °C, bei 800 °C und bei 950 °C einer semiautomatischen Bildanalyse unterworfen, um Aussagen über den Oberflächenbedeckungsgrad sowie die Länge der anhand der Erdalakalioxid-"Inseln" erkennbaren Dreiphasengrenzen zu gewinnen. In Bild 4.53 sind die Ergebnisse wiedergegeben. Auch wenn die Auswertung mit einer großen Unsicherheit behaftet ist (angesichts der Schwierigkeit, die Dreiphasengrenzen nur im Rahmen der gegebenen Auflösungsgrenzen exakt identifizieren zu können), so zeigt sich im Rahmen der Genauigkeit der angewandten Methode, dass sowohl der Bedeckungsgrad der Kristalloberfläche als auch die Gesamtlänge der im REM-Bild erkennbaren Dreiphasengrenzen sich während der Temperaturbehandlung der beschichteten Proben signifikant verringern.

[17]The Scanning Probe Image Processor, Version 3.0 der Firma Image Metrology A/S, Hørsholm, Dänemark

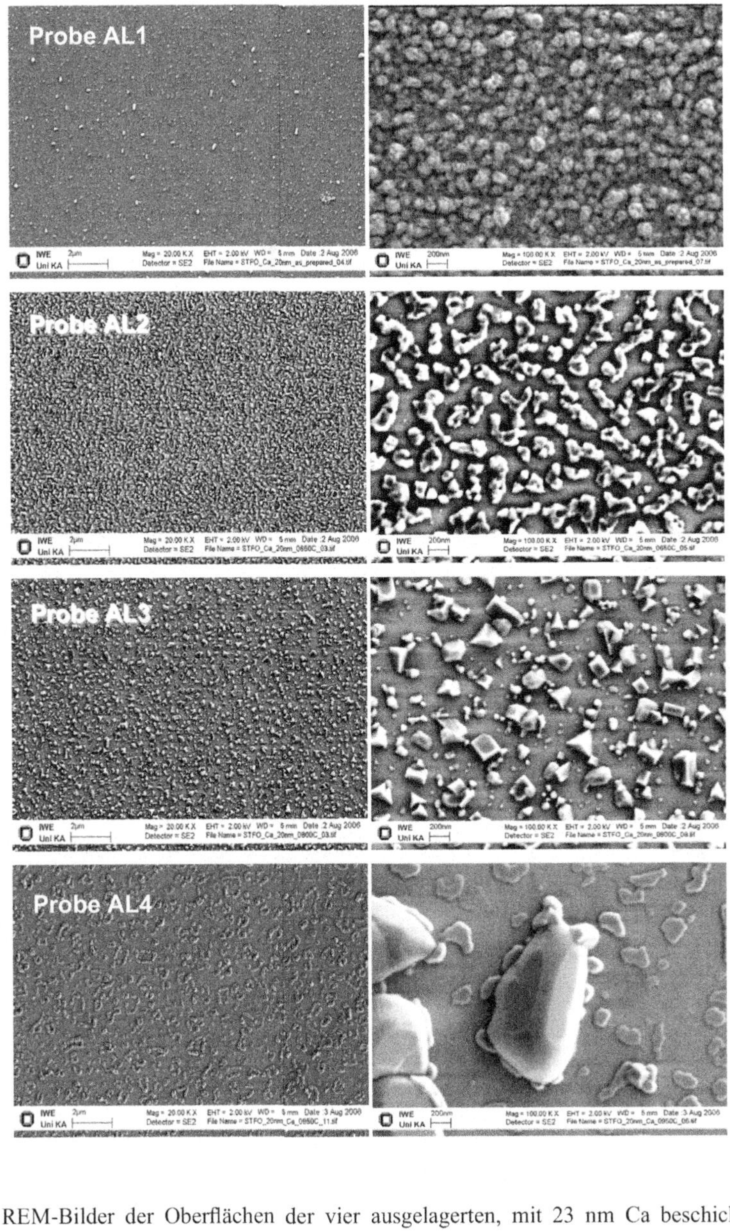

Bild 4.52: REM-Bilder der Oberflächen der vier ausgelagerten, mit 23 nm Ca beschichteten STO-Einkristalle: von oben nach unten Probe AL1 („as prepared"), Probe AL2 (650 °C), Probe AL3 (800 °C) und Probe AL4 (950 °C), jeweils in zwei unterschiedlichen Vergrößerungen (linke Spalte: 20 k, rechte Spalte: 100 k).

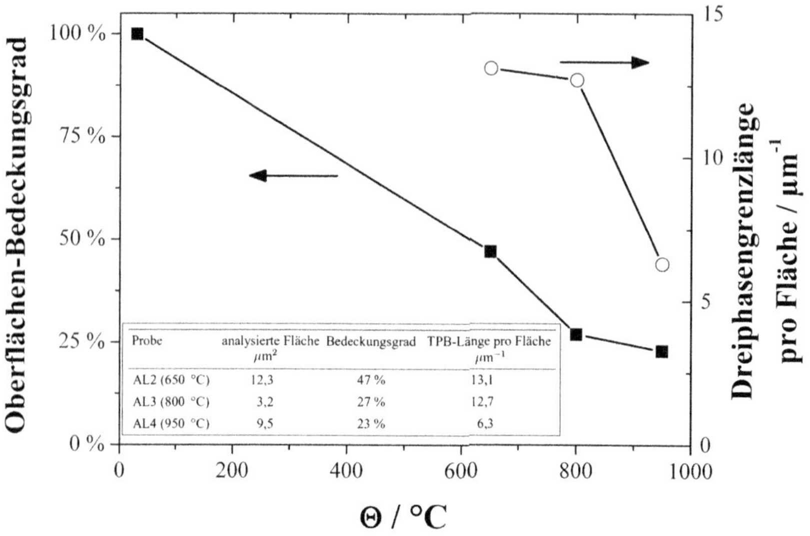

Probe	analysierte Fläche μm^2	Bedeckungsgrad	TPB-Länge pro Fläche μm^{-1}
AL2 (650 °C)	12,3	47 %	13,1
AL3 (800 °C)	3,2	27 %	12,7
AL4 (950 °C)	9,5	23 %	6,3

Bild 4.53: Ergebnisse der halbautomatischen SPIP-Bildanalyse der Proben AL2 bis AL4: Mit steigender Temperatur nehmen sowohl der Oberflächen-Bedeckungsgrad (linke Ordinate) als auch die Dreiphasengrenzlänge (rechte Ordinate, auf die untersuchte Fläche bezogen) ab. Die Tabelle unten links zeigt weitere Details.

4.5 Stabilität des Effekts

Im Gegensatz zu früheren Voruntersuchungen an dünnen Erdalkalioxidschichten [154] wurde festgestellt, dass auch nach einer thermischen Behandlung über mehrere Tage hinweg noch immer ein Effekt zu beobachten ist. Bild 4.54 zeigt die kinetische Vermessung eines mit 20 nm Ca beschichteten undotierten STO-Einkristalls, der nach Bedampfung und kinetischer Vermessung eine Woche bei 1000 °C an Luft ausgelagert wurde. Dabei war zwar eine deutliche Abnahme des kinetiksteigernden Effektes zu beobachten, aber kein völliges Verschwinden.

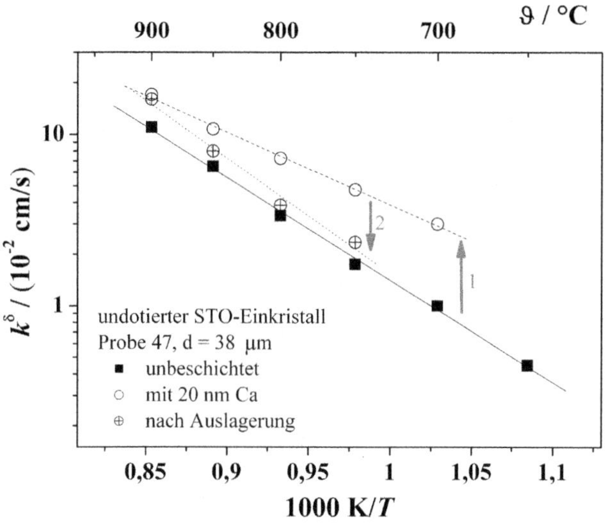

Bild 4.54: Zeitverhalten der Austauschkinetik an einem Ca-beschichteten Einkristall: Kinetiksteigerung direkt nach Bedampfung (1); nach Auslagerung für sieben Tage an Luft bei 1000 °C ist eine Abnahme des Effekts zu beobachten (2), jedoch kein völliges Verschwinden.

Wie aus Bild 4.55 hervorgeht, weist eine Mehrfachvermessung einer beschichteten Probe ein driftähnliches Verhalten zu leicht erhöhten k^δ-Werten auf. In Verbindung mit den Ergebnissen auf dem vorigen Abschnitt legt dies den Schluss nahe, dass die morphologischen Veränderungen der Schicht auf der Probenoberfläche (Inselbildung), in Verbindung mit den chemischen Veränderungen sowie dem Kristallisationsverhalten der Oxide, zunächst eine ganz leichte Verbesserung des Wirkmechanismus' seitens des aufgebrachten Erdalkalioxids bewirken (an einer mit 200 nm Sr beschichteten Probe wurde derselbe Effekt festgestellt, bei einer Platinbedampfung ebenso), ehe die Wirkung der aufgebrachten Schicht sich auf einer längeren Zeitskala infolge der starken Reduktion der Dreiphasengrenzlängen und chemischen Veränderungen verliert.

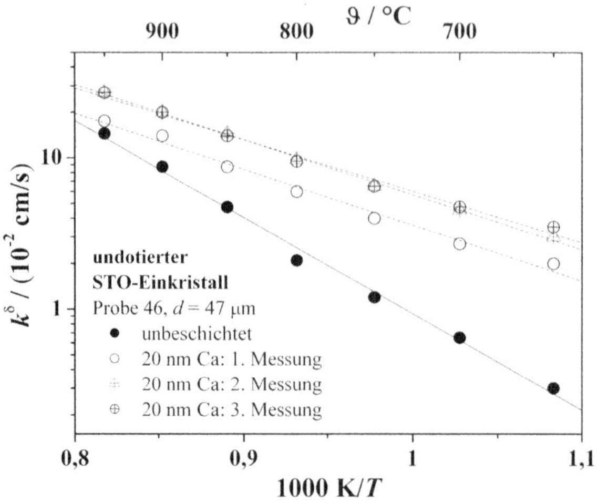

Bild 4.55: Vier aufeinanderfolgende kinetische Vermessungen eines Ca-beschichteten Einkristalls zeigen leichte Veränderungen des k^δ-Werts.

4.6 Diskussion zur Wirkung der Schichten

Da die Beschichtung mit Ba, Sr und Ca in allen drei Fällen zu einer Kinetikerhöhung bei nicht zu hohen Temperaturen (i. d. R. unterhalb 800 °C) führte, was sowohl in den elektrischen Messungen zur chemischen Kinetik (Abschnitt 4.2) als auch in den SIMS-Messungen (Abschnitt 4.3) nachgewiesen werden konnte, wurde ebenfalls eine Beschichtung mit einem leichteren Element der zweiten Hauptgruppe des Periodensystems durchgeführt: Bild 4.56 zeigt das Ergebnis kinetischer Messungen für einen magnesiumbeschichteten STO-Einkristall. Interessanterweise ist hier gerade eine Verminderung der Kinetik bei tieferen Temperaturen zu beobachten, die sich für hohe Temperaturen dem k^δ-Wert der blanken Kristalloberfläche annähert.
Aus der Literatur über Peroxide (z. B. [243, 246, 96]) ist bekannt, dass Peroxidverbindungen mit ausgeprägtem Ionencharakter typisch für die Elemente des Periodensystems mit betont basischen Eigenschaften sind, wie etwa die Erdalkalimetalle [246]. Calcium, Strontium und Barium sind basische Elemente, Magnesium hingegen nur mäßig, und das erste Element der zweiten Hauptgruppe, Beryllium, ist amphoter und bildet gar kein Peroxid [6]. Die Zerfallstemperaturen der Peroxide und mithin ihre Stabilität nehmen innerhalb der zweiten Hauptgruppe zu [96, 246], wobei das Bariumperoxid erst oberhalb ca. 800 °C komplett zerfällt. Das MgO_2 ist das instabilste, in reiner Form kaum anzutreffen und zerfällt bereits bei Temperaturen deutlich unterhalb 400 °C. In ihrem Überblick zur Stabilität von Oxidverbindungen gehen Lamoreaux et al. [131]

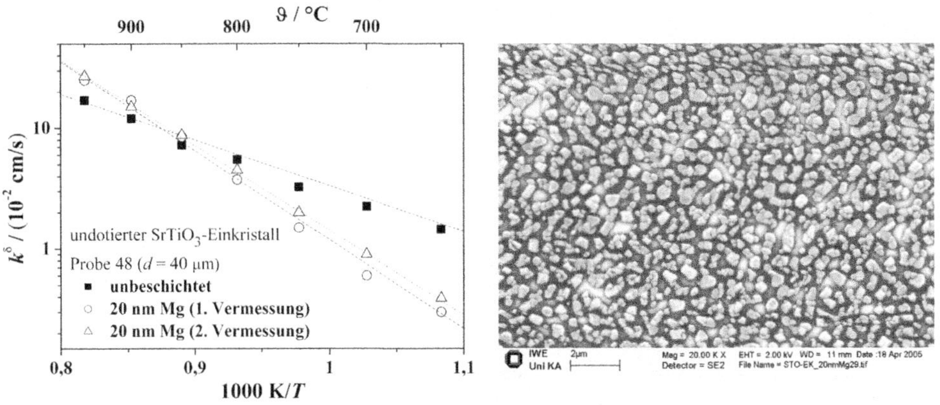

Bild 4.56: Arrhenius-Diagramm der chemischen Ratenkonstanten k^δ für Sauerstoffaustausch an einem mit 20 nm Mg (Dicke im Vakuum bestimmt) PVD-beschichteten undotierten STO-Einkristall (offene Messpunkte) im Vergleich zur unbeschichteten Oberfläche desselben Kristalls. Der beschichtete Kristall wurde zweimal in Folge vermessen. Rechts das REM-Bild der beschichteten Oberfläche nach erfolgter kinetischer Messreihe.

davon aus, dass nur im Falle von Sr und Ba stabile Peroxidphasen bei höheren Temperaturen existieren; im Falle des Calcium führen sie einen sehr frühen Zerfall an, MgO_2 wird nicht erwähnt. Eine theoretische Stabilitätsuntersuchung von Königstein und Catlow [124] kommt zu dem Ergebnis, dass SrO_2 und BaO_2 stabile Verbindungen sind, hingegen CaO_2 kaum und MgO_2 nicht ohne stabilisierende Wasser- oder Hydroxidanteile auftritt.

Wenn auch für CaO_2 und SrO_2 teils recht tiefe Zerfallstemperaturen in der Literatur angegeben werden, so könnte der vorgenannte Sachverhalt ein Indiz dafür sein, dass die Unterschiede im kinetischen Verhalten zwischen Mg- einerseits und Ca-, Sr- bzw. Ba-bedampften Kristallen andererseits auf das Phänomen einer Peroxidbildung zurückzuführen sein könnten. Auf einen deutlichen Unterschied in der Basizität zwischen CaO und MgO weisen auch Pacchioni et al. [188] hin.

Mit Hilfe der thermodynamischen Datenbank MALT (siehe Abschnitt 4.4.1) wurde eine Berechnung für den Fall durchgeführt, dass ein Mol bei Raumtemperatur gebildetes Erdalkalicarbonat in einer Gasatmosphäre mit $p_{O_2} = 0,21$ bar und bei völliger Abwesenheit von Kohlendioxid und Feuchte aufgeheizt wird. Diese Bedingungen entsprechen genau denen der Kinetikmessungen unter Einsatz von CO_2-freier synthetischer Luft und Trocknungspatronen. Das Ergebnis zeigt Bild 4.57. Hier zeigt sich ein deutlich von Bild 4.40 verschiedener Sachverhalt. Die Peroxidbildung ist wesentlich stärker ausgeprägt, interessanterweise sollen im Falle des Strontiums und Bariums im Temperaturbereich der kinetischen Messungen Peroxide vorliegen können (beim Calcium weniger ausgeprägt, beim Magnesium überhaupt nicht vorhanden). Es sei an dieser Stelle aber nochmals betont, dass es sich hierbei jedoch um reine Gleichgewichtsberechnungen handelt ohne weitergehende kinetische Betrachtungen, so dass die thermodynamische Voraussage einer Phase nicht tatsächlich ihre reale Existenz unter den gegebenen Bedingungen bedeuten muss. Insbesondere wäre denkbar, dass bereits eine sehr dünne Oberflächenschicht, die sich im Temperaturbereich unterhalb 800 °C auf der jeweiligen Erdalkalioxidbeschichtung bildet, für die Zwecke einer katalytischen Wirkung auf den Sauerstoffeinbau völlig ausreichend ist. Weiterhin ist es denkbar, dass das betreffende Peroxid durch das Vorhandensein des zugehörigen basischen Oxids (CaO, SrO bzw. BaO) stabilisiert wird. Bei einem weniger basisch ausgeprägten Oxid (MgO) wäre eine Beschichtung für den Sauerstoffeinbau hingegen eher von Nachteil, da die Bedeckung des STO-Substrats mit dem katalytisch nicht aktiven Oxid lediglich die Oberfläche für den Sauerstoffaustausch partiell blockiert[18] und somit kinetikhemmend wirkt. Bei hohen Temperaturen scheint der Austausch an der freien Perowskitoberfläche hingegen schnell genug, so dass sich der Austausch für den Mg-beschichteten Kristall von dem unbeschichteten nicht mehr unterscheidet.

Zecchina et al. [268, 269] haben mittels einer optischen Analyse der Spektren von Erdalkalioxidoberflächen in diffuser Reflexion bei Raumtemperatur in vacuo bzw. unter geringen p_{O_2}-Werten Hinweise auf molekulare Sauerstoffspezies an den Oxidoberflächen bei Anwesenheit von $O_{2,gas}$ entdeckt: Bei BaO und SrO deuteten sie diese als Peroxidionen, bei CaO allgemein als adsorbierten nichtdissoziierten Sauerstoff, wohingegen bei MgO kein Effekt nachweisbar war. Wei et al. [257] haben bei der Analyse von Strontiumoxid-Inseln, die sich auf den Oberflächen von donatordotiertem STO beim Auslagern unter oxidierenden Bedingungen bilden (vgl. Abschnitt 4.7.1), Anhaltspunkte für die mögliche Bedeckung dieser Inseln von einem dünnen äußeren SrO_2-Layer gefunden.[19]

Da alle elektrischen Messungen der chemischen Kinetik an den eisendotierten Einkristallen in CO_2- und feuchtefreier Atmosphäre erfolgten, sollte der Verlauf nach Bild 4.57 mehr Hinweise liefern können als Bild 4.40. So scheint es, als könne der Übergang von Carbonaten zu Oxiden tatsächlich nicht zur Deutung der Ergebnisse der Kinetikerhöhung herangezogen werden; vielmehr ist die Rolle der möglicherweise an der jeweiligen Oxidoberfläche existenten Peroxide näher zu betrachten. Angesichts der angesprochenen Messung in getrockneter Luft kann auch davon ausgegangen werden, dass eine Hydroxidbildung nicht ursächlich im Zusammenhang mit der Kinetikerhöhung infrage kommt.

[18] Frühere Untersuchungen [154] an dem sauren Oxid TiO_2 ergaben auch eine leicht kinetikhemmende Wirkung.

[19] Das Auftreten von Erdalkalisuperoxiden soll an dieser Stelle nicht weiter verfolgt werden, da ihr Vorkommen nur in sehr unreiner Form und unter sehr hohen Drücken möglich zu sein scheint [246, 96].

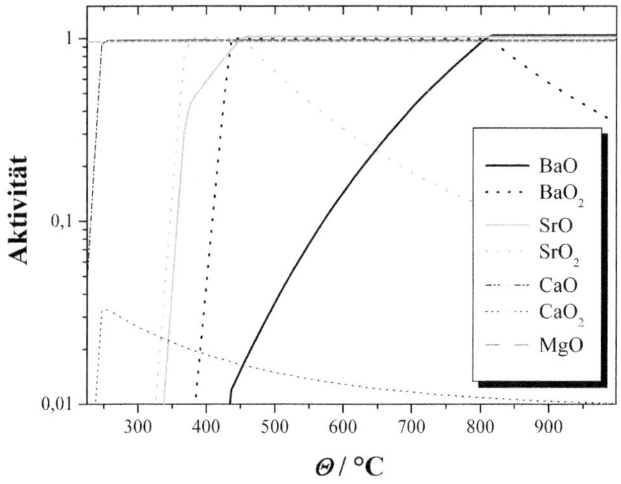

Bild 4.57: Simulation des Systems Me-O (Me = Ca, Sr, Ba) als Funktion der Temperatur mittels MALT/*gem* an Luft im Falle der Abwesenheit von Feuchte und Kohlendioxid

Bei der Sauerstoffadsorption an Metalloxiden liegt der Bedeckungsgrad der Kristalloberfläche im Bereich von wenigen Prozent oder darunter, und falls mit der Adsorption ein Ladungstransfer verknüpft ist, kann die dadurch hervorgerufene Potentialänderung infolge elektrostatischer Abstoßung den Elektronentransfer, der zur Adsorption und Ionisierung weiteren Sauerstoffs nötig wäre, sogar behindern [68, 258].

Nach der grundsätzlichen mechanistischen Analyse des Sauerstoffeinbaus in STO durch Merkle und Maier [160] (vgl. Abschnitt 2.3.5.2) ist der ratenbestimmende Schritt (die „Flaschenhalssituation") im seriell ablaufenden Reaktionsschema des Einbaus (siehe Gleichungen 2.35 bis 2.38) eine der beiden folgenden Elementarreaktionen:

$$\mathrm{O}^{-}_{2,\mathrm{ads}} + \mathrm{e}' \rightleftharpoons \mathrm{O}^{2-}_{2,\mathrm{ads}} \tag{4.5}$$

$$\mathrm{O}^{2-}_{2,\mathrm{ads}} \rightleftharpoons 2\mathrm{O}^{-}_{\mathrm{ads}} \tag{4.6}$$

Merkle et al. konnten zum einen mittels UV-Bestrahlung den k^{δ}-Wert anheben [159]. Durch die schwache UV-Strahlung im Bereich zwischen 280...420 nm (entsprechend einer Strahlungsenergie von ca. 3...4,4 eV, also oberhalb des Bandabstands von STO), wurden Leitungsbandelektronen angeregt, so dass Schritt 4.5 beim Einbau beschleunigt wurde. (Die Ausbaurate der Oberfläche blieb von der Bestrahlung unbeeinflusst.) Gleichzeitig war die anregende Strahlungsenergie niedrig genug, um eine Photolyse des O_2 zu vermeiden ($\lambda \approx 240$ nm). Der Effekt ließ mit steigender Temperatur nach, was dadurch zu erklären wäre, dass mit steigender Tem-

peratur infolge der Verringerung des Bandabstands die Elektronenkonzentration an den STO-Oberflächen ohnehin merklich zunimmt.
Weiterhin war es derselben Arbeitsgruppe gelungen, mittels poröser Metallbeschichtungen (Pt, Ag, Cr) den Oberflächenaustausch zu erhöhen [135]. Da diese Metalle undurchlässig für Sauerstofftransport sind, konnte es sich dabei nur um einen Dreiphasengrenzeffekt handeln. Dieser katalytische Effekt war auch nur für den chemischen Austausch wirksam, für den Traceraustausch wirkten die Metallfilme hingegen an den Stellen, an denen sie die STO-Kristalle bedeckten, blockierend. Dafür gelang es den Autoren, mittels eines dichten elektronenreichen Oxids ($YBa_2Cu_3O_{6+\delta}$) den Traceraustausch zu beschleunigen. Der erstere Effekt wird mit der Erleichterung der dissoziativen Sauerstoffadsorption (Aufbrechen der starken O=O-Doppelbindung) durch den Metallfilm und den somit beschleunigten Sauerstoffeinbau an den Dreiphasengrenzen, die die metallischen Inseln mit der Gasphase an der STO-Oberfläche bilden, begründet, während für den Effekt der letztgenannten Oberflächenmodifikation noch keine Erklärung gegeben wurde.
Tragut [239] hatte in ersten Untersuchungen den Einfluss von Erdalkalioxiden auf die Sauerstoffdurchtrittskinetik in akzeptordotiertem $SrTiO_3$ festgestellt und den Effekt mit einer Beseitigung nicht abgesättigter Titan-Bindungen an der Probenoberfläche und somit einer Änderung der Oberflächenladung gedeutet. Da die Grenzfläche eines Materials eine Brechung der dreidimensionalen Translationssymmetrie darstellt, kommt es zu Inhomogenitäten und Ladungsträgerumverteilungen im Oberflächenbereich, wodurch sich Raumladungszonen ausbilden können, deren elektrisches Potential zu einer Verbiegung der Bänder an der Kristalloberfläche führt. Da hierdurch die Konzentrationen aller geladenen Defekte an der Oberfläche (im Folgenden bei $x = 0$) empfindlich beeinflusst werden können, können solche Raumladungszonen Verarmungsrandschichten der mobilen Defekte wie Sauerstoffleerstellen oder Elektronen erzeugen und somit den Einbauprozess geladener Sauerstoffionen stark beeinflussen (Bild 4.58). Dies führt im einfachsten Fall zu ortsabhängigen Konzentrationen c_i der beweglichen Ladungsträger (Index i, Wertigkeit z_i)

$$c_i(x) = c_{i,\text{bulk}} \cdot \exp\left(-z_i e \frac{\Phi(x) - \Phi_{\text{bulk}}}{kT}\right) \tag{4.7}$$

die sich entsprechend der ortsabhängigen Potentialunterschiede zum Bulkniveau einstellen. Die Potentialverteilung $\Phi(x)$ wird dann durch die Poisson-Boltzmann-Gleichung [151] beschrieben:

$$\frac{d^2\Phi}{dx^2} = -\sum_i \frac{z_i e}{\epsilon_r \epsilon_0} c_{i,\text{bulk}} \exp\left(-z_i e \frac{\Phi(x) - \Phi_{\text{bulk}}}{kT}\right) \tag{4.8}$$

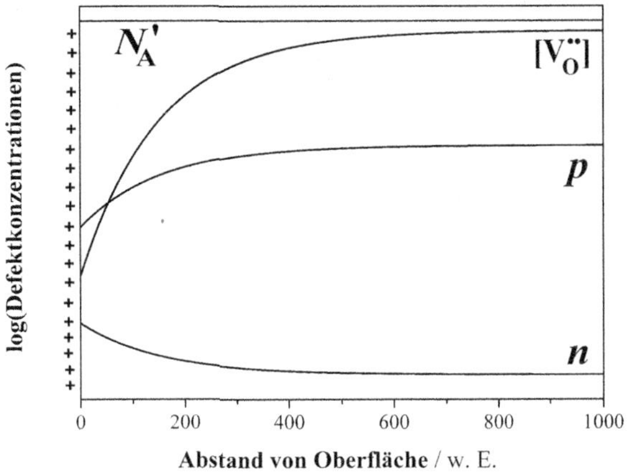

Bild 4.58: Verlauf der Defektkonzentrationen in Oberflächennähe eines akzeptordotierten STO-Einkristalls mit positiver Oberflächenladung infolge von Segregationseffekten (schematisch)

Frühe Arbeiten von Desu und Payne [54, 55, 56] beschäftigten sich intensiv mit dem Segregationsphänomen in Perowskiten. De Souza et al. [53] konnten unlängst mit Hilfe von SIMS-Messungen die Existenz einer Raumladungszone an der (100)-Oberfläche eines eisendotierten STO-Einkristalls experimentell nachweisen, indem sie innerhalb der ersten ca. zehn Elementarzellen im Oberflächenbereich eine deutliche Anreicherung des Akzeptors Eisen entdeckten. Dies ist konsistent zum Grenzflächenmodell nach Chiang und Takagi [32, 33], das von positiver Ladung an der Grenzfläche und einer angrenzenden negativen Raumladungsschicht ausgeht. Indessen würde dies bedeuten, dass die Elektronenkonzentration, die nach Merkle und Maier [160] für den ratenbestimmenden Schritt des Sauerstoffeinbaus eine entscheidende Größe ist, im Vergleich zum Bulkwert angehoben ist. Wieso eine Erdalkalioxidbeschichtung hier überhaupt eine begünstigende elektrische Veränderung der Oberflächenladung hervorrufen sollte, ist unklar, denn – unter Zugrundelegung des Merkle-Maier-Modells – müsste hierdurch insbesondere die Elektronenkonzentration an der Oberfläche günstig beeinflusst werden.

Viel wahrscheinlicher ist, dass die Bildung von Peroxiden den entscheidenden Einfluss auf die Kinetiksteigerung durch Erdalkalioxidbeschichtungen darstellt. Es ist anzunehmen, dass die gebildeten Peroxidverbindungen aufgrund ihrer Dissoziation (4.10) die Anzahl der O_2^{2-}-Ionen auf den Oxidschichten deutlich erhöhen, mithin auch an den Dreiphasengrenzen zum STO-Kristall, und somit auf die Rate der Reaktion 4.6 erhöhend einwirken.

$$SrO_2 \rightleftharpoons SrO + \frac{1}{2}O_2 \uparrow \tag{4.9}$$

$$SrO_2 \rightleftharpoons Sr^{2+} + O_{2,ads}^{2-} \tag{4.10}$$

Dies würde wiederum darauf hindeuten, dass die Dissoziation des Peroxidions der ratenbestimmende Elementarschritt wäre. Das Nachlassen der Kinetiksteigerung (Abflachen der Kurven im Arrheniusplot) mit zunehmender Temperatur (insbesondere oberhalb von etwa 800 °C) würde sich dadurch erklären, dass mit steigender Temperatur die blanke Oberfläche irgendwann schnell genug wird, so dass keine katalytische Steigerung mehr möglich ist. (Bei den Metallbeschichtungen durch Leonhardt et al. [135] ist dieses Phänomen ebenfalls an einer Verringerung der Aktivierungsenthalpie der beschichteten Kristalle zu beobachten, vgl. Bild 4.60.) Zudem tritt bei steigender Temperatur auch eine beschleunigte Zersetzung der Peroxide (Reaktion 4.9) auf, so dass am oberen Ende des Messbereichs (950...1000 °C) die Schicht mit Sicherheit nicht mehr aktiv ist, demzufolge sich die beschichteten Probenoberflächen wie die eines blanken Einkristalls verhalten würden, im Falle ungünstiger Schichtmorphologien möglicherweise – wegen des hohen Oberflächenbedeckungsgrads – sogar leicht blockierend wirken könnten (vgl. etwa Bild 4.56).

Die aus der Literatur bekannte kinetikbeschleunigende Wirkung, die über die Beschichtung mit elektronenreichen Materialien erzielt wurde, könnte vor diesem Hintergrund so gedeutet werden, dass der Einbau über eine Anhebung des Ladungstransfers (4.5) beschleunigt wird, wohingegen die Wirkweise der Peroxidschichten nur auf Elementarschritt 4.6 abzielt, der vorhergehende Ladungstransfer (Elektron e') ginge hier nicht als kinetikbestimmender Schritt ein, da über die Peroxiddissoziation bereits sehr schnell O_2^{2-}-Ionen zur Verfügung gestellt würden (Bild 4.59).

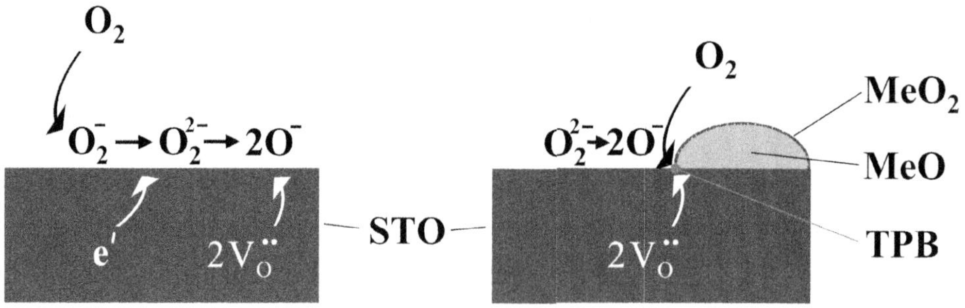

Bild 4.59: Einbau des Sauerstoffs in STO (schematisch): links der Fall einer unbeschichteten Kristalloberfläche, rechts bei Vorhandensein von Erdalkalioxidinseln (Me = Ca, Sr, Ba) auf der Oberfläche. Die Inseln seien von einem dünnen Peroxidlayer überzogen, der beschleunigte Sauerstoffeinbau finde dann an den Dreiphasengrenzen (TPB) zwischen STO, Gasphase und Peroxid statt, Erklärung s. Text.

Im Rahmen der Messgenauigkeiten lässt sich festhalten, dass beim Beschichten von nominell undotierten STO-Einkristallen mit Erdalkalioxiden die Calciumbeschichtung den stärksten kinetiksteigernden Effekt hatte und das Strontium den geringsten[20]. Bei definiert eisendotierten $SrTiO_3$-Einkristallen war im Rahmen der untersuchten Proben die „Verstärkungswirkung" [21] ϕ^δ für bariumbeschichtete Proben größer als im Falle des Calciums; auch hier erwies sich die Strontiumbeschichtung als die ineffizienteste.

Bild 4.60 zeigt die Gegenüberstellung eines typischen Wertes für in dieser Arbeit untersuchte Kinetikerhöhung mittels Erdalkalioxidschichten mit den oben erwähnten Literaturwerten für die Erhöhung des chemischen Sauerstoffaustauschs mittels UV-Bestrahlung bzw. Metallfilmen. Hierbei ist zu beachten, dass ein unmittelbarer Direktvergleich der k^δ-Werte problematisch ist, da sie mit verschiedenen Methoden bestimmt wurden. Insbesondere die geometrischen Randbedingungen 2.32 (Formulierung nach Crank [40]) und 2.52 (Modellansatz nach Tragut [239]) im Diffusionsmodell differieren bezüglich der Konstantwerte, auf die sie bei der Berechnung der diffundierenden Teilchenspezies Bezug nehmen; somit sind die ermittelten k^δ-Werte in ihren Absolutbeträgen unterschiedlich (die Werte nach dem Tragutschen Modell liegen – bei nahezu gleichen Diffusionskoeffizienten des Materials – um zwei bis drei Großenördnungen höher als die nach der Methode von Bieger et al. bestimmten); eine exakte Umrechnung setzt die Kenntnis der genauen defektchemischen Zusammenhänge an der Oberfläche voraus. Das Aktivierungsverhalten ist jedoch in beiden Fällen ähnlich.

Neben diesen methodischen Einwänden muss auch festgehalten werden, dass sich zudem die Temperaturfenster, in denen die Messungen durchgeführt wurden, sowie die Partialdruckanregungen unterscheiden: Die in der Literatur bekundeten optischen Sauerstoffaustauschmessungen fanden bei Temperaturen zwischen 450 °C und 730 °C statt, während die elektrischen Messungen in der Kinetikanlage im Bereich von 600 °C bis 1000 °C erfolgten. Während bei der optischen Methode der Sauerstoffaustausch mittels Partialdrucksprüngen im Bereich einer Größenordnung erfolgt, haben bei der druckmodulierten Kinetikanlage die periodischen p_{O_2}-Änderungen maximale Amplituden von 0,08 bar (Modulation der Druckluft zwischen $1{,}0 < p/\mathrm{bar} < 1{,}7$, entsprechend: $0{,}21 < p_{O_2}/\mathrm{bar} < 0{,}36$), sind also demgegenüber vergleichsweise sehr klein, so dass die Linearisierung des Systems im Tragutschen Modell (vgl. Abschnitt 2.3.5.4) in jedem Fall gerechtfertigt ist. Um mögliche Fehler infolge von Probenstreuungen innerhalb einer Charge ebenfalls auszuschließen, wurde zudem in allen durchgeführten Unter-

[20] Der Ca-Aufdampfprozess erwies sich als der unproblematischste; bei SrO hingegen gab es gelegentliche Haftungsprobleme auf dem Substrat.

[21] $\phi^\delta = k^\delta_{\text{beschichtet}}/k^\delta_{\text{unbeschichtet}}$

suchungen zur Kinetikerhöhung mittels aufgebrachter Erdalkalioxidschichten darauf geachtet, stets *dieselbe* Probe unmittelbar vor und nach Beschichtung kinetisch zu untersuchen.

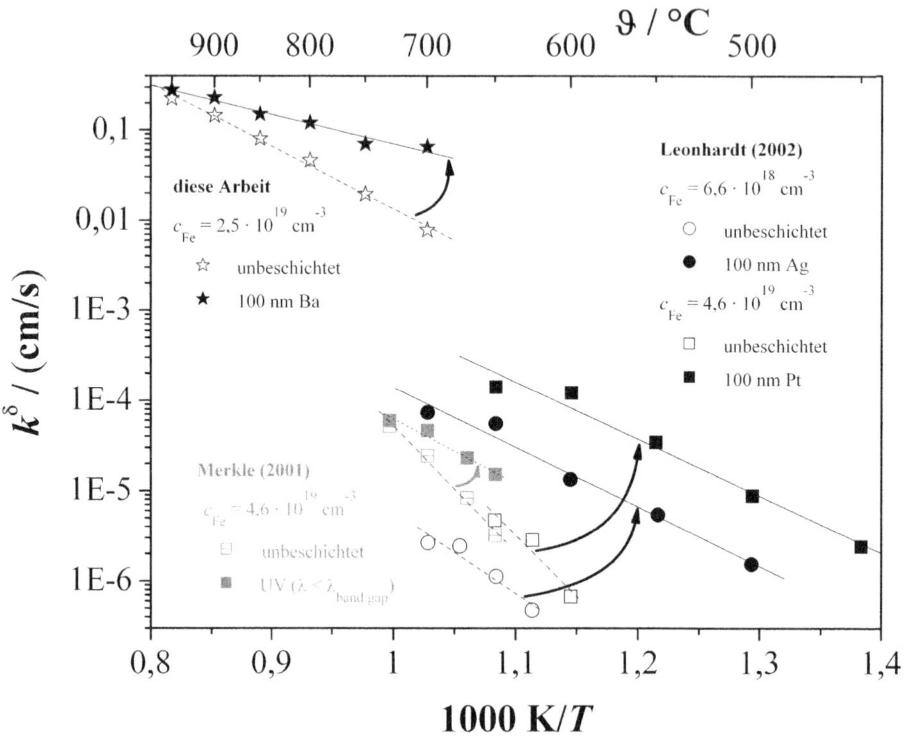

Bild 4.60: Chemische Oberflächenkoeffizienten k^δ für Sauerstoffeinbau in eisendotierte STO-Einkristalle: Vergleich der Werte für eine bariumbeschichtete Probe (diese Arbeit) mit Werten aus der Literatur für UV-Bestrahlung (Merkle 2001 [159]) und metallbesputterte Proben (Leonhardt 2002 [135]).

In den Tracer-Austauschversuchen wurde die in der Kinetikanlage festgestellte Erhöhung der Oberflächenreaktion bestätigt. Die aufgebrachten Schichten bewirken eine Erhöhung der Oberflächenkonzentration und der Konstante k^* für den Oberflächendurchtritt. Der positive Einfluss der Schichten auf die Oberflächenaustauschreaktion wird auch hier insbesondere bei niedrigen Temperaturen deutlich. Bei Temperaturen unterhalb der Einfriertemperatur der Oberflächenaustauschreaktion an unbeschichtetem STO (ca. 480 °C), wo die unbeschichtete Oberfläche praktisch nicht aktiv ist, wird unabhängig von der Dotierung des STO-Substrats ein Austauschgrad von Sauerstoff (^{18}O) von ca. 7 % mit Strontiumoxid erreicht. Aus den normierten Oberflächenkonzentrationen der Tiefenprofile wird ein Einfluss der Schichtart auf die Sauerstoffinkorporation in undotiertem STO deutlich. Die Oberflächenkonzentration nimmt mit dem Radius des in der Schicht enthaltenen Kations ab. Mit zunehmender Temperatur wird (durch die höhere ^{18}O-Oberflächenkonzentration) eine Änderung in der Reihenfolge der katalytischen Aktivität beobachtet: Ab 600 °C ist die SrO-Schicht aktiver als die BaO-Schicht. Bei den Fe-dotierten Einkristallen wird eine ähnliche Abhängigkeit von der Schichtzusammensetzung beobachtet. Aufgrund der bereits oben angeführten Tatsache, dass die Morphologie der aufgebrachten Schichten sich infolge der thermisch Behandlung nach der Aufdampfung (Aufquellen, Inselbildung, Änderungen der Dreiphasengrenzlänge) erheblich verändert, sind diese vergleichenden Aussagen zwischen unterschiedlichen Materialsystemen jedoch mit einer großen Unsicherheit behaftet.

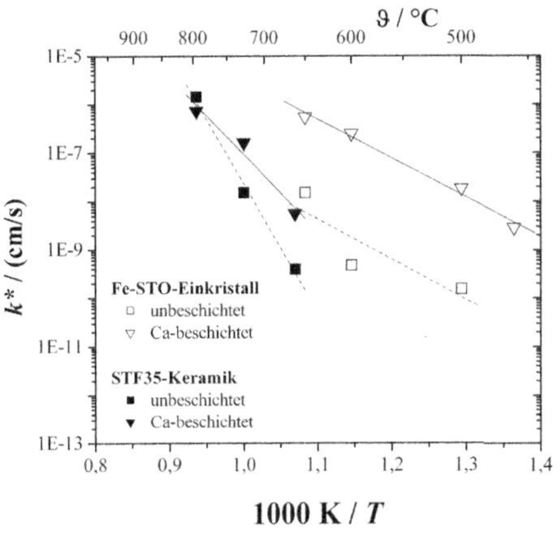

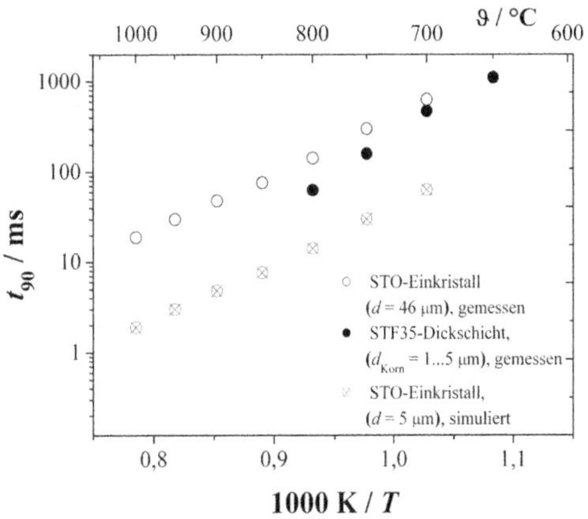

Bild 4.61: Tracer-Austauschkoeffizienten k^* für eisendotierte STO-Einkristalle ($c_{Fe} = 2,5 \cdot 10^{19}$ cm^{-3}) im Vergleich zu denen dichter STF35-Bulkkeramiken, in beiden Fällen unbeschichtet und Ca-beschichtet (links); rechts der Vergleich der Ansprechzeiten t_{90} eines STO-Einkristalls mit denen einer STF35-Dickschicht, dazu extrapoliert der Wert für einen STO-Einkristall mit einer theoretischen Dicke von 5 μm (entsprechend der maximalen Dicke der realen STF35-Körner), berechnet mit den bekannten Transportparametern des STO.

Im Falle des aufgrund seines weitaus geringeren Bandabstandes „elektronenreichen" Systems STF35 zeigen sowohl die SIMS-Messungen als auch die elektrischen Messungen zur chemischen Austauschkinetik (vgl. Bild 4.61), dass der Sauerstoffaustausch bei diesem Materialsystem – trotz deutlich höheren Eisenanteils – gegenüber der Kinetik von eisendotiertem STO verlangsamt ist. Dieses Ergebnis steht im Kontrast zu neuesten Ergebnissen von Merkle und Maier, die von einem drastisch schnelleren Sauerstoffeinbau an STF30-Bulkmaterial berichten [163].

Sowohl diese offensichtliche Diskrepanz als auch das angesichts des mechanistischen Modells nach Merkle und Maier [163, 164] überraschende Ergebnis der im Rahmen der vorliegenden Arbeit sowohl mittels elektrischen als auch Tracer-Messungen erzielten Kinetikerhöhung durch Aufbringung von Erdalkalischichten sind offene Punkte, für die es bislang keine befriedigende Erklärung gibt. Obwohl nach diesem Modell für den Einbauprozess ins STF35 aufgrund der erhöhten Elektronenkonzentration ein anderer mechanistischer Schritt ratenbestimmend sein soll als beim „elektronenreichen" STO, so zeigen Erdalkalischichten in *beiden* Fällen eine kinetikbeschleunigende Wirkung, im Falle der STF35-Dickschichten sogar noch ausgeprägter als beim STO-Einkristall. Diese scheinbare Unvereinbarkeit mit der Modellvorstellung aus der Literatur näher zu ergründen, bedarf weiterer Untersuchungen.

4.7 Mögliche Quereffekte

4.7.1 Struktur und Rolle der Oberfläche der STO-Einkristalle

Der Sauerstoffeinbau ist empfindlich abhängig von Beschaffenheit und auch Vorbehandlung der Oberfläche. So ist etwa eine Unterschiedlichkeit von Einkristalloberflächen, die von verschiedenen Lieferanten stammen, aufgrund verschiedener Präparationswege nicht auszuschließen. Merkle et al. [160] fanden beispielsweise eine Vergrößerung der Absolutwerte von k^{δ} um den Faktor 5 beim Übergang von (1 0 0)- zu (1 1 0)-Oberflächen nominell gleich dotierter Kristalle – ein Effekt, der mit der vergrößerten Fläche der facettierten Oberflächen und auch einer möglicherweise erhöhten Anzahl von Stellen, die günstig für die Gasadsorption sein können, erklärt wurde. Tragut [239] wiederum konnte einen deutlichen Einfluss einer Oberflächen-Ätzbehandlung auf das kinetische Verhalten von Einkristallen feststellen. Die Oberflächen(vor)-behandlung der nicht beschichteten Proben spielt also eine gewichtige Rolle und kann dazu führen, dass Proben aus dem gleichen Material, jedoch mit unterschiedlicher Oberflächenbehandlung, ganz unterschiedliche Oberflächeneigenschaften aufweisen und zu stark abweichenden Austauschkoeffizienten bei sonst vergleichbaren experimentellen Bedingungen führen.

Zur Oberfläche von STO existiert eine Vielzahl von Untersuchungen in der Literatur (vgl. [95]), auch insbesondere zur Frage, wie die Kristalle an ihrer Oberfläche terminiert sind (Abschluss durch SrO- oder TiO_2-Ebenen, vgl. Bild 4.62). So wurde festgestellt [36], dass das Sr/Ti-Verhältnis an der Oberfläche beim Erwärmen über 240 °C sinkt. Durch Reduktion entstehen in den TiO_2-Ebenen an der Oberfläche viele ungesättigte Bindungen [60], die bei Bereitstellung von Sauerstoff vollständiger koordiniert werden [93]. Insbesondere treten in $SrTiO_3$ und $BaTiO_3$ nach Desu und Payne [55, 56] kationische Segregationsprozesse auf: Bei hohen Temperaturen und/oder unter reduzierenden Bedingungen segregieren Erdalkaliionen zur Oberfläche. Chen [31] zufolge ist die TiO_2-Ebene der oberflächenenergetisch günstigere Abschluss des STO-Kristalls, verglichen mit der SrO-Ebene. In der Realität treten demgegenüber beide Varianten auf, zudem rauhe oder gestufte Oberflächen (idealerweise in Vielfachen der STO-Einheitszelle, ansonsten existieren trivialerweise Domänen mit alternierenden Abschlussebenen auf derselben Probe) oder Oberflächendefekte und -verunreinigungen [242].
Neben der Frage nach der genauen Beschaffenheit der „reinen" STO-Oberfläche gibt es in der Literatur zahlreiche Studien zu morphologischen und chemischen Änderungen der STO-Oberfläche infolge von Temperaturbehandlungen bei verschiedenen Sauerstoffpartialdrücken. Liang und Bonnell [136, 137] hatten bereits in den frühen 90er Jahren die Bildung von isolierenden, Sr-reichen Zweitphasen bzw. einer Ti- und Sauerstoffverarmung an der Oberfläche von

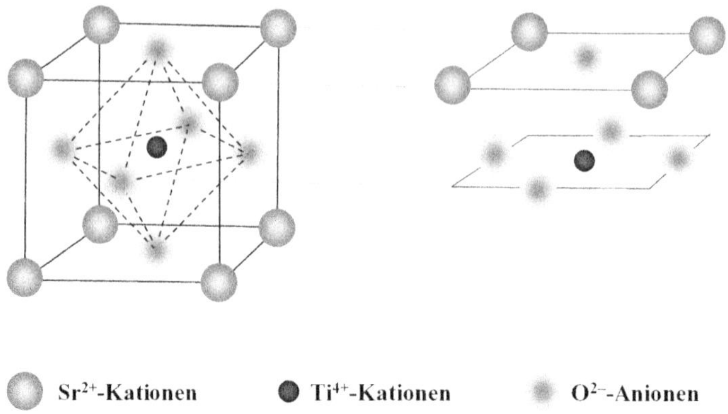

Bild 4.62: Elementarzelle von STO (links) und mögliche Oberflächenterminierungen eines STO-Einkristalls (rechts): mittels einer SrO-Ebene (oben) oder mittels einer TiO_2-Ebene (unten)

STO-Einkristallen beobachtet. Stäuble-Pümpin et al. [228] hatten ebenfalls eine Veränderung glattpolierter STO-Kristalloberflächen nach kurzen thermischen Behandlungen bei 700...900 °C in Sauerstoff bzw. Ozon festgestellt: Sie wiesen mittels AFM die Ausbildung terrassenförmiger Strukturen auf der Oberfläche nach, deren Höhen ganzen bzw. halben Vielfachen der Einheitszelle von STO entsprachen. Kazimirov et al. [117] wiesen ebenfalls strukturelle Transformationen der oxidierten Einkristalloberfläche (Bildung von Mikrokristallen, die sie allerdings als monoklines TiO identifizierten) nach. Erdman und Marks [61] berichten von einer Oberflächenrestrukturierung an STO-Einkristallen, die an Luft bei 850...1000 °C für wenige Stunden ausgelagert wurden. Castell [24] untersuchte die auf donatordotierten Einkristalloberflächen auftretenden SrO- bzw. TiO_x-Nanostrukturen mittels Rastertunnelmikroskopie und schrieb ihr Auftreten einer Nichtstöchiometrie der Oberflächenregion zu. Jiang und Zegenhagen [112] stellten mittels Augerelektronenspektroskopie eine Korrelation zwischen Oberflächenstöchiometrie und der Ausbildung verschiedener Überstrukturen auf der (0 0 1)-Oberfläche fest.

Neuere spektroskopische und elektronenmikroskopische Untersuchungen des IMET an donatordotierten $SrTiO_3$-(1 0 0)-Einkristalloberflächen deuten auf eine erhöhte Kationenmobilität hin, die schon nach mehreren Stunden bei hohen Temperaturen (um 1300 °C) in Umgebungsatmosphäre zu lokalen SrO-Ausscheidungen an der Oberfläche führten[22]. Diese SrO-Inseln, welche sich sehr schnell bilden, zeigen praktisch keine Elektronenaktivität mehr und sind demnach

[22] Ein ähnliches Wachstum strontiumreicher Inseln wurde auch auf den Oberflächen einer Nb-dotierten STO-Keramik beobachtet [197].

für die Reduktion von O_2 inaktiv [256, 257][23]. Gunhold et al. [83, 84] stellten fest, dass dieses Phänomen dotierungsabhängig ist; ferner bildeten sich bei Auslagerung unter reduzierenden Bedingungen Ti_xO_y-Ausscheidungen.[24] Beide Effekte sind im Defektmodell für donatordotiertes STO [174] erklärbar.

Szot et al. [234, 235] stellten mit XRD-Messungen fest, dass sich bei STO-Kristallen under oxidierenden Bedingungen eine Multilayerstruktur an der Oberfläche bildet, mit SrO-reichen Ruddlesden-Popper-Phasen ($SrO \cdot (SrTiO_3)_n$) [206, 207] an der Oberfläche und Magnéli-Phasen (Ti_mO_{2m-1}) in tieferen Schichten. Infolge dieser Segregationsprozesse treten Restrukturierungen der Perowskitoberfläche auf; mit Oberflächenanalysemethoden wie SIMS-, AFM- und XPS-Messungen konnte eine deutlich veränderte Morphologie – tröpfchenartige Strukturen und regelmäßig geformte Mikrokristalle, bzw. eine vielschichtige Anordnung von Ruddlesden-Popper-Phasen und Ti-reichen Phasen (TiO_2 und Magnéli-artige Ti_mO_{2m-1}) – auf den Oberflächen von undotiertem, donator- sowie akzeptordotiertem STO festgestellt werden. Die Temperaturbehandlung von un- bzw. akzeptordotierem STO an Luft sorgt für eine Verringerung der Sauerstoffleerstellenkonzentration. Über das Schottky-Gleichgewicht muss daher bei hohen Temperaturen eine verstärkte Sr-Fehlordnung auftreten; die Ruddlesden-Popper-Phasen dienen quasi als Strontiumsenken in der STO-Matrix. Ebenso bilden sich SrO-Inseln auf der Oberfläche. (Beim donatordotierten Material dienen die Stromtiumleerstellen dagegen der Ladungskompensation des eingebrachten Dotierstoffes.) In jedem Fall stellt sich eine chemisch heterogene Oberflächenregion ein, und auf dem Perowskit bilden sich Zweitphasen [166, 236, 237]. Im Oxidierenden ist die Oberfläche an Strontium angereichert (das Sr-Ti-Verhältnis nimmt zur Oberfläche zu), und zwar bereits bei tieferen Temperaturen (teilweise deutlich unterhalb 1000 °C) [237]. Während Szot et al. [236] dieses Verhalten im Temperaturbereich oberhalb von 1000 °C mit Hilfe des Perowskits als „metastabiler Phase" erklären, schreiben sie es für tiefere Temperaturen der Existenz ausgedehnter Defekte zu, die etwa als schnelle Diffusionspfade für SrO_x dienen[25]. Weiterhin ergaben elektrische Messungen bei niederen Temperaturen an frisch gebrochenen,

[23] Demgegenüber konnten Leonhardt et al. [135] an akzeptordotiertem STO, das eine Woche lang bei 750 °C ausgelagert worden war, keinerlei Auftreten solcher Zweitphasen feststellen. Den Einfluss von Oberflächeninhomogenitäten auf die Diffusionskinetik, die eventuell zur Folge haben, dass ein Austausch nur an aktiven Stellen oder Streifen der Oberfläche stattfindet („Einschnürung" des Teilchenstroms), untersuchten Jamnik et al. [111]. Solche auf rein geometrische Effekte gründende Behinderungen des Sauerstoffeinbaus führen experimentell zu effektiven Ratenkonstanten der Oberflächenreaktion, die fälschlicherweise als von einem real blockierenden Oberflächenmechanismus herrührend interpretiert werden können [149]. Leonhardt et al. schrieben ihre experimentell bestimmten Oberflächenaustauschkoeffizienten folglich direkt der reinen STO-Oberfläche zu.

[24] Ähnliche Ergebnisse wurden von den Autoren auch für (1 1 0)-Oberflächen erhalten [85].

[25] Wang et al. [249] entdeckten beispielsweise im TEM an Verneuil-gezogenen STO-Einkristallen im oberflächennahen Bereich eine stark erhöhte Versetzungsdichte.

zuvor thermisch behandelten undotierten STO-Einkristallen das Vorhandensein einer negativen Raumladung der Oberflächenregion, was in einer elektrischen Spannung zwischen Bulk und Oberfläche resultierte [236].
Im Gegensatz zum Szotschen Modell stellten Meyer et al. [169, 170] anhand von SIMS-Messungen an donatordotierten STO-Einkristallen nur oberflächennah angereichertes Strontium in Form von SrO_x-Präzipitaten fest; auch mittels hochauflösendem TEM konnten keine Ruddlesden-Popper-Phasen in den Proben nachgewiesen werden. Zweitphasen bildeten sich also nur an den Oberflächen, was die Autoren zu dem Schluss veranlasste, eine oberflächennahe Bildung von Strontiumleerstellen anzunehmen, verbunden mit einer Ausdiffusion von Strontium aus dem Probeninneren. Sie vermuteten daher anstelle der üblicherweise als Gl. 2.4 formulierten Bildung von Schottky-Defekten einen ausschließlich an der Oberfläche stattfindenden Prozess [170]:

$$\frac{1}{2}\mathrm{O}_{2,\mathrm{gas}} + 2\mathrm{e}' + \mathrm{Sr}_{\mathrm{Sr}}^{\mathrm{x}} \rightleftharpoons \mathrm{V}_{\mathrm{Sr}}'' + \mathrm{SrO} \tag{4.11}$$

Als Fazit muss letztlich festgehalten werden, dass die Oberfläche von STO ein sehr komplexes System ist, von dem kein einheitliches Bild existiert. Daher ist die Deutung des Einbaus von Sauerstoff in einem befriedigenden mikroskopischen Modell nicht möglich.

4.7.2 Die Rolle der Feuchte

Über das grundlegende Phänomen des protonischen Transports in Festkörpern gibt Kreuer [128] einen Überblick. Das Proton als Ion ohne Elektronenschale geht starke Wechselwirkungen mit seiner Umgebung ein, was etwa in Oxiden zur Ausbildung von Hydroxil-Ionen auf Sauerstoffgitterplätzen ($\mathrm{OH}_{\mathrm{O}}^{\bullet}$) führen kann. Zwar kann protonischer Transport im Prinzip auf einer Vielzahl von Wegen stattfinden, aber insbesondere in Systemen wie etwa leerstellendominierten Oxiden, bei denen Protonen kein Bestandteil sind, sondern infolge von Wechselwirkung mit äußerer Feuchte als Defekte auftreten, spielt die Reaktion

$$\mathrm{H_2O} + \mathrm{O}_{\mathrm{O}}^{\mathrm{X}} + \mathrm{V}_{\mathrm{O}}^{\bullet\bullet} \rightleftharpoons 2\mathrm{OH}_{\mathrm{O}}^{\bullet} \tag{4.12}$$

eine große Rolle [186]. Hiervon wird auch in akzeptordotiertem $SrTiO_3$ die Defektchemie deutlich beeinflusst. So stellte Waser [251] fest, dass die Fe-Akzeptoren mit den $\mathrm{OH}_{\mathrm{O}}^{\bullet}$ Assoziate bilden. Yu et al. [264, 266] haben die Defektchemie von Fe-dotiertem $SrTiO_3$ in Wasserdampfatmosphäre untersucht und thermodynamische Daten aus Thermogravimetrieexperimenten gewonnen. Sie nahmen an, dass Redox-Gleichgewichte des Dotierungselementes Fe (Fe^{3+}/Fe^{4+}) an dem Prozess beteiligt sind, und konnten damit das Leitfähigkeitsverhalten von Fe-dotierten

STO-Einkristallen als Folge einer p_{H_2O}-Veränderung beschreiben. An offenporösen STF-Keramiken stellten Costa et al. [39] experimentell ebenfalls einen deutlichen Einfluss des Feuchtegehalts auf den elektrischen Widerstand fest.
Der empfindliche Einfluss von Feuchte auf die elektrischen Eigenschaften dieses Materials war auch Gegenstand weitergehender Untersuchungen der Kinetik des Wassereinbaus im Bereich von 460...600 °C durch Yu et al. [265]. Dabei wurde festgestellt, dass erst Protonen ins Anionengitter eindringen, was zu einer relativ schnellen Änderung der Löcherkonzentration (und folglich der Leitfähigkeit) führt, ehe in einem weitaus langsameren Folgeschritt (mehrere Tage Dauer bei $T = 475$ °C) eine Gleichgewichtseinstellung durch den Sauerstoffaustausch mit der Gasphase erfolgt.

Im Rahmen von Reproduktionsmessungen des chemischen Sauerstoffaustauschs an Fe-dotierten unbeschichteten Einkristallen konnte in der vorliegenden Arbeit festgestellt werden, dass das Ausschalten der Feuchtigkeit in der Gasphase mittels Trocknungspatronen, die (idealerweise) eine Restfeuchte von maximal 20 ppb garantierten, eine deutliche Stabilisierung der kinetischen Messsignale gegenüber dem feuchtemäßig undefinierten Zustand bewirkten (Bild 4.63).

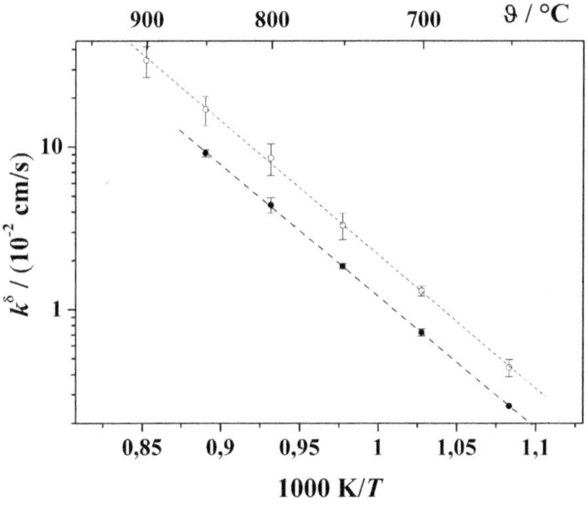

Bild 4.63: Kinetische Vermessung eines unbeschichteten Fe-dotierten Einkristalls (Probe 86) an Luft; offene Messpunkte: k^δ-Werte ohne Trocknungsfilter, aus vier Einzelmessreihen gemittelt; geschlossene Symbole: mit Trocknungsfilter (Restfeuchte max. 20 ppb), aus drei Einzelmessreihen gemittelt. Eine deutlich verringerte Streuung der Messsignale ist im definiert trockenen Zustand festzustellen.

Dies legt den Schluss nahe, dass von einem Einfluss der Wasserdampfkonzentration auf den Sauerstoffeinbau auszugehen ist und vermutlich auch bei beschichteten Proben beobachtbar sein könnte. Hier wäre es auch möglich, dass – in feuchten Atmosphären – Sauerstoff als OH^- in das STO eindringt, wenn die Erdalkalischichten zuvor nicht in der Oxid-, sondern in der Hydroxidform vorliegen. Wenn dieser OH^--Durchtritt dann schneller abliefe als der Durchtritt elementaren Sauerstoffs, so wäre dies ein möglicher Quereffekt bei der beobachteten Erhöhung der Sauerstoffaustauschkinetik an mit Erdalkalimetallen modifizierten STO-Oberflächen. Festzuhalten bleibt, dass (wie auch Bild 4.63 nahelegt) die Feuchte einen gewissen Einfluss auf die Sauerstoffdurchtrittskinetik haben kann; die Probe befindet sich an feuchter Luft in einem nicht hinreichend genau definierten defektchemischen Zustand, wie die Streuung der k^δ-Werte zeigt. Eine Trocknung der Umgebungsatmosphäre reduziert diese Unsicherheit beträchtlich.

Kapitel 5

Zusammenfassung und Ausblick

Das Materialsystem $SrTi_{1-x}Fe_xO_3$ (STF) besitzt großes Anwendungspotenzial insbesondere in den Bereichen von Sauerstoffmembranen und resistiven Hochtemperatur-Sauerstoffsensoren. Speziell die Zusammensetzung STF35 ($SrTi_{0,65}Fe_{0,35}O_3$) weist vielversprechende Eigenschaften etwa für eine Magersonde im Bereich der Abgassensorik auf: eine gute Sauerstoffsensitivität und temperaturunabhängige Kennlinie $\sigma(p_{O_2})$ unter oxidierenden Bedingungen in dem etwa für Abgassensoren anwendungsrelevanten Temperaturfenster $750 < T/°C < 950$ sowie chemische Stabilität über einen weiten Partialdruckbereich ($p_{O_2} > 10^{-17}$ bar) [216]. Jedoch ist das Ansprechverhalten resistiver Sensoren aus STF35 für Temperaturen unterhalb von ca. 850 °C relativ träge, was eine Folge des deutlich verlangsamten Sauerstoffeinbaus ist (gehemmte Kinetik der Oberflächenaustauschreaktion). Eine günstige Beeinflussung dieses Prozesses wäre von technologischem Interesse, da die Bestimmung auch von anderen Abgaskomponenten als Sauerstoff möglich wird und somit STF35 als Basismaterial für resistive Gassensoren mit erweiterter Funktionalität eingesetzt werden könnte, falls es gelänge, die Betriebstemperaturen des Sensors unter 700 °C auszudehnen.

In der vorliegenden Arbeit wurde die Kinetik dieses Sauerstoffdurchtritts aus der Gasphase durch die Grenzfläche von $SrTi_{1-x}Fe_xO_3$ in den Festkörper unter besonderer Berücksichtigung der Beeinflussung durch Oberflächenbeschichtungen untersucht. Aus der Literatur ist beispielsweise bekannt, dass UV-Bestrahlung der Oberflächen [159] oder eine Beschichtung mit Metallfilmen (Ag, Pt oder Cr) bzw. einem elektronenreichen Oxidfilm ($YBa_2Cu_3O_{6+x}$) [135] zu einer deutlichen Erhöhung der Sauerstoffeinbaukinetik bei Fe-dotiertem $SrTiO_3$ führen kann. Die Untersuchungen in dieser Arbeit konzentrierten sich auf das Modellsystem Strontiumtitanat-Einkristalle, die nominell undotiert ($x = 0$) bzw. akzeptordotiert ($x = 0,002$) waren, sowie auf die anwendungsrelevante Plattform STF35 ($x = 0,35$) in Form von porösen Dickschichten und dichten Bulkkeramiken. In allen betrachteten Fällen konnte eine deutliche Erhöhung der Sauerstoffdurchtrittskinetik durch Oberflächenbeschichtungen mit Erdalkaliverbindungen (thermische PVD-Beschichtung mit Ca, Sr oder Ba), die sich als katalytisch aktiv erwiesen, für Temperaturen unterhalb etwa 800 °C nachgewiesen werden.

Die erhöhten kinetischen Austauschkoeffizienten wurden mittels druckmodulierter Leitfähigkeitsmessungen („Kinetikanlage" nach Tragut et al. [238, 239, 248]) unter nahezu realen Betriebsbedingungen („in situ") bei Temperaturen von 600 °C bis 950 °C ermittelt (k^{δ}). Parallel dazu wurden an identisch präparierten Proben Sauerstofftracer/Sekundärionenmassenspektrometrie (SIMS)-Experimente am IMET der TU Clausthal im Temperaturbereich zwischen 450... 800 °C durchgeführt (k^{*}). Die Kinetikanlage erlaubt den direkten Vergleich „vorher/nachher" an derselben Probe ohne bzw. mit Beschichtung. Mit der Traceraustausch-Methode wird der Einfluss der Oberflächenmodifikation durch den Vergleich der Sauerstoffisotopen-Diffusionsprofile in beschichteten und nicht beschichteten Proben quantifiziert (Bestimmung der kinetischen Tracer-Parameter). Bei beiden Messmethoden wurde durch die aufgebrachte Schicht durchweg eine Erhöhung der Sauerstoffdurchtrittskinetik relativ zum unbeschichteten Material festgestellt; teilweise konnte die Durchtrittsreaktion dabei um mehr als eine Größenordnung beschleunigt werden. Die Aktivierungsenthalpie der Durchtrittsreaktion beim undotierten und leicht eisendotierten Material ist im Rahmen der Messgenauigkeit ähnlich und deutet auf den gleichen Mechanismus in beiden Materialien hin. Die Versuche am Sensormaterial STF35 ergaben dabei einen noch stärkeren Effekt.

Um diesem Phänomen auf den Grund zu gehen, wurden zum einen mittels Hochtemperatur-Röntgendiffraktometrie an beschichteten Einkristallen und Thermogravimetrie an den Beschichtungsmaterialien chemische Analysen, zum anderen mittels Rasterelektronenmikroskopie mikrostrukturelle Untersuchungen durchgeführt. Hier wurde einerseits die erwartete Bildung von Oxiden (bei Temperaturen unterhalb der üblicherweise in der Literatur angegebenen) beobachtet, andererseits konnte festgestellt werden, dass das auf die Probenoberfläche aufgebrachte Material bei längerer thermischer Behandlung signifikant agglomeriert und zudem kristallisiert, so dass mit der Zeit eine deutliche Veränderung sowohl des Oberflächenbedeckungsgrads als auch der Gesamtlänge der vorhandenen Dreiphasengrenzen Probe/Schicht/Umgebungsatmosphäre eintritt. Zudem ist das Auftreten von Peroxiden bei den betrachteten Temperaturen möglich und mit zunehmender Ordnungszahl des Erdalkalimetalls thermodynamisch wahrscheinlich.

In der Literatur ist nach Merkle und Maier [160] ein mechanistisches Schema zum Sauerstoffeinbau in STF bekannt; hierbei stellt für leicht eisendotiertes Strontiumtitanat ein Ladungstransferschritt mit nachfolgender Dissoziation des molekularen Peroxidions den „Flaschenhals" beim Sauerstoffeinbau dar; mithin muss eine Kinetikbeschleunigung für die Erhöhung der Reaktionsrate mindestens eines dieser Schritte wirksam werden. Vor dem Hintergrund von aus der Literatur bekannten katalytischen Effekten auf diesen Sauerstoffdurchtritt – von Metallen wie Pt oder elektronenreichen Mischleitern wie YBCO – ist der hier beobachtete Effekt von Erdalkalimetalloxiden ein überraschendes Ergebnis. Angesichts der Tatsache, dass diese Oxide sowohl Wide-band-gap-Isolatoren als auch für die Reduktion von O_2 inaktiv sind, muss davon ausgegangen werden, dass ihr Einfluss auf den Sauerstoffeinbau nur an den Dreiphasengrenzen wirksam werden kann, wo vermutlich ein komplexes Wechselspiel von Erdalkalioxidverbindungen mit den Sauerstoffspezies, die bei der Reduktion von O_2 beim Einbau in den Festkörper entstehen können, stattfindet und hierdurch die Reaktionsrate des für die Sauerstoffeinbaureaktion ratenbestimmenden Schrittes erhöht wird, insbesondere durch das Auftreten von Peroxidionen.

Es gibt Hinweise darauf, dass im unteren Temperaturbereich die Dissoziation des Sauerstoffs den kinetikhemmenden Schritt darstellt. Die Beschichtung mit den basischen Erdalkalioxidverbindungen sorgt demnach für einen ähnlich günstigen katalytischen Effekt wie der bekannte des Pt, indem sie die Aufspaltung des Sauerstoffs begünstigt. Dieser kinetikerhöhende Effekt bei den elektrischen (chemischen) Messungen zeigt sich deutlich bei Temperaturen unterhalb von etwa 800 °C. Oberhalb dieser Temperatur ließ sich eine Verringerung der beschleunigenden Wirkung der aufgebrachten Schicht feststellen, da zum einen die thermisch aktivierte Durchtrittsreaktion zunehmend schneller wird (hier scheint die Sauerstoffdissoziation schnell genug abzulaufen), zum anderen für höhere Temperaturen die katalytische Wirkung der aufgebrachten Erdalkali-(per-)oxide aufgrund ihrer thermischen Zersetzung nachlässt.

Vor dem Hintergrund einer morphologischen Analyse muss der jeweilige Einfluss von Parametern wie Schichtdicke oder Metalloxidart mit Vorsicht bewertet werden. Bei längerer thermischer Behandlung zeigen sich auf der Oberfläche deutliche Veränderungen sowohl des Bedeckungsgrads der aufgebrachten Schicht als auch der Gesamtlänge der vorhandenen Dreiphasengrenzen Probe/Schicht/Umgebungsatmosphäre. Diese Erkenntnis wirft die Frage auf, inwieweit ein solcher Effekt überhaupt hinreichend stabilisiert werden könnte, um längerfristig technologisch nutzbar gemacht zu werden.

Im Rahmen dieser umfangreichen Fragestellung bleiben naturgemäß, auch angesichts ihrer werkstoffanalytischen Komplexität, noch anspruchsvolle Punkte für eine weitergehende Bearbeitung offen: Eine Untersuchung der beschichteten Probenoberflächen auf ihre chemische Zusammensetzung mittels höherauflösender Oberflächenanalysetechniken, als sie in vorliegender Arbeit zur Verfügung standen, würde vermutlich weitergehende Erkenntnisse über die die chemische Zusammensetzung der aktiven Oberflächenschicht liefern. So könnten etwa TEM/EDXS-Analysen der Dreiphasengrenzgebiete nach unterschiedlicher thermischer Vorbehandlung sowie ausgewählte spektroskopische Oberflächenanalysemethoden wie etwa die „Diffuse Reflektion-IR-Fourier-Transform-Spektroskopie" (DRIFTS) und photoelektronenspektroskopische Untersuchungen (XPS/UPS) detailliertere Kenntnisse über die elektronische Struktur der Oberfläche bzw. des oberflächennahen Bereiches liefern und vermutete, bislang aber nicht direkt nachweisbare, auf die O_2-Reduktion wirksame chemische Verbindungen wie Peroxide identifizieren.

Die Oberfläche von STO ist ein sehr komplexes System, über das in der Literatur kein einheitliches Bild existiert und das insbesondere durch Behandlungen unter verschiedenen (T, p_{O_2})-Werten zahlreichen oberflächentopographischen Änderungen (Auftreten von Restrukturierungen und Zweitphasenbildung) unterworfen sein kann. Insofern ist die Deutung des Sauerstoffeinbaus auf rein mikroskopischer Ebene eher schwierig. Sowohl die Präparationsbedingungen als auch die thermischen Vorbehandlungen sind von entscheidender Bedeutung für eine Vergleichbarkeit der bestimmten Oberflächenaustauschkoeffizienten mit Literaturwerten. Eine Unterschiedlichkeit der Einkristalloberflächen aufgrund verschiedener Präparationswege ist mithin keineswegs gesichert auszuschließen; vor diesem Hintergrund (unmittelbare Vergleichbarkeit mit Literaturwerten) wäre beispielsweise eine Untersuchung identischer einkristalliner Proben mit verschiedenen Messmethoden zur chemischen Kinetik (etwa optische Methode nach Bieger [11] *und* elektrische Messungen nach Tragut [239]) in demselben Temperaturfenster erstrebenswert (direkte Vergleichsmessungen).

Es ist zudem wahrscheinlich, dass die aufgebrachte Schicht in typischen „technischen" Atmosphären wie Luft oder den Abgasen von Verbrennungsmotoren nicht vollständig in der Oxidform vorliegt. Je nach Zusammensetzung der Schicht sollte nach unterschiedlichen Mechanismen der Sauerstoffadsorption und -reduktion auf der Oberfläche gesucht werden, welche von den Spezies in der Erdalkalischicht katalysiert werden können. Von weiterführendem Interesse wäre daher auch der Einfluss von Feuchte und einer gezielten Kontamination aus der Gasphase (Fremdkomponenten wie CO oder CO_2), die beide in der Umgebungsatmosphäre eines Abgassensors auftreten und mit den Schichten etwa Hydroxide oder Carbonate bilden können oder aber einen Teil der Oberfläche für den Sauerstoffaustausch blockieren, auf die Durchtrittskinetik. Für beide Fälle könnten SIMS-Messungen mit isotopenmarkierten Verbindungen (deuteriertes Wasser oder $^{13}C^{18}O_2$) zum Einsatz gelangen.

Angesichts der chemisch/morphologischen Veränderungen der aufgebrachten Schichten und des hieraus folgenden transienten Charakters der untersuchten Kinetikerhöhung ist einer tatsächlichen technologischen Anwendbarkeit, etwa in Form katalytisch wirksamer Beschichtungen von Sensormaterialien, zum jetzigen Zeitpunkt jedoch insgesamt mit Vorbehalt zu begegnen.

Literaturverzeichnis

[1] P. W. Atkins, Physikalische Chemie, Weinheim: VCH, 1988.

[2] T. Baiatu, Ein Modell zur Beschreibung des Degradationsverhaltens von $SrTiO_3$-Keramiken und -Einkristallen unter elektrischer Gleichspannungsbelastung, Düsseldorf: VDI-Verlag, 1988.

[3] T. Baiatu, R. Waser, K.-H. Härdtl, dc Electrical Degradation of Perovskite-Type Titanates: III, A Model of the Mechanism, *J. Am. Ceram. Soc.* **73** (1990), 1663-1673.

[4] U. Balachandran, N. G. Eror, Electrical Conductivity in Strontium Titanate, *Journal of Solid State Chemistry* **39** (1981), 351-359.

[5] K. Beetz, Die geschlossene Festelektrolyt-Sauerstoffpumpe, Düsseldorf: VDI-Verlag, 1993.

[6] R. J. F. Berger, M. Hartmann, P. Pyykkö, D. Sundholm, H. Schmidbaur, The Quest for Beryllium Peroxides, *Inorganic Chemistry* **40** (2001), 2270-2274.

[7] V. M. Bermudez, V. H. Ritz, Adsorption of O_2 on the $SrTiO_3$ (100)–(1x1) Surface, *Chemical Physics Letters* **73** (1980), 160-166.

[8] A. S. Bhalla, R. Guo, R. Roy, The perovskite structure – a review of its role in ceramic science and technology, *Mat. Res. Innovat.* **4** (2000), 3-26.

[9] V. G. Bhide, H. C. Bhasin, Mössbauer Studies of the $SrTiO_3$:Fe^{57} System, *Physical Review* **172** (1968), 290-294.

[10] T. Bieger, J. Maier, R. Waser, Kinetics of oxygen incorporation in $SrTiO_3$ (Fe-doped): an optical investigation, *Sensors and Actuators B* **7** (1992), 763-768.

[11] T. Bieger, Optische und elektrochemische Untersuchungen zur Sauerstoffaustauschkinetik von $SrTiO_3$, Dissertation Universität Tübingen, 1993.

[12] T. Bieger, J. Maier, R. Waser, An Optical In-Situ Method to Study Redox-Kinetics in $SrTiO_3$, *Ber. Bunsenges. Phys. Chem.* **97** (1993), 1098-1104.

[13] T. Bieger, H. Yugami, N. Nicoloso, J. Maier, R. Waser, Optical absorption relaxation applied to $SrTiO_3$ and ZrO_2: An in-situ method to study trapping effects on chemical diffusion, *Solid State Ionics* **72** (1994), 41-46.

[14] U. Bierbaum, Druckluft-Kompendium (bearbeitet von J. Hütter), Darmstadt: Hoppenstedt Bonnier, 6. Aufl. 2004.

[15] G. Blaise, Charge localization and transport in disordered dielectric materials, *Journal of Electrostatics* **50** (2001), 69-89.

[16] J. Blanc, D. L. Staebler, Electrocoloration in $SrTiO_3$: Vacancy Drift and Oxydation-Reduction of Transition Metals, *Physical Review B* **4** (1971), 3548-3557.

[17] R. Blase, Temperaturunabhängige Sauerstoffsensoren mit kurzer Einstellzeit auf der Basis von $La_2CuO_{4+\delta}$-Dickschichten, Düsseldorf: VDI-Verlag, 1996.

[18] K. W. Blazey, O. F. Schirmer, W. Berlinger, K. A. Müller, Identification of Fe^{4+} and Fe^{5+} Charge-Transfer Photochromic Absorption Bands in $SrTiO_3$, *Solid State Communications* **16** (1975), 589-592.

[19] N. Bonanos, F. W. Poulsen, Considerations of defect equilibria in high temperature proton-conducting cerates, *J. Mater. Chem.* **9** (1999), 431-434.

[20] Robert Bosch GmbH (Hrsg.), Kraftfahrtechnisches Taschenbuch, Wiesbaden: Vieweg, 25. Auflage 2003.

[21] Robert Bosch GmbH, www.bosch.de, Download 27.03.2006.

[22] J. Brettschneider, Berechnung des Luftverhältnisses λ von Luft-Kraftstoff-Gemischen und des Einflusses von Meßfehlern auf λ, *Bosch Techn. Berichte* **6** (1979), 177-186.

[23] H. S. Carslaw, J. C. Jaeger, Conduction of Heat in Solids, Oxford: Clarendon Press, 2. Auflage 1959.

[24] M.R. Castell, Nanostructures on the $SrTiO_3$ (001) surface studied by STM, *Surface Science* **516** (2002), 33-42.

[25] persönliche Mitteilung Dr. Miran Čeh, Centre for Electron Microscopy, Jožef-Stefan-Institut, Ljubljana, Slowenien, März 2006.

[26] N.-H. Chan, R. K. Sharma, D. M. Smyth, Nonstoichiometry in $SrTiO_3$, *J. Electrochem. Soc.* **128** (1981), 1762-1769.

[27] R. J. Chater, S. Carter, J. A. Kilner, B. C. H. Steele, Development of a novel SIMS technique for oxygen self-diffusion and surface exchange coefficient measurements in oxides of high diffusivity, *Solid State Ionics* **53-56** (1992), 859-867.

[28] M. Che, A. J. Tench, Characterization and Reactivity of Mononuclear Oxygen Species on Oxide Surfaces, *Advances in Catalysis* **31** (1982), 77-133.

[29] M. Che, A. J. Tench, Characterization and Reactivity of Molecular Oxygen Species on Oxide Surfaces, *Advances in Catalysis* **32** (1983), 1-148.

[30] D. Chen, X. Gao, D. Dollimore, The application of non-isothermal methods of kinetic analysis to the decomposition of calcium hydroxide, *Thermochimica Acta* **215** (1993), 65-82.

[31] S. P. Chen, Compositional and physical changes on perovskite crystal surfaces, *Journal of Materials Research* **13** (1998), 1848-1852.

[32] Y.-M. Chiang, T. Takagi, Grain-Boundary Chemistry of Barium Titanate and Strontium Titanate: I, High-Temperature Equilibrium Space Charge, *Journal of the American Ceramic Society* **73** (1990), 3278-3285.

[33] Y.-M. Chiang, T. Takagi, Grain-Boundary Chemistry of Barium Titanate and Strontium Titanate: II, Origin of Electrical Barriers in Positive-Temperature-Coefficient Thermistors, *Journal of the American Ceramic Society* **73** (1990), 3286-3291.

[34] G. M. Choi, H. L. Tuller, D. Goldschmidt, Electronic-transport behavior in single-crystalline $Ba_{0.03}Sr_{0.97}TiO_3$, *Physical Review B* **34** (1986), 6972-6979.

[35] G. M. Choi, H. L. Tuller, Defect Structure and Electrical Properties of Single-Crystal $Ba_{0.03}Sr_{0.97}TiO_3$, *J. Am. Ceram. Soc.* **71** (1988), 201-205.

[36] Y.-W. Chung, W. B. Weissbard, Surface spectroscopy studies of the $SrTiO_3$ (100) surface and the platinum-$SrTiO_3$ (100) interface, *Physical Review B* **20** (1979), 3456-3461.

[37] J. Claus, M. Leonhardt, J. Maier, Tracer diffusion and chemical diffusion of oxygen in acceptor doped $SrTiO_3$, *J. Phys. Chem. Solids* **61** (2000), 1199-1207.

[38] W. D. Copeland, R. A. Swalin, Studies on the Defect Structure of Strontium Oxide, *J. Phys. Chem. Solids* **29** (1968), 313-325.

[39] M. E. V. Costa, J. R. Jurado, M. T. Colomer, J. R. Frade, Effects of Humidity on the Electrical Behaviour of $Sr_{0.97}Ti_{0.97}Fe_{0.03}O_{3-\delta}$, *Journal of the European Ceramic Society* **19** (1999), 769-772.

[40] J. Crank, The Mathematics of Diffusion, Oxford: Clarendon Press, 2. Auflage 1975, p. 36.

[41] J. M. Criado, J. Morales, On the Thermal Decomposition Mechanism for Dehydroxylation of Alkaline-Earth Hydroxides, *Journal of Thermal Analysis* **10** (1976), 103-110.

[42] J. Daniels, K. H. Härdtl, R. Wernicke, Der PTC-Effekt von $BaTiO_3$, *Philips Technische Rundschau* **38** (1979), 1-11.

[43] J. d'Ans, E. Lax, Taschenbuch für Physiker und Chemiker, Band I: Makroskopische physikalisch-chemische Eigenschaften, Berlin Heidelberg: Springer-Verlag, 3. Auflage 1967.

[44] I. Denk, Partielle Leitfähigkeiten, Sauerstoffdiffusionskinetik und Korngrenzverhalten in akzeptordotiertem $SrTiO_3$, Dissertation Universität Stuttgart, 1995.

[45] I. Denk, W. Münch, J. Maier, Partial Conductivities in $SrTiO_3$: Bulk Polarization Experiments, Oxygen Concentration Cell Measurements, and Defect-Chemical Modeling, *J. Am. Ceram. Soc.* **78** (1995), 3265-3272.

[46] I. Denk, F. Noll, J. Maier, In situ Profiles of Oxygen Diffusion in $SrTiO_3$: Bulk Behavior and Boundary Effects, *J. Am. Ceram. Soc.* **80** (1997), 279-285.

[47] I. Denk, J. Claus, J. Maier, Electrochemical Investigations of $SrTiO_3$ Boundaries, *Journal of the Electrochemical Society* **144** (1997), 3526-3536.

[48] R. A. De Souza, Ionic Transport in Acceptor-doped Perovskites, Dissertation, Imperial College London, 1996.

[49] R. A. De Souza, J. A. Kilner, Oxygen transport in $La_{1-x}Sr_xMn_{1-y}Co_yO_{3\pm\delta}$ perovskites. Part I. Oxygen tracer diffusion, *Solid State Ionics* **106** (1998), 175-187.

[50] R. A. De Souza, J. A. Kilner, Oxygen transport in $La_{1-x}Sr_xMn_{1-y}Co_yO_{3\pm\delta}$ perovskites. Part II. Oxygen surface exchange, *Solid State Ionics* **126** (1999), 153-161.

[51] R. A. De Souza, J. Fleig, R. Merkle, J. Maier, $SrTiO_3$: a model electroceramic, *Z. Metallkd.* **94** (2003), 218-225.

[52] R. A. De Souza, J. Fleig, J. Maier, O. Kienzle, Z. Zhang, W. Sigle, M. Rühle, Electrical and Structural Characterization of a Low-Angle Tilt Grain Boundary in Iron-Doped Strontium Titanate, *Journal of the American Ceramic Society* **86** (2003), 922-928.

[53] R. A. De Souza, J. Zehnpfenning, M. Martin, J. Maier, Determining oxygen isotope profiles in oxides with Time-of-Flight SIMS, *Solid State Ionics* **176** (2005), 1465-1471.

[54] S. Desu, Interfacial Segregation in Perovskites and Applications to Boundary Layer Devices, Dissertation, University of Illinois at Urbana-Champaign, 1982.

[55] S. B. Desu, D. A. Payne, Interfacial Segregation in Perovskites: I, Theory, *Journal of the American Ceramic Society* **73** (1990), 3391-3397.

[56] S. B. Desu, D. A. Payne, Interfacial Segregation in Perovskites: II, Experimental Evidence, *Journal of the American Ceramic Society* **73** (1990), 3398-3406.

[57] R. Dinescu, M. Preda, Thermal Decomposition of Strontium Hydroxide, *Journal of Thermal Analysis* **5** (1973), 465-473.

[58] R. T. Dolloff, Electrical Conductivity of Barium Oxide Single Crystals as a Function of Temperature and Excess Barium Density, *Journal of Applied Physics* **27** (1956), 1418-1426.

[59] A. Dubbe, Frequenzabhängige Druckmodulations- und Impedanzmethoden zum Studium der Kinetik von Festelektrolyt-Gassensoren, Dissertation, Universität Tübingen, 1993.

[60] Ş. Ellialtioğlu, T. Wolfram, Surface electronic properties of d-band perovskites: Study of the π bands, *Physical Review B* **18** (1978), 4509-4525.

[61] N. Erdman, L. D. Marks, $SrTiO_3$ (001) surface structures under oxidizing conditions, *Surface Science* **526** (2003), 107-114.

[62] N. G. Eror, U. Balachandran, Electrical Conductivity in Strontium Titanate with Nonideal Cationic Ratio, *Journal of Solid State Chemistry* **42** (1982), 227-241.

[63] T. H. Etsell, S. N. Flengas, The Electrical Properties of Solid Oxide Electrolytes, *Chemical Reviews* **70** (1970), 339-376.

[64] R. A. Evarestov, S. Piskunov, E. A. Kotomin, G. Borstel, Single impurities in insulators: *Ab initio* study of Fe-doped $SrTiO_3$, *Physical Review B* **67** (2003), 064101.

[65] B. W. Faughnan, Photochromism in Transition-Metal Doped $SrTiO_3$, *Physical Review B* **4** (1971), 3623-3636.

[66] A. A. L. Ferreira, J. C. C. Abrantes, J. R. Jurado, J. R. Frade, Oxygen stoichiometry of $Sr_{0.97}(Ti,Fe)O_{3-\delta}$ materials, *Solid State Ionics* **135** (2000) 761-764.

[67] P. Fielitz, G. Borchardt, On the accurate measurement of oxygen self-diffusivities and surface exchange coefficients in oxides via SIMS depth profiling, *Solid State Ionics* **144** (2001) 71-80.

[68] J. Fleig, R. Merkle, J. Maier, The $p(O_2)$ dependence of oxygen surface coverage and exchange current density of mixed conducting oxide electrodes: model considerations, *Phys. Chem. Chem. Phys.* **9** (2007), 2713-2723.

[69] M. Fleischer, H. Meixner, C. Tragut, Hole Mobility in Acceptor-Doped, Monocrystalline $SrTiO_3$, *J. Am. Ceram. Soc.* **75** (1992), 1666-1668.

[70] O. Föllinger, Regelungstechnik, Heidelberg: Hüthig, 6. Auflage 1990.

[71] H. P. R. Frederikse, W. R. Thurber, W. R. Hosler, Electronic Transport in Strontium Titanate, *Physical Review* **134** (1964), A442-A445.

[72] H. P. R. Frederikse, W. R. Hosler, Hall Mobility in $SrTiO_3$, *Physical Review* **161** (1967), 822-827.

[73] R. Freymann, Herausforderungen an das Automobil der Zukunft, *MP Materialprüfung* **47** (2005), 383-389.

[74] F. S. Galasso, Structure, Properties and Preparation of Perovskite-Type Compounds, Oxford: Pergamon Press, 1969.

[75] J. Gerblinger, H. Meixner, Electrical conductivity of sputtered films of strontium titanate, *J. Appl. Phys.* **67** (1990), 7453-7459.

[76] J. Gerblinger, Sauerstoffsensoren auf der Basis gesputterter Strontiumtitanat-Schichten, Dissertation Universität Karlsruhe (TH), 1991.

[77] J. Gerblinger, K. H. Härdtl, H. Meixner, R. Aigner, High-Temperature Microsensors. In: H. Meixner, R. Jones (Hrsg.), Micro- and Nanosensor Technology; Trends in Sensor Markets (Volume 8 of W. Göpel, J. Hesse, N. Zemel (eds.), Sensors – A comprehensive survey), Weinheim: VCH, 1995, S. 181-219.

[78] H. H. Glascock, Jr., E. B. Hensley, Fundamental Optical Absorption, Electrical Conductivity, and Thermoelectric Power of Calcium Oxide, *Physical Review* **131** (1963), 649-652.

[79] W. Göpel, Chr. Ziegler, Einführung in die Materialwissenschaften: Physikalisch-chemische Grundlagen und Anwendungen, Stuttgart Leipzig: Teubner, 1996.

[80] D. Goldschmidt, H. L. Tuller, Fundamental absorption edge of $SrTiO_3$ at high temperatures, *Physical Review B* **35** (1987), 4360-4364.

[81] V. M. Goldschmidt, Geochemische Verteilungsgesetze der Elemente, Skrifter der Norske Videnskaps-Akad., Oslo, I. Mat.-Naturv Kl., 1926.

[82] M. Grasserbauer, H. J. Dudek, M. F. Ebel, Angewandte Oberflächenanalyse mit SIMS, Sekundär-Ionen-Massenspektrometrie, AES, Auger-Elektronen-Spektroskopie, XPS, Röntgen-Photoelektronen-Spektrometrie, Berlin Heidelberg: Springer, 1986.

[83] A. Gunhold, K. Gömann, L. Beuermann, M. Frerichs, G. Borchardt, V. Kempter, W. Maus-Friedrichs, Geometric structure and chemical composition of $SrTiO_3$ surfaces heated under oxidizing and reducing conditions, *Surface Science* **507-510** (2002), 447-452.

[84] A. Gunhold, L. Beuermann, M. Frerichs, V. Kempter, K. Gömann, G. Borchardt, W. Maus-Friedrichs, Island formation on 0.1 at.% La-doped $SrTiO_3$ (1 0 0) at elevated temperatures under reducing conditions, *Surface Science* **523** (2003), 80-88.

[85] A. Gunhold, K. Gömann, L. Beuermann, V. Kempter, G. Borchardt, W. Maus-Friedrichs, Changes in the surface topography and electronic structure of $SrTiO_3$ (1 1 0) single crystals heated under oxidizing and reducing conditions, *Surface Science* **566-568** (2004), 105-110.

[86] G. M. Habashy, G. A. Kolta, Thermal Decomposition of the Hydrates of Barium Hydroxide, *Journal of Inorganic Nuclear Chemistry* **34** (1972), 57-67.

[87] H.-J. Hagemann, Akzeptorionen in $BaTiO_3$ und $SrTiO_3$ und ihre Auswirkung auf die Eigenschaften von Titanatkeramiken, Dissertation RWTH Aachen 1980.

[88] A. Heidemann, H. Wettengel, Die Messung der Gitterparameteränderung von $SrTiO_3$, *Z. Physik* **258** (1973), 429-438.

[89] C. Heilig, Charakterisierung der elektrischen Eigenschaften von $Sr(Ti,Fe)O_3$ im Hinblick auf die Anwendung in Sauerstoffsensoren, Diplomarbeit, Institut für Werkstoffe der Elektrotechnik, Universität Karlsruhe (TH), 1996.

[90] K. Heinloth, Die Energiefrage. Bedarf und Potentiale, Nutzung, Risiken und Kosten, Braunschweig Wiesbaden: Vieweg, 2. Auflage 2003.

[91] J. Helmbold, Einfluss der Dotierungskonzentration auf den Sauerstofftransport in donatordotiertem $SrTiO_3$, Dissertation TU Clausthal, 2000.

[92] W. F. Hemminger, H. K. Cammenga, Methoden der Thermischen Analyse, Berlin Heidelberg New York: Springer-Verlag, 1989.

[93] V. E. Henrich, G. Dresselhaus, H. J. Zeiger, Surface defects and the electronic structure of $SrTiO_3$ surfaces, *Physical Review B* **17** (1978), 4908-4921.

[94] V. E. Henrich, P. A. Cox, Fundamentals of gas-surface interactions on metal oxides, *Applied Surface Science* **72** (1993), 277-284.

[95] V. E. Henrich, P. A. Cox, The Surface Science of Metal Oxides, Cambridge: Cambridge University Press, 1996.

[96] W. Hesse, M. Jansen, W. Schnick, Recent Results in Solid State Chemistry of Ionic Ozonides, Hyperoxides, and Peroxides, *Prog. Solid State Chem.* **19** (1989), 47-110.

[97] L. Heyne, Electrochemistry of Mixed Ionic-Electronic Conductors. In: S. Geller (Hrsg.), Solid Electrolytes, Berlin Heidelberg New York: Springer-Verlag, 1977, 169-221.

[98] B. Hippauf, Kinetik von selbsttragenden, offenporösen Sauerstoffsensoren auf der Basis von $Sr(Ti,Fe)O_3$, Aachen: Verlag Mainz, 2005.

[99] J. O. Hirschfelder, C. F. Curtiss, R. B. Bird, Molecular Theory of Gases and Liquids, New York London: John Wiley & Sons, 2. Auflage 1964.

[100] Y. Hu, O. K. Tan, W. Cao, W. Zhu, A low temperature nano-structured $SrTiO_3$ thick film oxygen gas sensor, *Ceramics International* **30** (2004) 1819-1822.

[101] Y. Hu, O. K. Tan, J. S. Pan, X. Yao, A New Form of Nanosized $SrTiO_3$ Material for Near-Human-Body Temperature Oxygen Sensing Applications, *Journal of Physical Chemistry B* **108** (2004) 11214-11218.

[102] H. Ibach, H. Lüth, Festkörperphysik. Einführung in die Grundlagen, Berlin Heidelberg New York: Springer-Verlag, 3. Auflage 1990.

[103] E. Ivers-Tiffée, K. H. Härdtl, W. Menesklou, J. Riegel, Principles of solid state oxygen sensors for lean combustion gas control, *Electrochimica Acta* **47** (2001), 807-814.

[104] E. Ivers-Tiffée, A. Weber, D. Herbstritt, Materials and technologies for SOFC-components, *Journal of the European Ceramic Society* **21** (2001), 1805-1811.

[105] E. Ivers-Tiffée, A. Weber, H. Schichlein, O_2 reduction at high temperatures: SOFC. In: W. Vielstich et al. (Hrsg.), Handbook of Fuel Cells, Vol. 2: Electrocatalysis, New York: John Wiley & Sons Ltd., 2003, 587-600.

[106] E. Ivers-Tiffée, A. Weber, H. Schichlein: Electrochemical impedance spectroscopy. In: W. Vielstich et al. (Hrsg.): Handbook of Fuel Cells, Vol. 2: Electrocatalysis, New York: John Wiley & Sons Ltd., 2003, 220-235.

[107] E. Ivers-Tiffée, W. v. Münch, Werkstoffe der Elektrotechnik, Wiesbaden: B. G. Teubner Verlag, 10. Auflage 2007.

[108] N. Izu, W. Shin, N. Murayama, Fast response of resistive-type oxygen gas sensors based on nano-sized ceria powder, *Sensors and Actuators B* **93** (2003), 449-453.

[109] B. Jaffe, W. R. Cook, Jr., H. Jaffe, Piezoelectric Ceramics, London: Academic Press, 1971.

[110] J. Jamnik, J. Maier, Defect chemistry and chemical transport involving interfaces, *Solid State Ionics* **119** (1999), 191-198.

[111] J. Jamnik, J. Fleig, M. Leonhardt, J. Maier, Apparent Surface Rate Constants in Diffusion Problems: Flux Constriction Effects, *Journal of The Electrochemical Society* **147** (2000), 3029-3035.

[112] Q. D. Jiang, J. Zegenhagen, c(6x2) and c(4x2) reconstruction of $SrTiO_3$ (001), *Surface Science* **425** (1999), 434-354.

[113] J. R. Jurado, F. M. Figueiredo, B. Gharbage, J. R. Frade, Electrochemical permeability of $Sr_{0.7}(Ti,Fe)O_{3-\delta}$ materials, *Solid State Ionics* **118** (1999), 89-97.

[114] J. R. Jurado, M. T. Colomer, J. R. Frade, Impedance spectroscopy of $Sr_{0.97}Ti_{1-x}Fe_xO_{3-\delta}$ materials with moderate Fe-contents, *Solid State Ionics* **143** (2001), 251-257.

[115] A. H. Kahn, A. J. Leyendecker, Electronic Energy Bands in Strontium Titanate, *Physical Review* **135** (1964), A1321-A1325.

[116] I. Kaur, W. Gust, Fundamentals of Grain and Interphase Boundary Diffusion, Stuttgart: Ziegler Press, 2. Auflage 1989.

[117] A. Kazimirov, D. M. Goodner, M. J. Bedzyk, J. Bai, C. R. Hubbard, X-ray surface diffraction analysis of structural transformations on the (0 0 1) surface of oxidized $SrTiO_3$, *Surface Science* **492** (2001), L711-L716.

[118] Kraftfahrt-Bundesamt, http:www.kba.de, Download 05.01.2008.

[119] O. Kienzle, Atomistische Struktur und chemische Zusammensetzung innerer Grenzflächen von Strontiumtitanat, Dissertation Universität Stuttgart, 1999.

[120] J. A. Kilner, B. C. H. Steele, L. Ilkov, Oxygen Self-Diffusion Studies Using Negative-Ion Secondary Ion Mass Spectrometry (SIMS), *Solid State Ionics* **12** (1984), 89-97.

[121] J. A. Kilner, R. A. De Souza, I. C. Fullarton, Surface exchange of oxygen in mixed conducting perovskite oxides, *Solid State Ionics* **86-88** (1996), 703-709.

[122] W. Kleber, Einführung in die Kristallographie, Berlin: Verlag Technik, 18. Auflage 1998.

[123] H. Klingenberg, Automobil-Meßtechnik, Band C: Abgasmeßtechnik, Berlin Heidelberg: Springer-Verlag, 1995.

[124] M. Königstein, C. R. A. Catlow, *Ab Initio* Quantum Mechanical Study of the Structure and Stability of the Alkaline Earth Metal Oxides and Peroxides, *Journal of Solid State Chemistry* **140** (1998), 103-115.

[125] R. Kories, H. Schmidt-Walter, Taschenbuch der Elektrotechnik, Frankfurt am Main: Verlag Harri Deutsch, 5. Auflage 2003.

[126] N. N. Kovalev, M. V. Krasin'kova, Electrical conductivity and thermal emf of alkali earth metal oxides at 700-2000°K, *Sov. Phys. Solid State* **16** (1975), 1960-1962.

[127] V. L. Kozhevnikov, I. A. Leonidov, M. V. Patrakeev, E. B. Mitberg, K. R. Poeppelmeier, Electrical Properties of the Ferrite $SrFeO_y$ at High Temperatures, *Journal of Solid State Chemistry* **158** (2000), 320-326.

[128] K. D. Kreuer, Proton Conductivity: Materials and Applications, *Chemistry of Materials* **8** (1996), 610-641.

[129] F. A. Kröger, H. J. Vink, Relations between the Concentrations of Imperfections in Crystalline Solids. In: F. Seitz, D. Turnbull (eds.), Solid State Physics, Vol. 3, New York: Academic Press, 1956, 307-435.

[130] F. A. Kröger, The Chemistry of Imperfect Crystals, Amsterdam: North-Holland Publishing Company, 1964.

[131] R. H. Lamoreaux, D. L. Hildenbrand, L. Brewer, High-Temperature Vaporization Behavior of Oxides II. Oxides of Be, Mg, Ca, Sr, Ba, B, Al, Ga, In, Tl, Si, Ge, Sn, Pb, Zn, Cd, and Hg, *J. Phys. Chem. Ref. Data* **16** (1987), 419-443.

[132] C. Lee, J. Yahia, J. L. Brebner, Electronic Conduction in Slightly Reduced Strontium Titanate at Low Temperatures, *Physical Review B* **3** (1971), 2525-2533.

[133] M. Leonhardt, J. Jamnik, J. Maier, In Situ Monitoring and Quantitative Analysis of Oxygen Diffusion Through Schottky-Barriers in $SrTiO_3$ Bicrystals, *Electrochemical and Solid-State Letters* **2** (1999), 333-335.

[134] M. Leonhardt, Grenzflächen- und Volumenbeiträge zur Kinetik des Sauerstoffeinbaus von Fe-dotiertem $SrTiO_3$, Dissertation Universität Stuttgart, 1999.

[135] M. Leonhardt, R. A. De Souza, J. Claus, J. Maier, Surface Kinetics of Oxygen Incorporation into $SrTiO_3$, *J. Electrochem. Soc.* **149** (2002), J19-J26.

[136] Y. Liang, D. A. Bonnell, Structures and chemistry of the annealed $SrTiO_3$ (001) surface, *Surface Science* **310** (1994), 128-134.

[137] Y. Liang, D. Bonnell, Effect of Variations in Stoichiometry on the Surface Structure of $SrTiO_3$ (001), *Journal of the American Ceramic Society* **78** (1995), 2633-2640.

[138] E. M. Logothetis, Resistive-Type Exhaust Gas Sensors, *Ceramic Engineering and Science Proceedings* **1** (1980), 281-301.

[139] B. V. L'vov, Mechanism and kinetics of thermal decomposition of carbonates, *Thermochimica Acta* **386** (2002), 1-16.

[140] B. V. L'vov, V. L. Ugolkov, Peculiarities of $CaCO_3$, $SrCO_3$ and $BaCO_3$ decomposition in CO_2 as a proof of their primary dissociative evaporation, *Thermochimica Acta* **410** (2004), 47-55.

[141] J. E. Mahan, Physical Vapor Deposition of Thin Films, New York et al.: Wiley, 2000.

[142] J. Maier, G. Schwitzgebel, Theoretical Treatment of the Diffusion Coupled with Reaction, Applied to the Example of a Binary Solid Compound MX, *phys. stat. sol. (b)* **113** (1982), 535-547.

[143] J. Maier, Mass Transport in the Presence of Internal Defect Reactions – Concept of Conservative Ensembles: I, Chemical Diffusion in Pure Compounds, *J. Am. Ceram. Soc.* **76** (1993), 1212-1217.

[144] J. Maier, Mass Transport in the Presence of Internal Defect Reactions – Concept of Conservative Ensembles: II, Evaluation of Electrochemical Transport Measurements, *J. Am. Ceram. Soc.* **76** (1993), 1218-1222.

[145] J. Maier, Mass Transport in the Presence of Internal Defect Reactions – Concept of Conservative Ensembles: III, Trapping Effect of Dopants on Chemical Diffusion, *J. Am. Ceram. Soc.* **76** (1993), 1223-1227.

[146] J. Maier, Mass Transport in the Presence of Internal Defect Reactions – Concept of Conservative Ensembles: IV, Tracer Diffusion and Intercorrelation with Chemical Diffusion and Ion Conductivity, *J. Am. Ceram. Soc.* **76** (1993), 1228-1232.

[147] J. Maier, On the correlation of macroscopic and microscopic rate constants in solid state chemistry, *Solid State Ionics* **112** (1998), 197-228.

[148] J. Maier, The Role of Effective Rate Constants in Interfacial Kinetics. In: G.-A. Nazri, C. Julien, A. Rougier (Hrsg.), Solid State Ionics V, Pittsburgh, PA, USA: Materials Research Society Proc. Vol. 548 (1999), 415-428.

[149] J. Maier, Interaction of oxygen with oxides: How to interpret measured effective rate constants?, *Solid State Ionics* **135** (2000), 575-588.

[150] J. Maier, J. Jamnik, M. Leonhardt, Kinetics of oxygen stoichiometry changes, *Solid State Ionics* **129** (2000), 25-32.

[151] J. Maier, Festkörper – Fehler und Funktion. Prinzipien der physikalischen Festkörperchemie, Stuttgart Leipzig: B. G. Teubner, 2000.

[152] J. Maier, Nanoionics: ion transport and electrochemical storage in confined systems, *Nature Materials* **4** (2005), 805-815.

[153] H. Meixner, U. Lampe, Metal oxide sensors, *Sensors and Actuators* **B 33** (1996), 198-202.

[154] W. Menesklou, Optimierung des Ansprechverhaltens resistiver Sauerstoffsensoren, Diplomarbeit, Institut für Technologie der Elektrotechnik, Universität Karlsruhe (TH), 1991.

[155] W. Menesklou, Kompensationsmechanismen der Überschußladung in lanthandotiertem Barium- und Strontiumtitanat, Düsseldorf: VDI-Verlag, 1997.

[156] W. Menesklou, H.-J. Schreiner, K. H. Härdtl, E. Ivers-Tiffée, High temperature oxygen sensors based on doped $SrTiO_3$, *Sensors and Actuators B* **59** (1999), 184-189.

[157] W. Menesklou, H.-J. Schreiner, R. Moos, K. H. Härdtl, E. Ivers-Tiffée, $Sr(Ti,Fe)O_3$: Material for a Temperature Independent Resistive Oxygen Sensor. In: M. Wun-Fogle, K. Uchino, Y. Ito, R. Gotthardt (Hrsg.): Materials for Smart Systems, Warrendale, PA, USA: Materials Research Society Proc. Vol. 604 (2000), 305-310.

[158] W. Menz, J. Mohr, Mikrosystemtechnik für Ingenieure, Weinheim: VCH Verlag, 2. Auflage 1997.

[159] R. Merkle, R. A. De Souza, J. Maier, Optically Tuning the Rate of Stoichiometry Changes: Surface-Controlled Oxygen Incorporation into Oxides under UV Irradiation, *Angewandte Chemie International Edition* **40** (2001), 2126-2129.

[160] R. Merkle, J. Maier, Oxygen incorporation into Fe-doped $SrTiO_3$: Mechanistic interpretation of the surface reaction, *Phys. Chem. Chem. Phys.* **4** (2002), 4140-4148.

[161] R. Merkle, J. Maier, Defect association in acceptor-doped $SrTiO_3$: case study for $Fe'_{Ti}V_O^{\bullet\bullet}$ and $Mn''_{Ti}V_O^{\bullet\bullet}$, *Phys. Chem. Chem. Phys.* **5** (2003), 2297-2303.

[162] R. Merkle, J. Maier, H. J. M. Bouwmeester, A Linear Free Energy Relationship for Gas-Solid Interactions: Correlation between Surface Rate Constant and Diffusion Coefficient of Oxygen Tracer Exchange for Electron-Rich Perovskites, *Angewandte Chemie International Edition* **43** (2004), 5069-5073.

[163] R. Merkle, J. Maier, The significance of defect chemistry for the rate of gas-solid reactions: three examples, *Topics in Catalysis* **38** (2006), 141-145.

[164] R. Merkle, J. Maier, Kinetics of oxygen stoichiometry variation: surface reaction of $Sr(Fe_xTi_{1-x})O_{3-\delta}$ with $x = 0.1 - 1$, *Solid State Ionics* (2007), submitted.

[165] R. Merkle, J. Maier, Mechanism of Oxygen Incorporation into $Sr(Fe_xTi_{1-x})O_{3-\delta}$: Chemical Kinetics and Electrochemical Studies, Abstract, International Conference on Solid State Ionics (SSI-16), 1. - 6. Juli 2007, Shanghai, China.

[166] R. Meyer, K. Szot, R. Waser, Restructuring the Surface Region of Donor Doped $SrTiO_3$ Single Crystals under Oxidizing Conditions, *Ferroelectrics* **224** (1999), 323-329.

[167] R. Meyer, R. Waser, Advances in point defect chemistry: space charge controlled surface reactions, *Journal of the European Ceramic Society* **21** (2001), 1743-1747.

[168] R. Meyer, Modellierung transienter Vorgänge in donatordotiertem Strontiumtitanat, Düsseldorf: VDI-Verlag, 2002.

[169] R. Meyer, R. Waser, J. Helmbold, G. Borchardt, Cationic Surface Segregation in Donor-Doped $SrTiO_3$ Under Oxidizing Conditions, *Journal of Electroceramics* **9** (2002), 101-110.

[170] R. Meyer, R. Waser, J. Helmbold, G. Borchardt, Observation of Vacancy Defect Migration in the Cation Sublattice of Complex Oxides by ^{18}O Tracer Experiments, *Physical Review Letters* **90** (2003), 105901.

[171] R. Meyer, R. Waser, Resistive donor-doped $SrTiO_3$ sensors: I, basic model for a fast sensor response, *Sensors and Actuators B* **101** (2004), 335-345.

[172] R. Moos, Donatordotierungen im Strontiumtitanat: Elektrische Eigenschaften und modellhafte Beschreibung, Düsseldorf: VDI-Verlag, 1994.

[173] R. Moos, W. Menesklou, K. H. Härdtl, Hall mobility of undoped n-type conducting strontium titanate single crystals between 19 K and 1373 K, *Appl. Phys. A* **61** (1995), 389-395.

[174] R. Moos, K. H. Härdtl, Defect Chemistry of Donor-Doped and Undoped Strontium Titanate Ceramics between 1000 ° and 1400 °C, *J. Am. Ceram. Soc.* **80** (1997), 2549-2562.

[175] R. Moos, W. Menesklou, H.-J. Schreiner, K. H. Härdtl, Materials for temperature independent resistive oxygen sensors for combustion exhaust gas control, *Sensors and Actuators B* **67** (2000), 178-183.

[176] R. Moos, F. Rettig, A. Hürland, C. Plog, Temperature-independent resistive oxygen exhaust gas sensor for lean-burn engines in thick-film technology, *Sensors and Actuators B* **93** (2003), 43-50.

[177] P. T. Moseley, D. E. Williams, Gas Sensors based on Oxides of Early Transition Metals, *Polyhedron* **8** (1989), 1615-1618.

[178] P. T. Moseley, Materials selection for semiconductor gas sensors, *Sensors and Actuators* **B 6** (1992), 149-156.

[179] N. F. Mott, R. W. Gurney, Electronic Processes in Ionic Crystals, New York: Dover Publications, 2. Auflage (Reprint) 1964.

[180] A. J. Moulson, J. M. Herbert, Electroceramics: Materials, Properties, Applications, Chichester: John Wiley & Sons, 2. Auflage, 2003.

[181] A. Müller, Untersuchung von Diffusionsvorgängen in resistiven Sauerstoffsensoren, Düsseldorf: VDI-Verlag, 1988.

[182] A. Müller, K. H. Härdtl, Ambipolar Diffusion Phenomena in $BaTiO_3$ and $SrTiO_3$, *Appl. Phys. A* **49** (1989), 75-82.

[183] Y. Nakano, M. Watanabe, T. Takahashi, Investigation of interface states in (Sr,Ca)TiO_{3-x}-based ceramics, *Journal of Applied Physics* **70** (1991), 1539-1547.

[184] K. Nitzsche, Schichtmeßtechnik, Leipzig: VEB Deutscher Verlag für Grundstoffindustrie, 1974.

[185] F. Noll, W. Münch, I. Denk, J. Maier, $SrTiO_3$ as a prototype of a mixed conductor. Conductivities, oxygen diffusion and boundary effects, *Solid State Ionics* **86-88** (1996), 711-717.

[186] T. Norby, Solid-state protonic conductors: principles, properties, progress and prospects, *Solid State Ionics* **125** (1999), 1-11.

[187] C. A. Ohly, Nanocrystalline Alkaline Earth Titanates and their Electrical Conductivity Characteristics under Changing Oxygen Ambients, Jülich: Berichte des Forschungszentrums Jülich Nr. 4070 (2003).

[188] G. Pacchioni, J. M. Ricart, F. Illas, Ab Initio Cluster Model Calculations on the Chemisorption of CO_2 and SO_2 Probe Molecules on MgO and CaO (100) Surfaces. A Theoretical Measure of Surface Basicity, *Journal of the American Chemical Society* **116** (1994), 10152-10158.

[189] A. E. Paladino, Oxidation Kinetics of Single-Crystal $SrTiO_3$, *Journal of the American Ceramic Society* **48** (1965), 476-478.

[190] A. E. Paladino, L. G. Rubin, J. S. Waugh, Oxygen Ion Diffusion in Single Crystal $SrTiO_3$, *J. Phys. Chem. Solids* **26** (1965), 391-397.

[191] D. Parker, J. Yahia, ac Hall Measurements in Crystals of Strontium Titanate from 190 to 500°K: Dependence of Hall Mobility on Charge-Carrier Density, *Physical Review* **169** (1968), 605-609.

[192] C. S. G. Phillips, R. J. P. Williams, Inorganic Chemistry, vol. I: Principles and non-metals, Oxford: Clarendon Press, 1965.

[193] F. W. Poulsen, Method for Calculating Ionic and Electronic Defect Concentrations in Fluorite Structure Oxides. In: T. A. Ramanarayanan et al. (eds.): Ionic and mixed conducting ceramics, ECS Proc. Vol. 97-24, Pennington NJ: The Electrochemical Society, 1998, 448-452.

[194] F. W. Poulsen, Method for Calculating Ionic and Electronic Defect Concentrations in Proton Containing Perovskites, *Journal of Solid State Chemistry* **143** (1999), 115-121.

[195] F. W. Poulsen, Defect chemistry modelling of oxygen-stoichiometry, vacancy concentrations, and conductivity of $(La_{1-x}Sr_x)_yMnO_{3\pm\delta}$, *Solid State Ionics* **129** (2000), 145-162.

[196] F. W. Poulsen, M. Søgård, Defect Chemistry Modelling of Complex SOFC Materials. In: J. Huijsmans (ed.): Proc. 5th European Solid Oxide Fuel Cell Forum (2002), Vol. 2, 687-694.

[197] B. Rahmati, J. Fleig, W. Sigle, E. Bischoff, J. Maier, M. Rühle, Oxidation of reduced polycrystalline Nb-doped $SrTiO_3$: Characterization of surface islands, *Surface Science* **595** (2005), 115-126.

[198] A. S. Rao, R. J. Kearney, Logarithmic Derivative Reflectance Spectra of BaO and SrO, *phys. stat. sol. (b)* **95** (1979), 243-250.

[199] L. Reimer, Scanning Electron Microscopy, Berlin Heidelberg: Springer Verlag, 1985.

[200] S. Rodewald, J. Fleig, J. Maier, Measurement of Conductivity Profiles in Acceptor-doped Strontium Titanate, *Journal of the European Ceramic Society* **19** (1999), 797-801.

[201] S. Rodewald, J. Fleig, J. Maier, Resistance Degradation of Iron-Doped Strontium Titanate Investigated by Spatially Resolved Conductivity Measurements, *J. Am. Ceram. Soc.* **83** (2000), 1969-1976.

[202] S. Rodewald, N. Sakai, K. Yamaji, H. Yokokawa, J. Fleig, J. Maier, The Effect of the Oxygen Exchange at Electrodes on the High-Voltage Electrocoloration of Fe-Doped $SrTiO_3$ Single Crystals: A Combined SIMS and Microelectrode Impedance Study, *Journal of Electroceramics* **7** (2001), 95-105.

[203] A. Rothschild, S. J. Litzelman, H. L. Tuller, W. Menesklou, Th. Schneider, E. Ivers-Tiffée, Temperature-independent resistive oxygen sensors based on $SrTi_{1-x}Fe_xO_{3-\delta}$ solid solutions, *Sensors and Actuators B* **108** (2005), 223-230.

[204] A. Rothschild, W. Menesklou, H. L. Tuller, Th. Schneider, E. Ivers-Tiffée, Electronic Structure, Defect Chemistry, and Transport Properties of $SrTi_{1-x}Fe_xO_{3-y}$ Solid Solutions, *Chem. Mater.* **18** (2006), 3651-3659.

[205] persönliche Mitteilungen Dr. Avner Rothschild (MIT, Cambridge MA, USA) und Dr. Wolfgang Menesklou (IWE), 2006.

[206] S. N. Ruddlesden, P. Popper, New compounds of the K_2NiF_4 type, *Acta Cryst.* **10** (1957), 538-539.

[207] S. N. Ruddlesden, P. Popper, The compound $Sr_3Ti_2O_7$ and its structure, *Acta Cryst.* **11** (1958), 54-55.

[208] J. Rudolph, Über den Leitungsmechanismus oxydischer Halbleiter bei hohen Temperaturen, *Z. Naturforschung* **14a** (1959), 727-737.

[209] K. Sahner, R. Moos, M. Matam, J. J. Tunney, M. Post, Hydrocarbon sensing with thick and thin film p-type conducting perovskite materials, *Sensors and Actuators B* **108** (2005), 102-112.

[210] K. Sahner, R. Moos, N. Izu, W. Shin, N. Murayama, Response kinetics of temperature-independent resistive oxygen sensor formulations: a comparative study, *Sensors and Actuators B* **113** (2006), 112-119.

[211] K. Sahner, R. Moos, Modeling of hydrocarbon sensors based on *p*-type semiconducting perovskites, *Physical Chemistry Chemical Physics* **9** (2007), 635-642.

[212] Y. Sawada, Y. Ito, Thermal decomposition of calcium hydroxide deposited on the substrate, *Thermochimica Acta* **232** (1994), 47-54.

[213] H. Schaumburg, Sensoren, Stuttgart: B. G. Teubner, 1992

[214] J. F. Schetzina, J. P. McKelvey, Ambipolar Transport of Electrons and Holes in Anisotropic Crystals, *Physical Review B* **2** (1970), 1869-1874.

[215] H. Schlichting, Grenzschicht-Theorie, Karlsruhe: Verlag G. Braun, 5. Auflage, 1965.

[216] Th. Schneider, Strontiumtitanferrit-Abgassensoren: Stabilitätsgrenzen/Betriebsfelder, Aachen: Verlag Mainz, 2005.

[217] U. Schönauer, Strontiumtitanat-Sauerstoffsensoren in Dickschichttechnologie, Düsseldorf: VDI-Verlag, 1990.

[218] U. Schönauer, Response Times of Resistive Thick-Film Oxygen Sensors, *Sensors and Actuators* **B 4** (1991), 431-436.

[219] H.-J. Schreiner, Temperaturunabhängige resistive Sauerstoffsensoren auf der Basis von Sr(Ti,Fe)$O_{3-\delta}$, Düsseldorf: VDI-Verlag, 2000.

[220] D. B. Schwarz, H. U. Anderson, Determination of Oxygen Chemical Diffusion Coefficients in Single Crystal $SrTiO_3$ by Capacitance Manometry, *Journal of the Electrochemical Society* **122** (1975), 707-710.

[221] N. Setter, R. Waser, Electroceramic Materials, *Acta materialia* **48** (2000), 151-178.

[222] R. D. Shannon, C. T. Prewitt, Effective Ionic Radii in Oxides and Fluorides, *Acta Cryst. B* **25** (1969), 925-946.

[223] R. D. Shannon, Revised Effective Ionic Radii and Systematic Studies of Interatomic Distances in Halides and Chalcogenides, *Acta Cryst. A* **32** (1976), 751-767.

[224] D. M. Smyth, Defects and Structural Changes in Perovskite Systems: From Insulators to Superconductors, *Cryst. Latt. Def. and Amorph. Mat.* **18** (1989), 355-375.

[225] D. M. Smyth, E. K. Chang, D. H. Liu, Travels Through Perovskite Space, *Phase Transitions* **58** (1996), 57-73.

[226] D. M. Smyth, The Defect Chemistry of Metal Oxides, New York London: Oxford University Press, 2000.

[227] L. Spieß, R. Schwarzer, H. Behnken, G. Teichert, Moderne Röntgenbeugung, Wiesbaden: B. G. Teubner, 2005.

[228] B. Stäuble-Pümpin, B. Ilge, V. C. Matijasevic, P. M. L. O. Scholte, A. J. Steinfort, F. Tuinstra, Atomic force microscopy study of (001) $SrTiO_3$ surfaces, *Surface Science* **369** (1996), 313-320.

[229] S. Steinsvik, T. Norby, P. Kofstad, Electrical Conductivity and Defect Structure in the System $SrTi_{1-x}Fe_xO_{3-y}$ $(x = 0.1 - 0.8)$. In: R. Waser, S. Hoffmann, D. Bonnenberg, C. Hoffmann (Hrsg.), Proc. Electroceramics IV, Aachen: Augustinus Buchhandlung 1994, Vol. II, 691-696.

[230] S. Steinsvik, R. Bugge, J. Gjønnes, J. Taftø, T. Norby, The Defect Structure of $SrTi_{1-x}Fe_xO_{3-y}$ $(x = 0 - 0.8)$ Investigated by Electrical Conductivity Measurements

and Electron Energy Loss Spectroscopy (EELS), *J. Phys. Chem. Solids* **58** (1997), 969-976.

[231] S. Steinsvik, Y. Larring, T. Norby, Hydrogen ion conduction in iron-substituted strontium titanate, $SrTi_{1-x}Fe_xO_{3-x/2}$ $(0 \leq x \leq 0.8)$, *Solid State Ionics* **143** (2001), 103-116.

[232] G. Strübel, S. H. Zimmer, Lexikon der Mineralogie, Stuttgart: Ferdinand Enke Verlag, 1982.

[233] N. A. Surplice, The electrical conductivity of calcium and strontium oxides, *Brit. J. Appl. Phys.* **17** (1966), 175-180.

[234] K. Szot, M. Pawelczyk, J. Herion, Ch. Freiburg, J. Albers, R. Waser, J. Hulliger, J. Kwapulinski, J. Dec, Nature of the surface layer in ABO_3-type perovskites at elevated temperatures, *Applied Physics A* **62** (1996), 335-343.

[235] K. Szot, W. Speier, J. Herion, Ch. Freiburg, Restructuring of the surface region in $SrTiO_3$, *Applied Physics A* **64** (1997), 55-59.

[236] K. Szot, W. Speier, Surfaces of reduced and oxidized $SrTiO_3$ from atomic force microscopy, *Physical Review B* **60** (1999), 5909-5926.

[237] K. Szot, W. Speier, U. Breuer, R. Meyer, J. Szade, R. Waser, Formation of micro-crystals on the (100) surface of $SrTiO_3$ at elevated temperatures, *Surface Science* **460** (2000), 112-128.

[238] Ch. Tragut, K. H. Härdtl, Kinetic Behaviour of Resistive Oxygen Sensors, *Sensors and Actuators B* **4** (1991), 425-429.

[239] Ch. Tragut, Kinetik schneller Sauerstoffsensoren, Düsseldorf: VDI-Verlag, 1992.

[240] C. Tragut, The Influence of the Surface Transfer Reaction on the Response Characteristics of Resistive Oxygen Sensors, *Sensors and Actuators B* **7** (1992), 742-746.

[241] O. N. Tufte, P. W. Chapman, Electron Mobility in Semiconducting Strontium Titanate, *Physical Review* **155** (1967), 796-802.

[242] P. A. W. van der Heide, Q. D. Jiang, Y. S. Kim, J. W. Rabalais, X-ray photoelectron spectroscopic and ion scattering study of the $SrTiO_3$ (0 0 1) surface, *Surface Science* **473** (2001), 59-70.

[243] N.-G. Vannerberg, Peroxides, Superoxides, and Ozonides of the Metals of Groups Ia, IIa, and IIb. In: F. A. Cotton (Hrsg.): Progress in Inorganic Chemistry, Vol. 4, New York London: Wiley Interscience, 1962, 125-197.

[244] W. van Roosbroeck, The Transport of Added Current Carriers in a Homogeneous Semiconductor, *Physical Review* **91** (1953), 282-289.

[245] M. Vollmann, R. Waser, Grain Boundary Defect Chemistry of Acceptor-Doped Titanates: Space Charge Layer Width, *Journal of the American Ceramic Society* **77** (1994), 235-243.

[246] I. I. Vol'nov, Peroxides, Superoxides, and Ozonides of Alkali and Alkaline Earth Metals (hrsg. von A. W. Petrocelli), New York: Plenum Press, 1966.

[247] I. I. Vol'nov, E. I. Latysheva, Thermal Stability of Magnesium Peroxide, *Russian Chemical Bulletin* **19** (1970), 11-15.

[248] S. F. Wagner, W. Menesklou, Th. Schneider, E. Ivers-Tiffée, Kinetics of Oxygen Incorporation into $SrTiO_3$ Investigated by Frequency-Domain Analysis, *Journal of Electroceramics* **13** (2004), 645-651.

[249] R. Wang, Y. Zhu, S. M. Shapiro, Structural Defects and the Origin of the Second Length Scale in $SrTiO_3$, *Physical Review Letters* **80** (1998), 2370-2373.

[250] L. C. Walters, R. E. Grace, Formation of Point Defects in Strontium Titanate, *J. Phys. Chem. Solids* **28** (1967), 239-244.

[251] R. Waser, Proton Solubility in Undoped and Fe-doped $SrTiO_3$: Temperature Dependence and Formation of Defect Associates, *Z. Naturforsch.* **42a** (1987), 1357-1365.

[252] R. Waser, T. Baiatu, K.-H. Härdtl, dc Electrical Degradation of Perovskite-Type Titanates: I, Ceramics, *J. Am. Ceram. Soc.* **73** (1990), 1645-1653.

[253] R. Waser, T. Baiatu, K.-H. Härdtl, dc Electrical Degradation of Perovskite-Type Titanates: II, Single Crystals, *J. Am. Ceram. Soc.* **73** (1990), 1654-1662.

[254] R. Waser, T. Bieger, J. Maier, Determination of Acceptor Concentrations and Energy Levels in Oxides Using an Optoelectrochemical Technique, *Solid State Communications* **76** (1990), 1077-1081.

[255] R. Waser, R. Hagenbeck, Grain Boundaries in Dielectric and Mixed-Conducting Ceramics, *Acta materialia* **48** (2000), 797-825.

[256] H. Wei, L. Beuermann, J. Helmbold, G. Borchardt, V. Kempter, G. Lilienkamp, W. Maus-Friedrichs, Study of SrO segregation on $SrTiO_3$ (100) surfaces, *Journal of the European Ceramic Society* **21** (2001), 1677-1680.

[257] H. Wei, W. Maus-Friedrichs, G. Lilienkamp, V. Kempter, J. Helmbold, K. Gömann, G. Borchardt, Surface Structure of Oxygen Annealed Donor Doped $SrTiO_3$ (100) Single Crystals Studied with Spectroscopic Electron Microscopy, *Journal of Electroceramics* **8** (2002), 221-228.

[258] P. B. Weisz, Effects of Electronic Charge Transfer between Adsorbate and Solid on Chemisorption and Catalysis, *Journal of Chemical Physics* **21** (1953), 1531-1538.

[259] R. Wernicke, Die Diffusion von Sauerstoffleerstellen und die Kinetik von Fehlordnungsprozessen in $BaTiO_3$ und $SrTiO_3$, Dissertation RWTH Aachen, 1975.

[260] H.-M. Wiedenmann, G. Hötzel, H. Neumann, J. Riegel, H. Weyl, ZrO_2-Lambda-Sonden für die Gemischregelung im Kraftfahrzeug. In: H. Schaumburg (Hrsg.), Sensoranwendungen, Stuttgart: B. G. Teubner, 1995, 371-399.

[261] P. Würfel, Is an illuminated semiconductor far from thermodynamic equilibrium?, *Solar Energy Materials and Solar Cells* **38** (1995), 23-28.

[262] A. Yamaji, Oxygen-Ion Diffusion in Single-Crystal and Polycrystalline $SrTiO_3$, *J. Am. Ceram. Soc.* **58** (1975), 152-153.

[263] H. Yokokawa, S. Yamauchi, T. Matsumoto, Thermodynamic Database MALT for Windows with *gem* and CHD, *Calphad* **26** (2002), 155-166.

[264] J. H. Yu, J.-S. Lee, J. Maier, Formation of protonic defects in perovskite-type oxides with redox-active acceptors: case study on Fe-doped $SrTiO_3$, *Physical Chemistry Chemical Physics* **7** (2005), 3560-3564.

[265] J. H. Yu, J.-S. Lee, J. Maier, Peculiar Incorporation Kinetics of Water in Fe-doped $SrTiO_3$: Results from Conductivity and Optical Absorption Relaxation, Abstract, International Conference on Solid State Ionics (SSI-15), 17. - 22. Juli 2005, Baden-Baden.

[266] J. H. Yu, J.-S. Lee, J. Maier, Peculiar Nonmonotonic Water Incorporation in Oxides Detected by Local In Situ Optical Absorption Spectroscopy, *Angew. Chem. Int. Ed.* **46** (2007), 8992-8994.

[267] A. O. Zacher, Messung des Ansprechverhaltens resistiver Sauerstoffsensoren aus Lanthankuprat, Diplomarbeit, Institut für Technologie der Elektrotechnik, Universität Karlsruhe (TH), 1994.

[268] A. Zecchina, M. G. Lofthouse, F. S. Stone, Reflectance Spectra of Surface States in Magnesium Oxide and Calcium Oxide, *Journal of the Chemical Society, Faraday Transactions 1* **71** (1975), 1476-1490.

[269] A. Zecchina, F. S. Stone, Reflectance Spectra of Surface States in Strontium Oxide and Barium Oxide, *Journal of the Chemical Society, Faraday Transactions 1* **72** (1976), 2364-2374.

[270] R. J. Zollweg, Optical Absorption and Photoemission of Barium and Strontium Oxides, Sulfides, Selenides, and Tellurides, *Physical Review* **111** (1958), 113-119.

Bilderverzeichnis

Abkürzungsverzeichnis

AFM	Rasterkraftmikroskop(ie)
AL	Auslagerung
a.u.	arbitrary units (s. auch *w.E.*)
BMBF	Bundesministerium für Bildung und Forschung
BSE	Rückstreuelektronen (back scattered electrons)
BST	Barium-Strontium-Titanat ($(Ba,Sr)TiO_3$)
CVD	chemical vapour deposition
DFG	Deutsche Forschungsgemeinschaft
DRIFTS	Diffuse-Reflektion-IR-Fourier-Transform-Spektroskopie
EDX/EDXS	Energiedispersive Röntgenspektrometrie
EELS	Elektronen-Energieverlustspektroskopie
EPR	Elektronenspinresonanz
gem	Gibbs Energy Minimizer (für MALT)
GID	Streifender Einfall im XRD (grazing incidence diffraction)
HC	Kohlenwasserstoffe
HTK	Hochtemperaturkammer (im XRD)
HT-XRD	Hochtemperatur-Röntgendiffraktometrie
IEDP	isotopic exchange depth profile
IMET	Institut für Metallurgie (Technische Universität Clausthal)
IWE	Institut für Werkstoffe der Elektrotechnik (Universität Karlsruhe (TH))
JCPDS-ICDD	Joint Committee on Powder Diffraction Standards – International Centre for Diffraction Data
JSI	Jožef-Stefan-Institut (Ljubljana, Slowenien)
KMA	Kinetikmessanlage
LEM	Laboratorium für Elektronenmikroskopie (Universität Karlsruhe (TH))
LF	Leitfähigkeit
LSM	Lanthan-Strontium-Manganat ($(La,Sr)MnO_3$)

MALT	Materials-oriented Little Thermodynamic Database
MIT	Massachusetts Institute of Technology (Cambridge MA, USA)
MOD	metal-organic deposition
MRS	Materials Research Society
MWG	Massenwirkungsgesetz
ppb	parts per billion
PTC	positiver Temperaturkoeffizient (des elektrischen Widerstands)
PVD	physical vapour deposition
PW	Polaritätswechsel
PZT	Blei-Zirkonat-Titanat ($Pb(Zr,Ti)O_3$)
RAM	random access memories
r.d.s.	ratenbestimmender Schritt (rate determining step)
REM	Rasterelektronenmikroskop(ie)
SE	Sekundärelektronen
SIMS	Sekundärionenmassenspektrometrie
SOFC	Hochtemperatur-Brennstoffzelle (solid oxide fuel cell)
SPIP	The Scanning Probe Image Processor
STF	Strontiumtitanferrat ($SrTi_{1-x}Fe_xO_3$)
STFx	Strontiumtitanferrat mit x % Eisenanteil ($SrTi_{1-x}Fe_xO_3$), z. B. STF35 = $SrTi_{0,65}Fe_{0,35}O_3$
STO	Strontiumtitanat ($SrTiO_3$)
TEM	Transmissionselektronenmikroskop(ie)
TG	Thermogravimetrie
TK_X	Temperaturkoeffizient der physikalischen Größe X
TPB	Dreiphasengrenze (three phase boundary)
UPS	UV-Photoelektronenspektroskopie (ultraviolet photoelectron spectroscopy)
w.E.	willkürliche Einheiten (s. auch *a.u.*)
XPS	Röntgen-Photoelektronenspektroskopie (X-ray photoelectron spectroscopy)
XRD	Röntgendiffraktometer/Röntgendiffraktometrie
YBCO	Yttrium-Barium-Kupfer-Oxid ($YBa_2Cu_3O_{6+x}$)
YSZ	yttriumstabilisiertes Zirkonoxid

Anhang A

Probenübersicht

A.1 STO-Einkristalle

A.1.1 STO-Einkristalle von CrysTec

Probe	Oberflächen-präparation	Dotierkonz. (nominell)	Fläche / mm^2	Dicke / μm	Beschich-tung mit	Anmer-kungen
0	mech. (IWE)	undotiert	5 x 5	75	frei	—
1	mech. (IWE)	undotiert	3,35 x 10	2900	frei	—
2	mech. (IWE)	undotiert	3,35 x 10	2900	frei	—
3	mech. (IWE)	undotiert	5 x 5	83	100 nm Sr	—
4	mech. (IWE)	undotiert	5 x 5	94	100 nm SrO	—
5	mech. (IWE)	undotiert	5 x 5	80	50 nm Sr	—
6	mech. (IWE)	undotiert	5 x 5	121	200 nm Sr	getempert: 7 d 1000 °C
7	mech. (IWE)	undotiert	5 x 5	50	500 nm Sr	—
8	mech. (IWE)	undotiert	5 x 5	38	frei	—
9	mech. (IWE)	undotiert	5 x 5	41	20 nm Sr	—
10	mech. (IWE)	undotiert	5 x 5	126	200 nm SrO	—
11	mech. (IWE)	undotiert	5 x 5	62	50 nm SrO	—
12	mech. (IWE)	undotiert	5 x 5	46	500 nm Sr	—
13	mech. (IWE)	undotiert	5 x 5	36	150 nm Sr	—
14	mech. (IWE)	undotiert	5 x 5	82	frei	Kontakte gelöst
15	mech. (IWE)	undotiert	5 x 5	46	20 nm Sr	nach Tempern zerstört

16	mechanisch (IWE)	undotiert	5 x 5	122	frei	—
17	mechanisch (IWE)	undotiert	5 x 5	150	150 nm Sr	—
18	mechanisch (IWE)	undotiert	5 x 5	140	100 nm Ba	—
19	mechanisch (IWE)	undotiert	5 x 5	105	50 nm Ba	getempert: 7 d bei 1000 °C
20	mechanisch (IWE)	undotiert	5 x 5	114	500 nm Ba	—
21	chemomechanisch (CrysTec)	undotiert	5 x 5	50	frei	—
22	chemomechanisch (CrysTec)	undotiert	5 x 5	50	frei	—
23	chemomechanisch (CrysTec)	undotiert	5 x 5	50	frei	—
24	chemomechanisch (CrysTec)	undotiert	5 x 5	50	100 nm Ca	—
25	chemomechanisch (CrysTec)	undotiert	5 x 5	39	20 nm Ba	—
26	chemomechanisch (CrysTec)	undotiert	5 x 5	43	100 nm Ca	—
27	chemomechanisch (CrysTec)	undotiert	5 x 5	43	200 nm Ca	—
28	chemomechanisch (CrysTec)	undotiert	5 x 5	43	500 nm Ca	—
29	chemomechanisch (CrysTec)	undotiert	5 x 5	45	50 nm Ca	—
30	chemomechanisch (CrysTec)	undotiert	5 x 5	45	20 nm Ca	—
31	chemomechanisch (CrysTec)	undotiert	5 x 5	50	frei	—
32	chemomechanisch (CrysTec)	undotiert	5 x 5	46	frei	—
33	chemomechanisch (CrysTec)	undotiert	5 x 5	43	200 nm Ba	—
34	chemomechanisch (CrysTec)	undotiert	5 x 5	42	100 nm Ba	—
35	chemomechanisch (CrysTec)	undotiert	5 x 5	50	frei	—
36	chemomechanisch (CrysTec)	undotiert	5 x 5	41	200 nm Ba	—
37	chemomechanisch (CrysTec)	undotiert	5 x 5	50	frei	ans IMET
38	chemomechanisch (CrysTec)	undotiert	5 x 5	41	frei	—
39	chemomechanisch (CrysTec)	undotiert	5 x 5	50	frei	—
40	chemomechanisch (CrysTec)	undotiert	5 x 5	50	frei	—
41	chemomechanisch (CrysTec)	undotiert	5 x 5	46	Pt (einseitig)	Temperung 7 d bei 750 °C
42	chemomechanisch (CrysTec)	undotiert	5 x 5	42	100 nm Pt	Temperung 12 h bei 1100 °C
43	chemomechanisch (CrysTec)	undotiert	5 x 5	41	20 nm Pt	Temperung 12 h bei 1100 °C
44	chemomechanisch (CrysTec)	undotiert	5 x 5	44	frei	—
45	chemomechanisch (CrysTec)	undotiert	5 x 5	40	20 nm Pt	Temperung 12 h bei 1100 °C

46	chemomech. (CrysTec)	undotiert	5 x 5	47	20 nm Ca	Reprod.-messreihe
47	chemomech. (CrysTec)	undotiert	5 x 5	38	20 nm Ca	getempert: 7 d bei 1000 °C
48	chemomech. (CrysTec)	undotiert	5 x 5	40	20 nm Mg	—
49	chemomech. (CrysTec)	undotiert	5 x 5	42	frei	Au-kontaktiert
50	chemomech. (CrysTec)	undotiert	5 x 5	38	frei	Au-kontaktiert
51	chemomech. (CrysTec)	undotiert	5 x 5	40	frei	—
52	chemomech. (CrysTec)	undotiert	5 x 5	41	frei	—
53	chemomech. (CrysTec)	undotiert	5 x 5	40	frei	—
54	chemomech. (CrysTec)	undotiert	5 x 5	47	frei	—
55	chemomech. (CrysTec)	undotiert	5 x 5	39	frei	für LEM
56	chemomech. (CrysTec)	undotiert	5 x 5	44	frei	—
57	chemomech. (CrysTec)	undotiert	5 x 5	43	frei	LF-Mess.
58	chemomech. (CrysTec)	undotiert	5 x 5	38	frei	—
59	chemomech. (CrysTec)	undotiert	5 x 5	40	frei	—
60	chemomech. (CrysTec)	undotiert	5 x 5	40	frei	—
61	chemomech. (CrysTec)	undotiert	5 x 10	37	Ca	u.a. XRD
62	chemomech. (CrysTec)	undotiert	5 x 10	37	frei	Au-kontaktiert
63	chemomech. (CrysTec)	undotiert	5 x 10	32	frei	für LEM
64	chemomech. (CrysTec)	undotiert	5 x 10	—	frei	Probe zerstört
65	chemomech. (CrysTec)	undotiert	5 x 10	36	frei	extern
66	chemomech. (CrysTec)	undotiert	5 x 10	34	frei	extern
67	chemomech. (CrysTec)	undotiert	5 x 10	35	frei	—
68	chemomech. (CrysTec)	undotiert	6 x 6	37	frei	extern
69	chemomech. (CrysTec)	undotiert	6 x 6	36	frei	extern
70	chemomech. (CrysTec)	undotiert	6 x 6	37	frei	—
71	chemomech. (CrysTec)	undotiert	6 x 6	37	frei	—
72	chemomech. (CrysTec)	undotiert	6 x 6	36	Ba (eins.)	XRD
73	chemomech. (CrysTec)	undotiert	6 x 6	37	Ca (eins.)	XRD
74	chemomech. (CrysTec)	undotiert	6 x 6	36	Sr (eins.)	XRD
75	chemomech. (CrysTec)	undotiert	6 x 6	36	Sr (eins.)	XRD
76	chemomech. (CrysTec)	undotiert	6 x 6	36	frei	—
77	chemomech. (CrysTec)	undotiert	6 x 6	37	Mg (eins.)	XRD
78	chemomech. (CrysTec)	0,06 Gew.-% Fe	5 x 5	47	150 nm Sr	—

79	chemomech. (CrysTec)	0,06 Gew.-% Fe	5 x 5	43	200 nm Sr	—
80	chemomech. (CrysTec)	0,06 Gew.-% Fe	5 x 5	48	100 nm Sr	—
81	chemomech. (CrysTec)	0,06 Gew.-% Fe	5 x 5	56	50 nm Ba	—
82	chemomech. (CrysTec)	0,06 Gew.-% Fe	5 x 5	46	100 nm Ba	—
83	chemomech. (CrysTec)	0,06 Gew.-% Fe	5 x 5	47	20 nm Ca	—
84	chemomech. (CrysTec)	0,06 Gew.-% Fe	5 x 5	45	frei	—
85	chemomech. (CrysTec)	0,06 Gew.-% Fe	5 x 5	47	50 nm Ca	ans JSI
86	chemomech. (CrysTec)	0,06 Gew.-% Fe	5 x 5	51	frei	Trocknungs-messreihe
87	chemomech. (CrysTec)	0,06 Gew.-% Fe	5 x 5	50	frei	—
88	chemomech. (CrysTec)	0,06 Gew.-% Fe	5 x 5	47	frei	—
89	chemomech. (CrysTec)	0,06 Gew.-% Fe	5 x 5	42	frei	Trocknungs-messreihe
90	chemomech. (CrysTec)	0,06 Gew.-% Fe	5 x 5	56	frei	—
N1	chemomech. (CrysTec)	0,06 Gew.-% Fe	5 x 5	44	200 nm Ca	—
N2	chemomech. (CrysTec)	0,06 Gew.-% Fe	5 x 5	39	frei	—
N3	chemomech. (CrysTec)	0,06 Gew.-% Fe	5 x 5	52	50 nm Ba	ans JSI
N4	chemomech. (CrysTec)	0,06 Gew.-% Fe	5 x 5	48	100 nm Ba	fehlerhaft
N5	chemomech. (CrysTec)	0,06 Gew.-% Fe	5 x 5	40	100 nm Ba	—
N6	chemomech. (CrysTec)	0,06 Gew.-% Fe	5 x 5	34	200 nm Ba	—
N7	chemomech. (CrysTec)	0,06 Gew.-% Fe	5 x 5	44	frei	—
N8	chemomech. (CrysTec)	0,06 Gew.-% Fe	5 x 5	40	frei	—
N9	chemomech. (CrysTec)	0,06 Gew.-% Fe	5 x 5	40	frei	—
N10	chemomech. (CrysTec)	0,06 Gew.-% Fe	5 x 5	40	80 nm Ca	—
N11	chemomech. (CrysTec)	0,06 Gew.-% Fe	5 x 5	42	frei	—
N12	chemomech. (CrysTec)	0,06 Gew.-% Fe	5 x 5	47	80 nm Ca	—
N13	chemomech. (CrysTec)	0,06 Gew.-% Fe	5 x 5	37	80 nm Ca	—
N14	chemomech. (CrysTec)	0,06 Gew.-% Fe	5 x 5	43	80 nm Ca	—
N15	chemomech. (CrysTec)	0,06 Gew.-% Fe	5 x 5	37	80 nm Ca	—
N16	chemomech. (CrysTec)	0,06 Gew.-% Fe	5 x 5	42	23 nm Ca	(AL1)
N17	chemomech. (CrysTec)	0,06 Gew.-% Fe	5 x 5	39	23 nm Ca	(AL2)
N18	chemomech. (CrysTec)	0,06 Gew.-% Fe	5 x 5	41	23 nm Ca	(AL3)
N19	chemomech. (CrysTec)	0,06 Gew.-% Fe	5 x 5	40	23 nm Ca	(AL4)
N20	chemomech. (CrysTec)	0,06 Gew.-% Fe	5 x 5	40	frei	—

100	chemomech. (CrysTec)	undotiert	5 x 5	500	frei	für SIMS
101	chemomech. (CrysTec)	undotiert	5 x 5	500	frei	für SIMS
102	chemomech. (CrysTec)	undotiert	5 x 5	500	frei	für SIMS
103	chemomech. (CrysTec)	undotiert	5 x 5	500	frei	für SIMS
104	chemomech. (CrysTec)	undotiert	5 x 5	500	100 nm Sr‡	für SIMS
105	chemomech. (CrysTec)	undotiert	5 x 5	500	100 nm Sr‡	für SIMS
106	chemomech. (CrysTec)	undotiert	5 x 5	500	100 nm Sr‡	für SIMS
107	chemomech. (CrysTec)	undotiert	5 x 5	500	100 nm Sr‡	für SIMS
108	chemomech. (CrysTec)	undotiert	5 x 5	500	100 nm Ba‡	für SIMS
109	chemomech. (CrysTec)	undotiert	5 x 5	500	100 nm Ba‡	für SIMS
110	chemomech. (CrysTec)	undotiert	5 x 5	500	100 nm Ba‡	für SIMS
111	chemomech. (CrysTec)	undotiert	5 x 5	500	100 nm Ba‡	für SIMS
112	chemomech. (CrysTec)	0,06 Gew.-% Fe	10 x 10	1000	frei	—
113	chemomech. (CrysTec)	0,06 Gew.-% Fe	10 x 10	1000	frei	für SIMS
114	chemomech. (CrysTec)	0,06 Gew.-% Fe	10 x 10	1000	frei	für SIMS
115	chemomech. (CrysTec)	0,06 Gew.-% Fe	10 x 10	1000	frei	für SIMS
116	chemomech. (CrysTec)	0,06 Gew.-% Fe	10 x 10	1000	frei	für SIMS
117	chemomech. (CrysTec)	0,06 Gew.-% Fe	10 x 10	1000	frei	für SIMS
118	chemomech. (CrysTec)	0,06 Gew.-% Fe	10 x 10	1000	50 nm Ca‡	für SIMS
119	chemomech. (CrysTec)	0,06 Gew.-% Fe	10 x 10	1000	50 nm Ca‡	für SIMS
120	chemomech. (CrysTec)	0,06 Gew.-% Fe	10 x 10	1000	50 nm Ca‡	für SIMS
121	chemomech. (CrysTec)	0,06 Gew.-% Fe	10 x 10	1000	50 nm Ca‡	für SIMS
122	chemomech. (CrysTec)	0,06 Gew.-% Fe	10 x 10	1000	50 nm Ca‡	für SIMS
123	chemomech. (CrysTec)	0,06 Gew.-% Fe	10 x 10	1000	100 nm Sr‡	für SIMS
124	chemomech. (CrysTec)	0,06 Gew.-% Fe	10 x 10	1000	100 nm Sr‡	für SIMS
125	chemomech. (CrysTec)	0,06 Gew.-% Fe	10 x 10	1000	100 nm Sr‡	für SIMS
126	chemomech. (CrysTec)	0,06 Gew.-% Fe	10 x 10	1000	100 nm Sr‡	für SIMS
127	chemomech. (CrysTec)	0,06 Gew.-% Fe	10 x 10	1000	100 nm Sr‡	für SIMS
128	chemomech. (CrysTec)	0,06 Gew.-% Fe	10 x 10	1000	100 nm Ba‡	für SIMS
129	chemomech. (CrysTec)	0,06 Gew.-% Fe	10 x 10	1000	100 nm Ba‡	für SIMS
130	chemomech. (CrysTec)	0,06 Gew.-% Fe	10 x 10	1000	100 nm Ba‡	für SIMS
131	chemomech. (CrysTec)	0,06 Gew.-% Fe	10 x 10	1000	100 nm Ba‡	für SIMS
132	chemomech. (CrysTec)	0,06 Gew.-% Fe	10 x 10	1000	100 nm Ba‡	für SIMS

‡ einseitige Beschichtung

A.1.2 STO-Einkristalle von Litzenberger

Proben-ID	Oberflächen-präparation	Dotierkonz. (nominell)	Fläche / (mm x mm)	Dicke / μm	Beschichtg. mit	Anmerkg.
A1	mech. (IWE)	undotiert	ca. 5 x 10	5830	frei	—
A2	mech. (IWE)	undotiert	5 x 5	44	frei	—

A.2 Keramiken und Dickschichten

Proben-ID	Material-zusammensetzung	Geometrie	Beschichtung mit	Anmerkungen
ESV02-12	STF35-Dickschicht auf Bosch-Substrat	Dicke ca. 10 μm, Korngr. 1...2 μm, Poros.: 30...40 %	unbeschichtet	—
ESV08-13	s. o.	s. o.	unbeschichtet	—
ESV08-14	s. o.	s. o.	50 nm Ba	—
ESV08-17	s. o.	s. o.	60 nm Ca	—
ESV12-6	s. o.	s. o.	50 nm Ba	—
STOKer	$SrTi_{0,998}Fe_{0,002}O_3$-Bulkkeramik	Dicke 98 μm	unbeschichtet	—
Lanthan-kuprat	$La_2CuO_{4+\delta}$-Dickschicht auf Bosch-Substrat	Korngrößen im μm-Bereich	unbeschichtet	für Test KMA
STF-a	dichter STF35-Bulk	ca. 10 x 10 x 3 mm^3	unbeschichtet	für SIMS
STF-b	dichter STF35-Bulk	ca. 10 x 10 x 3 mm^3	unbeschichtet	für SIMS
STF-c	dichter STF35-Bulk	ca. 10 x 10 x 3 mm^3	unbeschichtet	für SIMS
STF-d	dichter STF35-Bulk	ca. 10 x 10 x 3 mm^3	unbeschichtet	für SIMS
STF-e	dichter STF35-Bulk	ca. 10 x 10 x 3 mm^3	100 nm Ca‡	für SIMS
STF-f	dichter STF35-Bulk	ca. 10 x 10 x 3 mm^3	100 nm Ca‡	für SIMS
STF-g	dichter STF35-Bulk	ca. 10 x 10 x 3 mm^3	100 nm Ca‡	für SIMS
STF-h	dichter STF35-Bulk	ca. 10 x 10 x 3 mm^3	100 nm Ca‡	für SIMS
STF-i	dichter STF35-Bulk	ca. 10 x 10 x 3 mm^3	100 nm Ba‡	für SIMS
STF-j	dichter STF35-Bulk	ca. 10 x 10 x 3 mm^3	100 nm Ba‡	für SIMS
STF-k	dichter STF35-Bulk	ca. 10 x 10 x 3 mm^3	100 nm Ba‡	für SIMS
STF-l	dichter STF35-Bulk	ca. 10 x 10 x 3 mm^3	100 nm Ba‡	für SIMS

‡ einseitige Beschichtung

Anhang B

Eigene Publikationen

Die im Laufe des Promotionsvorhabens erzielten Ergebnisse wurden auf nationalen und internationalen Konferenzen Vertretern aus Wissenschaft und Industrie zugänglich gemacht. Im Folgenden findet sich eine Liste erfolgter Veröffentlichungen und Tagungsbeiträge.

B.1 Veröffentlichungen

- S. F. Wagner, W. Menesklou, E. Ivers-Tiffée, Kinetics of Oxygen Exchange in Strontium Titanate, *Ionics* **9** (2003), 109-114.
- Th. Schneider, S. F. Wagner, W. Menesklou, E. Ivers-Tiffée, Kinetics of Oxygen Exchange in $Sr(Ti_{0.65}Fe_{0.35})O_3$. In: P. Knauth, J.-M. Tarascon, E. Traversa, H. L. Tuller (Eds.), Solid State Ionics – 2002 (Symposium, MRS Fall Meeting Boston 2002), Warrendale, PA, USA: *Mater. Res. Soc. Symp. Proc. Vol.* **756** (2003), 145-150.
- S. F. Wagner, W. Menesklou, Th. Schneider, E. Ivers-Tiffée, Kinetics of Oxygen Incorporation into $SrTiO_3$ Investigated by Frequency-Domain Analysis, *Journal of Electroceramics* **13** (2004), 645-651.
- Th. Schneider, C. Peters, S. Wagner, W. Menesklou, E. Ivers-Tiffée, $Sr(Ti,Fe)O_{3-\delta}$ Exhaust Gas Sensors. In: S. Seal, M.-I. Baraton, C. Parrish, N. Murayama (Eds.), Semiconductor Materials for Sensing (Symposium, MRS Fall Meeting Boston 2004), Warrendale, PA, USA: *Mater. Res. Soc. Symp. Proc. Vol.* **828** (2005), 139-144.
- Ch. Argirusis, S. Wagner, W. Menesklou, C. Warnke, T. Damjanović, G. Borchardt, E. Ivers-Tiffée, Enhancement of oxygen surface exchange kinetics of $SrTiO_3$ by alkaline earth metal oxides, *Phys. Chem. Chem. Phys.* **7** (2005), 3523-3525.

- S. F. Wagner, C. Warnke, W. Menesklou, Ch. Argirusis, T. Damjanović, G. Borchardt, E. Ivers-Tiffée, Enhancement of Oxygen Surface Kinetics of $SrTiO_3$ by Alkaline Earth Metal Oxides, *Solid State Ionics* **177** (2006), 1607-1612.

B.2 Tagungsbeiträge

- S. F. Wagner, W. Menesklou, E. Ivers-Tiffée, Kinetics of Oxygen Exchange in Strontium Titanate, Vortrag, 9th EuroConference on Science and Technology of Ionics 2002, Ixia, Rhodos, Griechenland, 15.-20.9.2002.

- Th. Schneider, S. F. Wagner, W. Menesklou, E. Ivers-Tiffée, Design of temperature-independent exhaust gas sensors, Poster, Materials Week 2002, München, 30.9.-2.10.2002.

- T. Schneider, S. F. Wagner, W. Menesklou, E. Ivers-Tiffée, Kinetics of Oxygen Exchange in $Sr(Ti_{0.65}Fe_{0.35})O_3$, Poster, MRS Fall Meeting 2002, Boston MA, USA, 2.-6.12.2002.

- Th. Schneider, S. F. Wagner, W. Menesklou, E. Ivers-Tiffée, Temperaturunabhängige, resistive $Sr(Ti_{0,65}Fe_{0,35})O_3$-Abgassensoren, Poster, DKG-Symposium „Keramik im Fahrzeugbau", Stuttgart, 6.-7.5.2003.

- S. F. Wagner, W. Menesklou, Th. Schneider, E. Ivers-Tiffée, Kinetics of Oxygen Incorporation into $SrTiO_3$ Investigated by Frequency-Domain Analysis, Vortrag, International Conference on Electroceramics ICE-2003, MIT, Cambridge MA, USA, 3.-7.8.2003.

- W. Menesklou, Th. Schneider, S. F. Wagner, E. Ivers-Tiffée, Measurement of Fast Gas Sensors, Vortrag, International Conference on Electroceramics ICE-2003, MIT, Cambridge MA, USA, 3.-7.8.2003.

- M. J. Heneka, Th. Schneider, S. F. Wagner, W. Menesklou, E. Ivers-Tiffée, Measuring technique to characterize new exhaust gas sensors, Poster, International Conference on Electroceramics ICE-2003, MIT, Cambridge MA, USA, 3.-7.8.2003.

- K. Rembold, Th. Schneider, F. Scholl, S. F. Wagner, W. Menesklou, E. Ivers-Tiffée, New way to measure kinetics: setup improved by CFD, Poster, International Conference on Electroceramics ICE-2003, MIT, Cambridge MA, USA, 3.-7.8.2003.

- Th. Schneider, S. F. Wagner, W. Menesklou und E. Ivers-Tiffée, Temperaturunabhängige, resistive $Sr(Ti_{0,65}Fe_{0,35})O_3$-Abgassensoren, Poster, 1. WING-Konferenz (Werkstoffinnovationen für Industrie und Gesellschaft), Weimar, 29.-31.10.2003.

- S. F. Wagner, W. Menesklou, L. Merkle, Th. Schneider, E. Ivers-Tiffée, Oxygen Incorporation Into $SrTiO_3$: Influence of SrO Surface Coatings, Poster, E-MRS Spring Meeting 2004, Strasbourg, Frankreich, 24.-28.5.2004.

- T. Schneider, C. Peters, S. Wagner, W. Menesklou, E. Ivers-Tiffée, $Sr(Ti,Fe)O_{3-\delta}$ exhaust gas sensors, Vortrag, MRS Fall Meeting 2004, Boston MA, USA, 29.11.-3.12.2004.

- S. F. Wagner, W. Menesklou, C. Warnke, E. Ivers-Tiffée, Ch. Argirusis, T. Damjanović, G. Borchardt, Enhancement of Oxygen Incorporation into Strontium Titanate by Alkaline Earth Metal Oxides, Poster, 104. Bunsentagung Frankfurt 2005, 5.-7.5.2005.

- Chr. Argirusis, S. F. Wagner, C. Warnke, W. Menesklou, T. Damjanović, G. Borchardt, E. Ivers-Tiffée, Enhancement of Oxygen Surface Kinetics of $SrTiO_3$ by Alkaline Earth Metal Oxides, Vortrag, International Conference on Solid State Ionics 2005, Baden-Baden, 17.-22.7.2005.

- W. Menesklou, Th. Schneider, S. Wagner und E. Ivers-Tiffée, Resistive Abgassensoren auf der Basis temperaturunabhängiger, halbleitender Oxide, Poster, 2. WING-Konferenz (Werkstoffinnovationen für Industrie und Gesellschaft), Aachen, 9.-11.11.2005.

- S. F. Wagner, W. Menesklou, Chr. Argirusis, G. Borchardt, E. Ivers-Tiffée, Influence of Alkaline Earth Metal Oxide Surface Layers on the Oxygen Exchange in $Sr(Ti,Fe)O_3$, Poster, E-MRS Spring Meeting 2006, Nice, Frankreich, 29.5.-2.6.2006.

- S. F. Wagner, W. Menesklou, Chr. Argirusis, G. Borchardt, E. Ivers-Tiffée, Oxygen Exchange in Strontium Titanate – Influence of PVD Surface Layers, Vortrag, Electroceramics X (2006), Toledo, Spanien, 18.-22.6.2006.

- W. Menesklou, S. F. Wagner, Chr. Argirusis, G. Borchardt, E. Ivers-Tiffée, The Influence of Alkaline Earth Oxide PVD Surface Layers on the Oxygen Exchange in $Sr(Ti_{1-x}Fe_x)O_{3-\delta}$, Vortrag, International Conference on Electroceramics ICE-2007 (2007), Arusha, Tansania, 30.7.-3.8.2007.

- S. F. Wagner, W. Menesklou, Chr. Argirusis, G. Borchardt, E. Ivers-Tiffée, Enhancement of Oxygen Exchange in $Sr(Ti_{1-x}Fe_x)O_{3-\delta}$ by means of Alkaline Earth Oxide Coatings, Vortrag, International Symposium on Defects, Transport and Related Phenomena, Materials Science and Technology 2007 Conference and Exhibition, Detroit MI, USA, 16.-20.9.2007.

B.3 Betreute studentische Arbeiten

- L. Merkle, *Einfluss von Strontiumverbindungen auf die Kinetik des Sauerstoffeinbaus in Strontiumtitanat-Einkristallen*, Studienarbeit, Institut für Werkstoffe der Elektrotechnik, Universität Karlsruhe (TH), Juli 2004.

- C. Warnke, *Verringerung der Ansprechzeit resistiver Sauerstoffsensoren auf Basis von Strontiumtitanat ($SrTiO_3$)*, Diplomarbeit, Institut für Werkstoffe der Elektrotechnik, Universität Karlsruhe (TH), Mai 2005.

Printed in Dunstable, United Kingdom

91343651R00114